U0016679

由數字看微生物體

● 參照第54頁「你變，我就變！共生菌與人類共同演化」一節

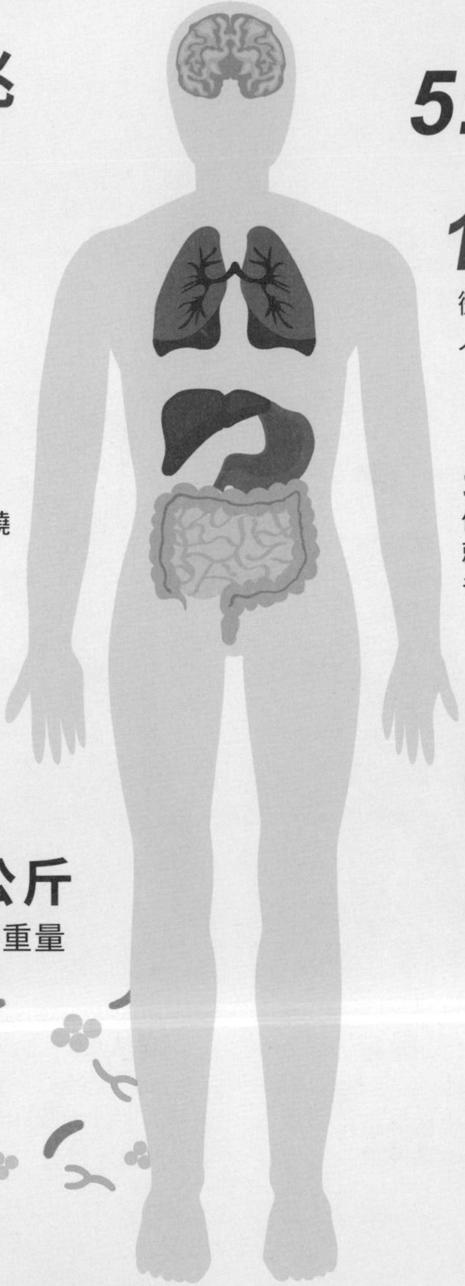

100兆
人體共生菌數目

95%
共生菌住在大腸

2.5
人體共生菌
頭尾相接可繞
地球兩圈半

90%
九成疾病與人體
共生菌有關

2公斤
共生菌重量

>15,000
人體共生菌種類

1.5倍
共生菌數目是人體細胞的1.5倍

5:1 腸道中病毒與
細菌比值

1000:1
微生物體基因數目與
人類基因數目比值

指紋
個人微生物相
就像指紋般
各有特徵

每個人微生物相
差異度

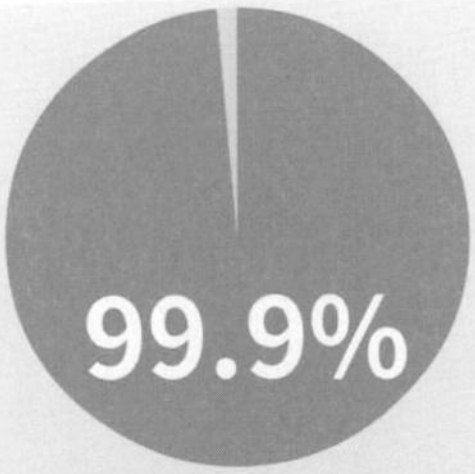

每個人基因體
相似度

● 參照第62頁「自然產與剖腹產，寶寶會承接不同共生菌」一節

少年	青年	成人	老年人
荷爾蒙變化	荷爾蒙變化、生活壓力	整體健康狀態、生活型態、壓力	整體健康狀態、虛弱

改繪自：Benef Microbes 9:3-20, 2018

我與微生物相的一生

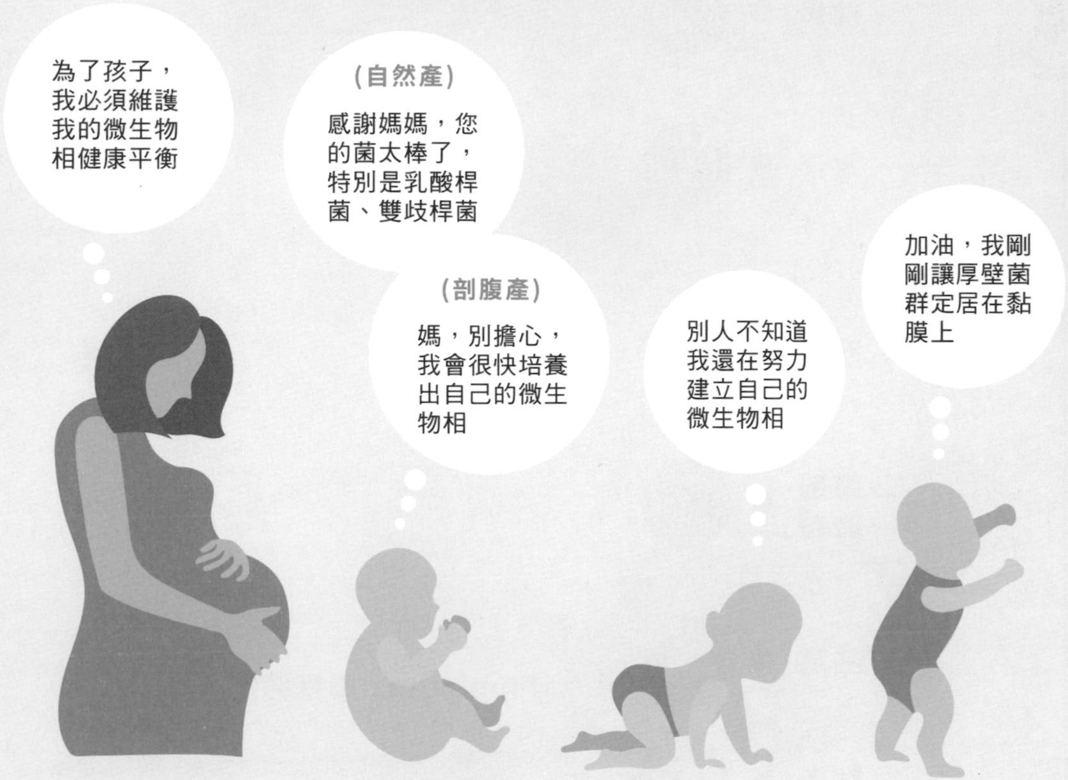

年齡	出生前	新生兒	嬰兒	幼兒
特定因子	整體健康狀態、飲食及母親微生物相		母乳或配方奶、生活環境	均衡飲食

參照第75頁「皮膚：皮膚菌相當恆定，排他性強」一節

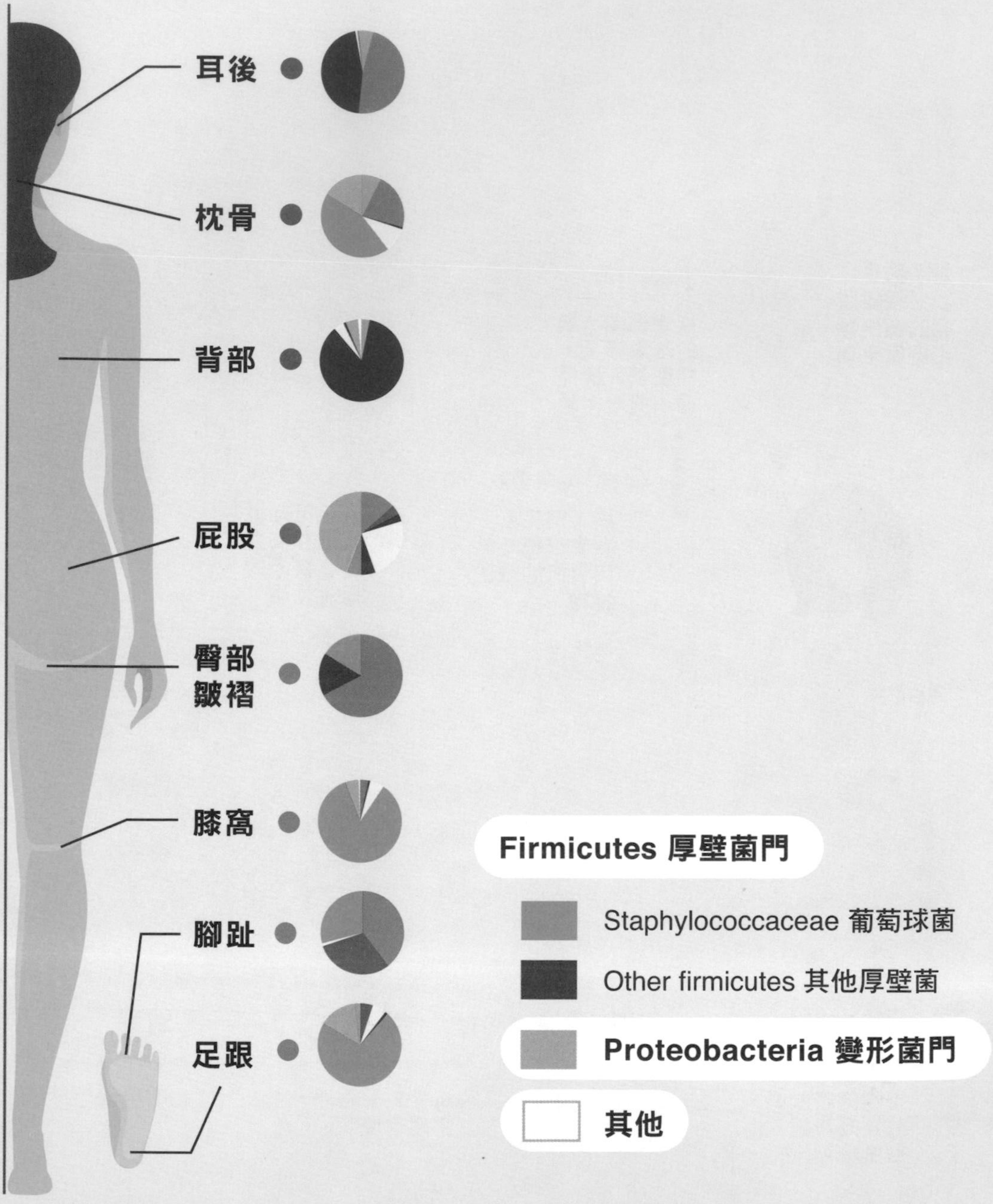

改繪自：Nat Rev Microbiol. 9: 244-253, 2011

皮膚微生物相

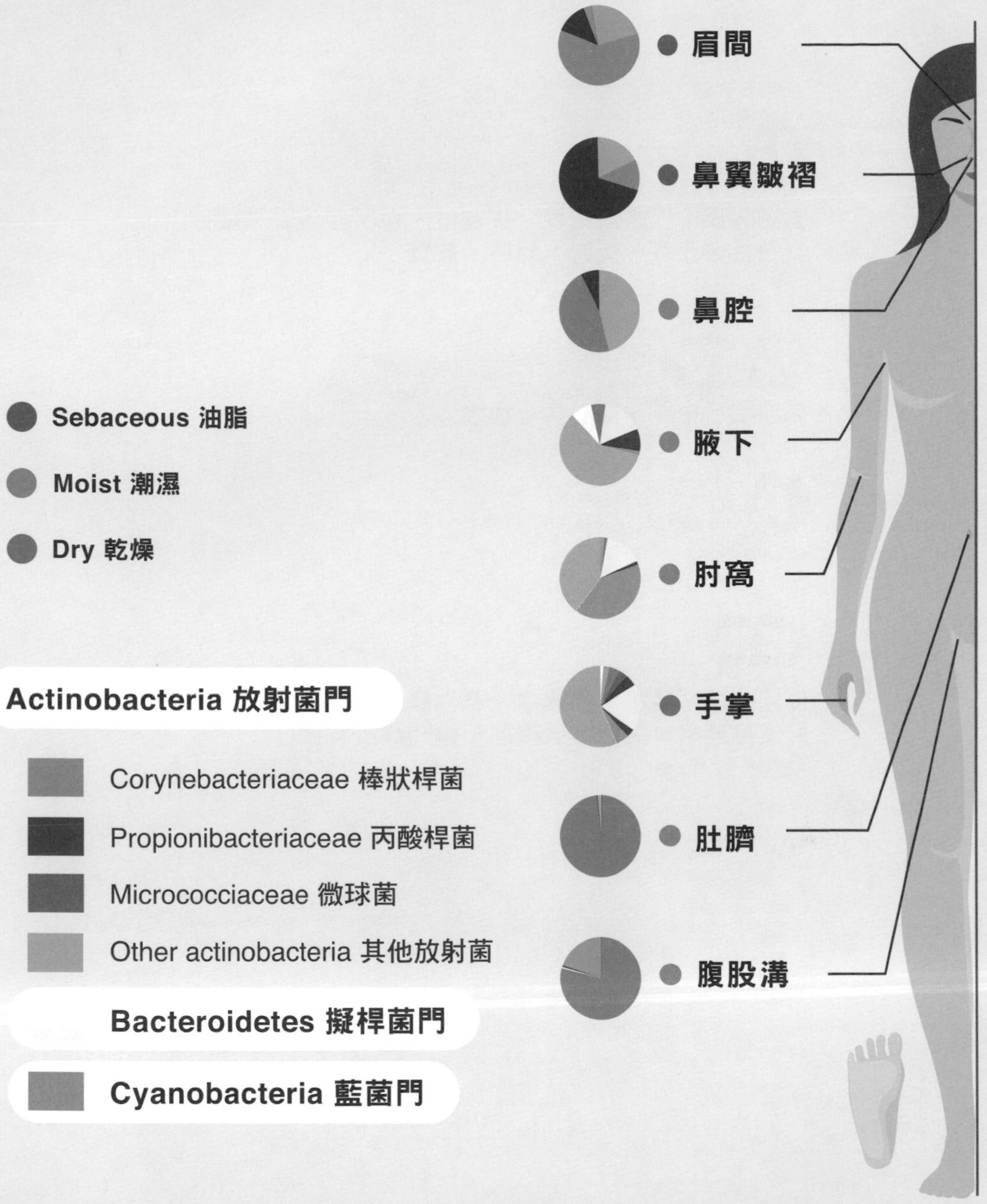

眉間
鼻翼皺褶
鼻腔
腋下
肘窩
手掌
肚臍
腹股溝
Sebaceous 油脂
Moist 潮濕
Dry 乾燥
Actinobacteria 放射菌門
Corynebacteriaceae 棒狀桿菌
Propionibacteriaceae 丙酸桿菌
Micrococciaceae 微球菌
Other actinobacteria 其他放射菌
Bacteroidetes 擬桿菌門
Cyanobacteria 藍菌門

● 參照第82頁「消化道：腸道菌影響遍布全身」一節

腦

食慾障礙、巴金森氏症、失智症、自閉症、妥瑞症、多發性硬化症、憂鬱、焦慮、成癮

心血管

高血壓、中風、冠心病、血栓

腎

慢性腎病

腸胃

便祕腹瀉、潰瘍、腸躁症、急性腸胃炎、病毒感染、發炎性腸病、困難梭狀桿菌、幽門螺旋桿菌

影響腸道菌之因素:
生活型態、飲食、代謝

全身性
慢性發炎、二型糖尿病、紅斑狼瘡、營養不良、粥狀動脈硬化、癌症

腸道菌影響健康與疾病

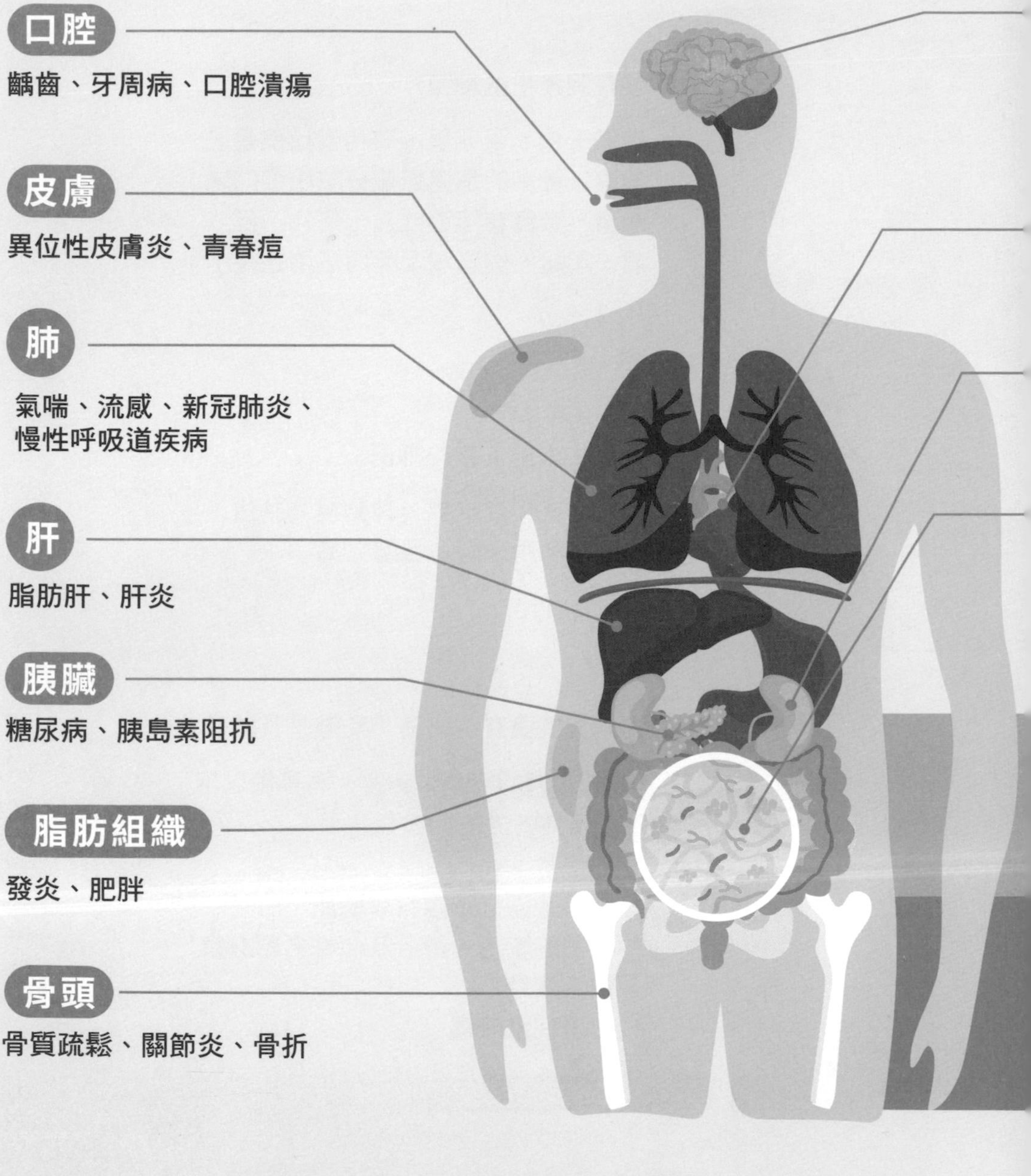
口腔
齲齒、牙周病、口腔潰瘍
皮膚
異位性皮膚炎、青春痘
肺
氣喘、流感、新冠肺炎、
慢性呼吸道疾病
肝
脂肪肝、肝炎
胰臟
糖尿病、胰島素阻抗
脂肪組織
發炎、肥胖
骨頭
骨質疏鬆、關節炎、骨折

腸道菌、乳酸菌、益生菌大不同

● 參照第104和109頁

腸道菌

- 住在腸道中的細菌
- 有數千種、百兆隻，有相當比例是乳酸菌，更多的是還無法分離培養的未知菌，數目會隨著飲食、藥物、疾病、年紀、健康狀況等而消消長長

乳酸菌

- 會產生大量乳酸的細菌
- 廣泛存在於自然界，與動植物共生，人類常利用來製造發酵食品

益生菌

- 對人體健康有益的菌，多數是乳酸菌
- 根據FAO和WHO的定義，需具備以下四個條件，才能叫做益生菌：
  1. 必須是活菌
  2. 健康效益必須經科學驗證
  3. 菌種的屬名、種名及菌株名都必須鑑定清楚
  4. 必須安全無虞

方舟文化

益生菌2.0大未來

人體微生物逆轉疾病的
全球新趨勢

亞洲益生菌權威
蔡英傑 博士 著

〔推薦序〕

益生菌2.0時代已到來

本書的著作者蔡英傑教授，於一九七三年從本人主持的台灣大學農業化學系發酵研究室畢業，後來到日本東京大學應用微生物研究所留學，於一九八二年獲得博士學位。返台後被聘任陽明大學生化暨分子生物研究所教授，並曾擔任所長職務。

蔡教授多年來研究乳酸菌及益生菌的生理功能，二〇一五年技術移轉在陽明大學的精神益生菌研究成果，成立益福生醫公司。

現在益生菌的功能研究日新月異，已進入「益生菌2.0」的時代。蔡教授另設立惠生研生物科技公司，從事研發及行銷益生菌相關產品。

本書的主要內容包括乳酸菌的歷史、微生物體發展、益生菌2.0、益生菌的基礎與健康機能、精神益生菌及益生菌的基本須知。對從事益生菌有關的產官學、市場營銷的人士，以及對益生菌特別有興趣的民眾，都有所助益。本人推薦本書可供各界參考。

——蘇遠志
國立台灣大學名譽教授
台灣生物產業發展協會創會理事長

〔推薦序〕

益生菌在精準醫學扮演重要角色

王進崑
中山醫學大學營養學系教授
國際食品科技聯盟（IUFoST）院士
國際保健營養（ISNFF）院士
中山醫學大學前校長

腸道是人體主要消化吸收以及微生物的大本營，而體內微生物密度最高的地方，在於迴腸末端與盲腸。千萬不要小看這些微生物，它們在人體扮演著極爲重要的關鍵角色。人體腸道中的菌數超過百兆以上，我們所認知的「益生菌」，可以有效調控腸道菌相平衡、抑制壞菌、促進好菌生長。因此，益生菌可以說是任勞任怨的守護者，對人體有益無害，能夠通過胃酸與膽鹽的考驗，活著進入消化道中。

我們出生時，各種共生菌就經由產道或其他方式進入消化道中，尤其是雙歧桿菌數量最多，但隨著年紀增長與飲食的複雜化，雙歧桿菌的數量愈來愈少，相對地，伺機菌的數量卻隨之增加。因此年紀愈大，往往腸道功能愈差，若腸道菌相又失衡，非常容易引起腹瀉或便祕等症狀，若能從飲食中額外補充益生菌，相當有助健康。

益生菌的發展在這幾年突飛猛進，已經不再是單單改善腸胃道功能了，舉凡強化新陳代謝、預防PM2.5危害，甚至到憂鬱、腦神經退化與先天的自閉症等精神相關疾病改善，都已經有足夠科學證據證明。蔡教授英傑兄在本書中由淺而深介紹益生菌的過去、現在與未來的科學進展，相信對科研、產業界、政府及一般民眾，將帶來完全不同的震撼。同時也預告了：益生菌個人化處方，是未來的必然趨勢。益生菌在精準醫學中儼然扮演非常重要的角色，對人類健康的維護與促進，更具有革命性的關鍵地位。

〔推薦序〕

一次掌握益生菌正確概念

——李宏昌
馬偕兒童醫院院長

雖然益生菌在台灣已風行多年，但筆者四十多年前剛當醫師時，對「益生菌」宣稱的療效常常一笑置之，總認爲不過是江湖藥罷了。

民國七十七年，馬偕醫院藥局進了一種活菌益生菌，經一段時間臨床觀察：很多腸胃炎病例，尤其是沙門氏菌感染，使用益生菌後，居然看到許多意想不到的效果！加上文獻上這類報告與討論逐漸增加，大家才開始重視這個新的領域。十五年前，小兒胃腸科在醫院的幫忙下，成立了自己的研究室，陸陸續續的實驗室報告，發表了十幾篇的論文，讓我更加深對益生菌的認識。

很多人對益生菌有過分的憧憬，但也有不少傳統醫師對它仍然有質疑。益生菌的定義是：一種進到宿主（生物，含人類）體內後，對宿主產生有益健康的活菌。如是說來，號稱是益生菌的，必須要經過試驗證明對宿主有益；無法證明對宿主有幫忙的任何菌種，就不能冒用這個稱謂。只是人雖是宿主之一，很多益生菌的研究卻僅限於動物實驗，沒有做大規模臨床試驗的益生菌，在人身上是否眞會有這麼多好處，就還有討論餘地了。

四年前認識蔡教授，由他的實驗室成果與研究報告知道，對於心情方面也有不同的益生菌可以幫忙。近年馬偕醫院的精神科及小兒神經科也都與蔡教授合作臨床研究，相信不久會有更令人興奮的論文出現。

蔡教授是虔誠基督徒，他的實驗室發展出來的兩支精神益生菌（psychobiotics）菌株編號為23與128，這兩支菌株對人體精神上的幫忙，恰與詩篇23與詩篇128的意涵接近，蔡教授做了見證，令人感動。知道蔡教授要出版新書聊聊益生菌，我有榮幸先拜讀了。從歷史淵源談到對益生菌的正確概念、目前的研究乃至未來期望，是一本不可多得的好書，因此欣然答應寫推薦序，希望讀者能有很棒的讀後心得。

〔推薦序〕

一般人也能懂的人體微生物科學

吳俊穎
台灣微菌聯盟理事長
國立陽明大學生物醫學資訊研究所所長
台北榮民總醫院轉譯研究科主任

微生物體是近年醫學界的重要領域，由二〇〇八年啓動的兩期美國人類微生物體計畫，到二〇一六年國家微生物體計畫，以及歐盟等各國紛紛投入的大型研究計畫，將微生物體研究範圍由人體健康疾病擴展到環境、能源、食糧危機等領域。腸道微菌叢植入治療（FMT）是微生物體醫療應用非常成功的一環，二〇一三年，美國食品藥品管理局認可其用於治療難治型困難梭狀桿菌感染（CDI）。我國也於二〇一七年由本人發起，邀請上百位產官學專家，共同組成台灣微菌聯盟，致力於推動微生物體及FMT相關研發及醫療應用，不但制定了「台灣微菌叢植入治療專家共識」，還持續推動亞太地區的FMT專家共識。在台灣微菌聯盟的努力下，我國於二〇一八年九月將FMT列入特管辦法，有條件開放爲常規醫療項目，同時以新的治療方式——而不是新藥物——來進行規範。

微生物體研究的快速進展，同時也帶動益生菌產業，無論是基礎、臨床、應用，各方面都向高科技快速進化，產業規模也因此突破五百億美元。本書作者蔡英傑教授在陽明大學成立益生菌研究中心，致力於益生菌研發，特別是近十年更在經濟部研究計畫支持下，投入開發精神益生菌，而且成立益福生醫公司，推動國際市場。

在本書中，蔡教授由乳酸菌歷史談起，詳細地談論微生物體，以及益生菌的發展，整理出許多極有參考價值的資料，例如第二章詳細地敘述人體各部位的微生物相，第四章討論益生菌在各種疾病的研究現狀，第五章則講述最新研究領域菌腦腸軸及精神益生菌的進展。蔡教授在結語中舉出「不重感覺，相信數據」以及「期待可以更高，檢視必須更嚴」兩句標語，作爲全書的總結。意思是希望大家一切以科學研究結果爲依據，而且以最嚴格的標準來檢視益生菌的品質，本書確實可以作爲大家檢視益生菌的放大鏡。

這是一本非常嚴謹的著作，不僅有學術參考價值，而且適合推薦給一般讀者閱讀。蔡教授的學術學養非常深厚，在台灣微菌聯盟國際研討會之中，本人多次邀請蔡教授演講益生菌相關產學研究成果，頗受與會學者以及業界專家的好評。蔡教授能夠在工作忙碌之餘，仍勤於筆耕，將深奧的學術研究成果，轉換爲一般讀者可以閱讀的科普著作，這份熱情難能可貴，本人深感佩服與支持，也預祝新書暢銷熱賣。

〔推薦序〕

以微生物對抗疾病的新策略

陳鴻震
科技部生科司司長
國立陽明大學生化暨分生所講座教授

本書作者蔡英傑博士，曾任國立陽明大學生化暨分子生物研究所特聘教授、所長、醫學系生化科主任及微生物體研究中心執行長，創設台灣乳酸菌協會，並擔任亞洲乳酸菌學會聯盟會長等職，畢生投入功能性益生菌的研究及產品開發，更是教授創業將學研成果商品化及企業化的最佳典範。蔡英傑教授為台灣研究益生菌的先驅，享有台灣益生菌之父的盛名，亦是亞洲益生菌的權威。

我們對益生菌的認識，從最初單純在腸胃道幫助消化的功能，逐漸發現益生菌與發炎疾病、代謝症候群，甚或癌症都息息相關。近幾年，隨著「菌腸腦軸線」觀念的建立，提出腸道微生物相的失衡，可能與神經運動功能、心智能力，甚至精神狀態的異常、憂鬱、自閉等精神心理疾病有關，將益生菌的研究從生理拓展到精神心理的領域。因此，益生菌的研究逐漸成為顯學，需要跨領域的專業結合。

益生菌是人體微生物相的其中一環，越來越多的證據顯示，人體微生物相與疾病的發生，甚或治療的效果都有著密切的關係。因此，科技部生科司也從民國一〇九年起，推動一個為期四年的人體微生物相專案計畫，希望藉由微生物相研究來發展對抗疾病的策略，並鼓勵與臨床、產業或國際頂尖團隊鏈結，以帶動台灣相關生醫產業的發展。本書兼具廣度及深度，不僅可以提供一般民眾對益生菌的正確觀念，對研究學者、醫生而言，也是極具參考價值的益生菌專書。

CONTENTS

第2章 你的「微生物體」夠強大嗎？

不只腸道菌，人體全身的微生物都會影響免疫力

第3章 崛起的益生菌2.0

全球產官醫學臨床實證＋高規檢驗

第4章

優化身體
抵抗力和復原力
就看它！

用益生菌爲健康神助攻

第5章

微生物
居然可以
趕走壞情緒！

精神益生菌帶給身心正能量

第6章 益生菌使用的關鍵Q&A

破解錯誤迷思與網路謠言，買對產品，吃出健康

作者序／

成爲具備理性及知識的益生菌愛好者

乳酸菌與千萬年來人類文明同步發展，滲透進入我們生活的每個層面，近百年來，在眾多科學家與企業持續努力耕耘下，建立了今日益生菌的學術深度以及產業規模。很少領域像益生菌般受到大眾關注，由學術研發、產品開發生產、市場經營銷售、媒體宣傳、法規監管，一直到相關的醫護營養專家等，整個「益生菌社群」（community）都與社會大眾息息相關。益生菌社群的核心絕對是一般民眾，是消費者。做學術研究要負責的對象，是學術良知，同時也是民眾健康；做企業經營要負責的對象，是股東，也是民眾健康。

國際益生菌與益生元科學協會（ISAPP）網站上，有篇文章談二〇一九年益生菌面對的挑戰是：如何將越來越豐富的科研成果，有效且正確地傳遞給民眾。作者舉出幾點對策，如做好科學研究、深研菌株生理機制、資訊透明化等，最令我有感的是對民眾的「教育教育再教育」。在微生物體研究帶動下，益生菌的研發近幾年進展飛快，知識日新月異，我認爲需要教育再教育的不僅是民眾，還包括整個益生菌社群的成員，生產的、營銷的、媒體的、醫護營養、研發教育、各級監管官員，都需要教育教育再教育。

阿姆斯特丹大學紀斯（Geest）教授，於二〇二〇年針對西歐及北歐八國一三一八名家醫科醫生，以電話訪問調查他們對益生菌的認知[001]（見第一四一頁），結果有八〇%以上的醫師會推薦益生菌，而且對益生菌越了解的醫生，越願意推薦。在電訪中，許多醫生提到現在益生菌菌株繁多，功效研究進展太快，他們需要吸收更多正確知識。醫生直接面對病患，他們的意見全面受到民眾尊重，連醫生們都感受到急需補充益生菌的知識，更何況是其他益生菌社群成員呢？直接監管益生菌產品的各級官員們，如果沒有充分的益生菌知識，如何下正確判斷，如何避免扼殺踏實守法的良幣，縱放善走偏鋒的劣幣？行銷人員若沒有充分的益生菌知識，如何能從心所欲地推銷，又能不踰法規及良知良能之矩？生產企業若沒有充分的益生菌知識，如何能精益求精，製造出高品質又能獲取合理利潤的產品？

在構思這本書時，對這本書的內容屬性、目標族群一直舉棋不定，究竟是要根據多年前出的《你不能沒腸識》，寫一本以普羅大眾爲對象，但融入最新科學新知的科普書，還是趁無法出國，難得有充分時間收集研讀資料，好好地寫一本深度廣度兼具的益生菌專書。寫著寫著，就寫出這本我認爲適合益生菌社群所有成員、知識成分極高的益生菌專書。

我常說現在是「益生菌2.0」的時代，我們要如何跟上益生菌科技進展的腳步？我提出的答案是：「期待可以更高，檢視必須更嚴」。所以，學界卯起勁來，深耕基礎臨床研發，企業卯起勁來，提升產品品質；政府管理單位也毫不留情，加強管理。消費者呢？現在益生菌的功能研究日新月異，研究論文每年好幾千篇，對益生菌的期待早就遠遠超過腸道健康了。重要的是，當期待拉得更高時，消費者更應該學習如何拿起放大鏡，嚴格地檢視益生菌，這本書就是大家的放大鏡，要有正確扎實的知識，才能夠正確地評價、嚴格地檢視。所以，我爲這本書設定的目標族群，絕不限於研發、生產、行銷、管理等專業人員，也包括所有願意深入理解益生菌、享受益生菌的普羅大眾。

多年前，日本乳酸菌學會邀請我在他們的二十週年紀念研討會上演講，還要在特刊上寫祝賀文，我爲祝賀文下了個標新立異的題目：「Linking Asia LABphilia to Benefit」，結合亞洲所有乳酸菌愛好者一起來造福，LABphilia是自創語詞，LAB是乳酸菌簡寫，philia在希臘文是理性的愛，相對於無私的愛（agape）、情慾的愛（eros）及親情的愛（storge），LABphilia是指那些因爲深入理解乳酸菌，而喜愛乳酸菌、喜愛益生菌的人。我自己就是一位超級益生菌愛好者，我研究益生菌、推廣益生菌、享受益生菌。希望大家因爲讀了這本書，深入理解益生菌，因而成爲LABphilia，成爲具備理性及知識的益生菌愛好者。

在序章中，我談個人健康的「韌性」，以及在後新冠疫情的新常態下，對益生菌該有怎樣的新思維，簡單說就是吃益生菌時，「不再順著感覺走，而要相信科學數據怎麼講」，這一章非常難寫，因爲我要說服你，吃對的益生菌，即使感覺不到功效，也要繼續長期地吃，而思維模式的轉換本來就不容易。接著，第一章我由乳酸菌的歷史講起，談益生菌之父梅契尼科夫的「樂觀腸道長壽學」。第二章講的微生物體，是現代人必備的知識，如何由母親獲得微生物體，身體各部位的微生物體如何影響健康，太多有趣新奇的知識，我有把握都是讀者不容易獲得的知識，非常有趣而且重要。接著第三章開始進入益生菌核心，由益生菌定義演變講起，爲什麼益生菌有益健康，有哪些重要菌種菌株，介紹由微生物體研究衍生出來的新世代益生菌，國際及國內有哪些重要菌株，醫生們如何看益生菌，最後介紹與益生菌相輔相成的益生元，讀者們一定想不到益生元的定義，已經跳脫寡糖或膳食纖維了。接著的第四章談益生菌在呼吸、腸胃、口腔、皮膚、骨頭、癌症、代謝、泌尿等健康領域的研發現狀，最新的神經心理領域則獨立成第五章，這兩章可是整理了數百篇論文，嘔心瀝血的結晶。第六章彙整了民眾經常提問有關使用益生菌產品時的一些問題，我提綱挈領地回答。在結語中，我舉出「不重感覺，相信數據」以及「期待更高，檢視更嚴」兩句標語作爲全書總結，而「教育教育再教育」更是這兩句標語的支撐。

感謝陳俊忠教授、宋晏仁教授、周宜卿教授、張振榕醫師、吳映蓉營養師，分別由運動醫學、代謝科、小兒科、腸胃科以及營養學等不同專業角度，爲大家談益生菌。陳俊忠教授和宋晏仁教授都是老陽明人，陳教授一直是台灣運動醫學權威，長年致力於推動運動健康理念。宋教授當過副署長、副校長，又回頭由小醫生幹起，最爲人稱道的是他以全平衡瘦身法，成功甩肉二十公斤。周宜卿教授是小兒神經名醫，但總是能夠憑信心在家庭、職場與教會間三兼其樂。張振榕醫師是新朋友，幾個月前一起上了電視節目，才發現他還眞是懂益生菌。吳映蓉博士是可愛的學生輩，要由營養師角度寫建言，她是絕佳人選。請他們寫專家建言，不是因爲友情，而是因爲他們的專業，能夠爲這本書畫龍點睛。

感謝恩師蘇遠志名譽教授爲了我這學生撰寫推薦文，將原稿寄去給老師時，還眞有幾分緊張，讓我聯想到我在東京大學的指導教授，接到他的指導教授打來的電話時，一定立正應答的情景。一般推薦序是依姓氏筆劃排序，我請主編將蘇老師的推薦文排在第一篇，表達我對恩師的尊敬。另外四位推薦者都是好朋友，感謝王進崑教授，他是中山醫學大學前校長、國際食品科技聯盟院士，又是台灣營養學會榮譽理事長，在國內外營養學界均享有崇高的聲望。感謝李宏昌院長，我們與馬偕醫院團隊有多項臨床研究合作正進行中，我也沒考慮院長公務繁忙，就直接邀請他推薦了。感謝吳俊穎教授，他不但是陽明教授、北榮胃腸肝膽科主治醫師，更是台灣微菌（微生物體）聯盟會長，微生物體是這本書的重點，他來寫序推薦最適合不過。感謝陳鴻震教授，他是陽明生科院院長，被借調到科技部擔任生科司司長，不過我相信陽明生化所始終是他的家，精神益生菌的研究自生化所的五一二研究室開始，我請他由陽明生化所的立場來幫我推薦。

去年搭上選舉風潮，我在臉書上登了一篇三句短文，迴響不少，分享給大家：

「上帝要我出來選，
選好的益生菌給大家，
從事益生菌研究是上帝給我最神聖的呼召。」

二〇一五年，我在眾多陽明老師學生支持下，技術移轉在陽明大學的精神益生菌研究成果，成立益福生醫公司。我爲益福生醫設定的精神標語是「榮神益人」（Honor God, Serve the World），其實是爲我自己設定的打氣標語，白話一點就是：「好好幹，研究深入再深入，幫助更多人，榮耀神的名」。

各位朋友，腸道照顧好，百病不來找。我祝福你，活得健康、長久、美麗，活得瀟瀟灑灑、清清爽爽，存著感恩的心，人生眞的是不錯。

對抗病毒，重點就在增進免疫力！

序章

強化韌性與免疫：後新冠疫情的新思維

在這場物競天擇、適者生存的防疫戰爭中，
如何自求多福，成為可生存下去的「適者」？
除了善用益生菌來強化身體韌性以外，
更要具備益生菌2.0新思維：
不是順著感覺走，而是相信科學數據。

我九十四歲高齡的母親過去十年都住在美國舊金山，由小妹照顧，因爲健康問題，二〇二〇年一月初接回台灣，由我接手照護，許多朋友都向我恭喜，可以照顧年邁母親，確實值得恭喜、值得感恩。

沒想到母親回來不久，就爆發新冠肺炎疫情，而且由中國大陸向韓國、日本、歐洲星火燎原、勢若破竹，一路殺到美國。二月底，舊金山宣布進入緊急狀態，四月中，美國全國進入重大災難狀態，疫情全球第一。

神眞的恩待我母親，如果她現在還在舊金山就慘了。長期參與第一線防疫工作的台大公共衛生學院金傳春教授是我大學同學，她說：「回國三十餘年，碰到過這麼多次疫情，這場仗最難打！」

三月初，英國疫情剛開始時，首相強森在記者會宣布「不停課，不檢測，自行居家隔離」，被稱爲佛系防疫。他甚至說要有心理準備，「會有更多家庭可能會失去他們的摯愛」。擺明了，這就是一場「物競天擇、適者生存」的防疫戰爭，大家自求多福吧！有人說這場災難是大浪淘沙，把每個人的健康、認知、良知、勇氣和價值觀，都放上篩子上猛篩。

我頗有同感，重點是我們要如何自求多福，使自己能在物競天擇的大篩子上不被輕易篩除，成爲那個可生存下去的「適者」？尼采說：「凡殺不死我的，必使我更強大」。難道要眞正感染到病毒，被逼到了絕境，才能知道自己是不是有足夠的韌性？

新冠肺炎重症率估計大約一六％，死亡率約二％。如果你不幸感染到病毒，你覺得你是會落在一六／二％這邊，還是會落在八四／九八％那一邊呢？有人說這和年齡、慢性病、感染到的病毒數目等有關，其實我認爲這牽涉到你身體的韌性，也就是對病毒感染的韌性、對病毒抵抗力的強弱。

爲什麼同樣經歷大災大難，有些人會得到創傷壓力症候群（post-traumatic stress disorder, PTSD），久久無法由災難情境脫離；有些人卻能夠快速調適，反而更加成長茁壯（創傷後成長，post-traumatic growth, PTG）。PTSD或PTG？答案就在於個人的韌性（resilience）或是復原力（recovery）的強弱了。

益生菌可間接調節韌性及免疫

韌性的定義是「個體在經歷嚴重創傷後，仍然能快速回復到良好的適應狀況」。「韌性」一直是心理學的重要研究課題，爲什麼有些人不會被輕易打倒？如何評估我有多強韌？如何讓孩子變得更強韌？這些問題似乎都是心理學家、社會學家或教育學家們關心的問題。網路上有很多資料，也有不少不錯的暢銷書籍可讀，上博客來網站查「韌性」，資料好幾千筆，可是生理學上的韌性機制研究還眞的是起步不久。

美國心理學會認爲：韌性是人們面對逆境時正常的反應程式，不是天生的，不是基因遺傳的，是任何人可以經由學習而強化的行爲、思考及反應模式。由生理生化角度來看，也認爲韌性是可以後天增強培育的。美國西奈山伊坎醫學院羅素（Russo）教授由神經生物學角度探討韌性，他舉出加強韌性的重點是：「免疫、腸道菌與血腦屏障」[001]。德州大學丹澤爾（Dantzer）教授在二〇一八年的論文〈韌性與免疫〉中，強調韌性人的免疫表型與脆弱人不同，他認爲可以經由改變免疫表型，進而影響韌性，而腸道菌就像蹺蹺板的支點，居中調控免疫與韌性的雙向調節。丹澤爾教授認爲：**益生菌是調控腸道菌的有效手段，可以用來間接調節韌性及免疫**[002]。

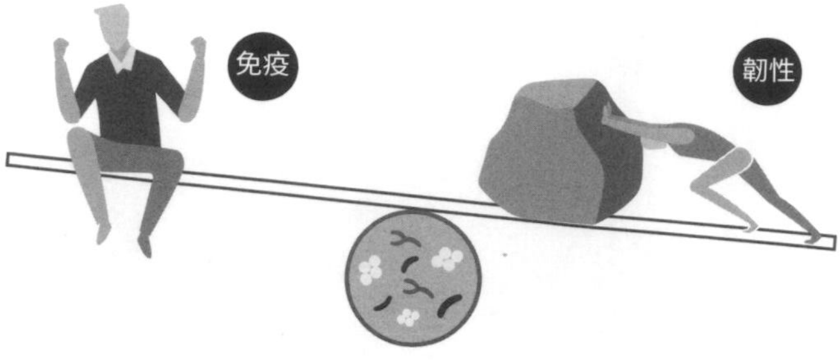

腸道菌居中調控免疫與韌性

韌性是抵抗壓力、快速回復的能力

再舉一個例子，一九五四年，瑞典的維沛宏（Vipeholm）醫院給智障患者餵食大量甜食，以誘發齲齒，稱爲維沛宏實驗。這項研究很有名，因爲嚴重違反醫學倫理，常被當作負面教材。其實這項研究獲得不少有意義的結論，例如發現**有二〇～三〇%的患者對齲齒有韌性，吃再多甜食也不會有齲齒產生**[003]。這些韌性人的口腔微生物究竟是怎麼回事？幾十年來的研究，知道口腔菌和口腔發炎是齲齒的重要因子，因此，西班牙公衛研究中心米拉（Mira）教授同樣認爲能改變菌相、降低發炎的益生菌，是值得考慮的有效對策[004]。

台灣營養精神醫學會創會理事長、中國醫藥大學蘇冠賓教授在新冠疫情開始不久，就在《大腦行爲免疫》期刊發表一篇題爲〈心理神經免疫對抗新冠肺炎〉的論文，作者說：「現在對新冠肺炎沒有疫苗，沒有特效藥，最好的防疫策略還是保持社交距離、戴口罩，以降低接觸病毒之機率，以及保持健康生活型態，規律運動，均衡營養，優質睡眠，並且與親友緊密聯繫，力求增進免疫防護力」（節譯）[005]。

免疫！重點還是免疫！

提升大腦功能，可善用精神益生菌

蘇教授說的心理神經免疫學（psychoneuroimmunity）是一門研究個體因應外在壓力的反應，探討心理社會歷程與自律神經、內分泌、免疫系統等人體三大恆定系統之間的關係，**近十年的研究，清楚指出腸道菌在這三大系統的調控上，扮演了重要角色**，也呼應了上述丹澤爾教授與米拉教授的論述。

最近對韌性生理機制的研究，漸漸突顯出「腦源性神經滋養因子」（BDNF）的重要性，它可以通過血腦屏障，是大腦中含量最豐富的神經滋養因子，它強化神經可塑性，參與神經的生長分化，和記憶認知等大腦功能密切相關[006]。

成功大學藥理所簡伯武教授研究「習得無助」的憂鬱動物模式[註1]，發現不會憂鬱的韌性老鼠，大腦海馬迴的BDNF表現量高於憂鬱的脆弱鼠，憂鬱行爲也相對較輕[007]。成功大學附設醫院精神科陳柏熹教授募集七十二位健康的志願者，以稱爲「低劑量類固醇隔夜抑制測試」的方法，評估壓力韌性，發現血清BDNF濃度高的人，壓力韌性也較高[008]。美國東弗吉尼亞醫學院（Eastern Virginia Medical School）桑佛（Sanford）教授的研究，更是認爲血清BDNF濃度可作爲預測個體壓力韌性的生物指標[009]。

有幾株知名的精神益生菌在動物試驗中，都可看到有提升腦部BDNF的效果，例如江南大學陳衛校長團隊發表的短雙歧桿菌CCFM1025，會讓憂鬱鼠大腦海馬迴的BDNF表現量回復到正常水準[010]。我們自己的植物乳桿菌PS128[011]、副乾酪乳桿菌PS23[012]，也同樣有提升腦部BDNF的效果。

我舉了BDNF與韌性，以及BDNF與益生菌的相關研究，接著就要導向這章的論述核心：「後新冠疫情的新常態與新思維」。

益生菌2.0新思維：不重感覺，相信證據

我在二〇〇五年發起「腸道健康公益宣導活動」，呼籲民眾重視腸道健康問題。發起這項公益活動的背景，是當時醫學界開始認知到：幾乎所有重要的成人慢性疾病，包括三高、肥胖，癌症、失智症等，都與腸道健康密切相關。所以我們努力宣導，希望大家重視自己的腸道健康，以及腸道菌相的均衡。當時我們宣導的重點在於教導大家觀察自己的排便，因爲太常上媒體講腸道、講便祕，我還被戲稱爲「便便博士」。所以過去十多年來，我的思維模式是「由腸道健康預防慢性疾病，以益生菌維護腸道健康」。

「新常態」是新冠疫情爆發後的熱門語詞，意思是在新冠病毒崛起之後，除了將繼續面對慢性疾病以及精神疾病的挑戰外，將無時無刻必須面對新病菌、新病毒的突襲，這就是人類社會無可避免的新常態。以前我常說「腸道照顧好，百病不來找」，「腸道菌是身心健康驅動程式」，那是舊常

註1：習得無助模式（Learned helplessness stress model），常用之憂鬱老鼠模式，將老鼠固定，每天以低電流刺激數小時，持續數週後，會有一半以上老鼠呈現憂鬱行為。

態下的舊思維。面對疫情之後的新常態，我們要由「韌性」的角度，構建健康新思維。

益生菌與韌性的研究，現在是我們研究室的主軸，以前我們以「母子分離憂鬱模式」（新生小鼠前兩週每天與母鼠分離三小時），研究抗憂鬱益生菌時，會拿經過母子分離處理後，近七成有表現憂鬱行爲的老鼠來做試驗，現在我們會更關注另外那三成沒有表現憂鬱行爲的韌性老鼠，探討爲什麼這些韌性鼠經過母子分離，居然行若無事，這就是思維模式的轉換。同一座山，橫看成嶺側成峰；同一張圖，左看是兔右是鴨。

我認爲最需要轉換思維模式的是對益生菌功效的「體感」，以前我常說：「任何益生菌產品，都必須讓消費者能夠用身體感受到效果。」要感受某種益生菌產品對排便改善的效果，可能要吃幾天才能下定論；要感受對過敏的效果，可能要吃幾個月。當然，不能只靠吃益生菌來改善這、改善那，還必須配合整體飲食及生活型態。但是，講到生理韌性的強弱，還眞的不是可以單憑感覺得知的。最近好像比較不會感冒，好像

思維模式轉換

比較不累，比較不會動不動生氣，這樣是不是就叫做韌性加強了呢？還是一定要不戴口罩，到呼吸重症病房出入個幾天，看看會不會染疫，才知道自己韌性是強是弱呢？當然沒辦法這樣就下定論。

在後新冠疫情的新常態下，**益生菌的新思維，簡單來說是「看長不看短」，「不再順著感覺走，而是相信科學數據怎麼講」**。不再順著吃了幾天的、幾個月的感覺，去決定要不要繼續吃，吃益生菌，是因爲每年好幾千篇的微生物體以及益生菌的基礎及臨床研究論文，告訴我們，以正確方式補充正確的益生菌，再配搭正確的飲食及生活型態，對我們的健康有不可忽視的益處，能加強韌性，在物競天擇中得以存活。

吃上好幾個月都沒有感覺的產品，如何做市場行銷？這算什麼新常態下的新思維？我如果無法在這裡說服大家，多少對我這個益生菌2.0新思維理論產生一絲絲的興趣，這本書也就寫不下去了。

想老化回春？在未病狀態就要保健

紐西蘭但尼丁健康與發展多學科研究（簡稱但尼丁研究），長期追蹤一九七二年四月至一九七三年三月間，在但尼丁出生的一〇三七人。受測者自三歲開始一直到將近四十歲，每隔兩、三年就接受健康、發展和福祉等多方面評估。這項研究已經產生千餘篇研究論文，影響了許多國家的政策制定[013]。舉些輕鬆有趣的研究成果，分析但尼丁研究數據後，發現孩童小時候的自我控制力越強，長大後的健康越好，社經地位越高；孩童越愛吮手指、咬指甲，長大後越不易過敏等等，眞的就如同俗語常說的「三歲看大、七歲看老」。

美國杜克大學的貝爾斯基（Belsky）教授也由但尼丁研究分析項目中，選出能反映生理年齡的近二十項生理指標，比較上千受測者二十六歲、三十二歲、三十八歲時的數據，發現即使是在青壯年期的二、三十歲，由這些生理指標的變化，還是可以清楚評估老化的進展程度，而且個體差異很大，老得快的人，不但生理指標已經顯示老化的跡象，而且還自覺到健康狀況及認知力都較差，外觀也較老，連大腦老化也都有跡可尋了[014]。也就是說，生理的老化是由二、三十歲就開始進展，研究者認爲這些未老先衰的人，應該認眞思考自己年紀輕輕、生理就開始老化的原因，以及認眞評估該做些什麼，才能延緩老化，達到回春（rejuvenation）效果。

老化科學（geroscience）是一門新興領域，美國國衛院所屬二十個研究所，才在二〇一二年組成「老化科學興趣小組」（Trans-NIH Geroscience Interest Group），開始舉辦研討會，進行腦力激盪[015]。所謂的老化科學假說（geroscience hypothesis）是說：「針對老化基礎機制的各種預防醫學手段的介入，可以同時預防老化相關的各種慢性疾病，進而延緩或甚至逆轉老化」。這又是一個跳躍式的思維模式大轉換，老化醫學的舊思維是三高、癌症、失智等各種老化相關慢性疾病，都有各自的發病軌跡，需要做不同的預防及治療努力。老化醫學的新思維則是：**如果能早早針對老化的基礎機制下手，做足養生保健功夫，別說延緩老化了，連逆轉回春都有可能。**

由接受老化，到期待回春，一個思維的轉換，做起養生保健功夫，動力完全不同，效果也自然不同。逆轉回春當然有可能，但是要趁早，三十、四十就要積極開始，別等到五老六十。

所謂老化基礎機制，是指端粒短縮、幹細胞衰竭、粒線體功能衰退、營養感應失調、慢性炎症等等[016]，就像上述貝爾斯基教授論文所說的，在青壯年期，可感知的外在老化現象還未發生之前，這些老化基礎機制可能已經開始退化，已經在我們體內悄悄地進行了許多年。《黃帝內經》說：「上醫治未病，中醫治欲病，下醫治已病」，預防勝於治療，預防醫學觀念強的人，會在健檢數值逐漸向上走的五、六十歲（欲病），就開始採取各種預防措施，到了六、七十歲，才進入週週跑醫院、刷健保卡的已病階段。上醫要治的未病呢？老化醫學的新思維就是說：要由三、四十歲，還在真正的未病狀態下，就開始注重養生保健。

所以，益生菌2.0的「不重感覺，相信數據」的新思維，就是《黃帝內經》所說「上醫治未病」觀念的最佳詮釋。最近我和新加坡大學的李元昆教授一起寫了篇論文，我們結合Geroscience（老化科學）與Probiotics（益生菌），創出一個新的名詞Gerobiotics（抗老益生菌），專指那些作用在老化基礎機制的特殊益生菌[017]。在論文中，我說要求民眾不重感覺、相信數據，長期持續補充抗老益生菌，確實是思維模式的天大轉換。後新冠疫情的時代，大家更重視自己深層的韌性強或弱，韌性夠強，才能夠對抗病毒一波又一波的攻擊，也許在這樣高危機感的新常態環境催逼下，大家更容易接受這種「不重感覺，相信數據」的保健新思維。

更重要的前提是，我們這些科學家能不能提出充分扎實的研究數據，讓民眾願意豁了出去，全心相信我們描繪出來的益生菌新思維。

關鍵訊息（Take Home Messages）

1 韌性可以後天增強培育，益生菌經由調控腸道菌而間接調節韌性及免疫。

2 血清BDNF濃度，可作為預測個體壓力韌性的生物指標，濃度高，壓力韌性也較高。特定精神益生菌有提升腦部BDNF的效果。

3 在後新冠疫情的新常態下，益生菌的新思維是「不再順著感覺走，相信科學數據怎麼講」，以正確方式補充正確的益生菌，再配搭正確的飲食及生活型態，能加強壓力韌性。

4 老化醫學的新思維是：要由仍在未病狀態的三、四十歲，就開始注重養生保健，可以有效延緩老化，甚至逆轉回春。

5 後新冠疫情的時代，大家應更重視自己深層的韌性強弱，接受「不重感覺，相信數據」的保健新思維。科學家也應努力提出扎實的研究數據，讓民眾全心接受「相信數據」的益生菌保健新思維。

第1章
乳酸菌：被時代耽誤的健康聖品

乳酸菌並不是分類學上正式的學術名詞，
而是用「會生產大量乳酸」這個特性而湊集的一群細菌。
拜益生菌教父梅契尼科夫之賜，
乳酸菌由「食品保存」的層次，
被提升到「健康養生」的益生菌層次。

鑑古觀今，想詳細談談益生菌的發展歷史，引導你更深入了解益生菌的由來。益生菌的概念，其實是早在半世紀之前，逐漸由乳酸菌發展出來的，所以必須由乳酸菌講起，才能帶進下一章的益生菌。而貫穿這百年「乳酸菌」及「益生菌」發展歷史的關鍵，則是梅契尼科夫和他的「腸道長壽理論」。

乳酸菌帶動了人類文明的發展

乳酸菌是細菌！顧名思義，就是非常細小，大概要上百億隻乳酸菌排列起來，才能鋪滿一個十元銅板。

「乳酸菌是能夠產生大量乳酸的一群細菌。」我喜歡這個定義，簡短有力。乳酸因為酸味溫和適中，而且有很強的防腐保鮮功能，人類很早就知道利用乳酸菌來保存食物，這也是人類文明得以發展至今的重要因素。

乳酸菌喜歡在比較無氧，而且營養充分的地方生長。事實上，**只要有動植物活動的地方，就會有乳酸菌**，例如植物的花蜜、樹液、果實損傷的部分、殘骸等，動物的乳汁、腸道、糞便、口腔等，或是各種發酵食品，如泡菜、醬油、臭豆腐等之中，都有許多乳酸菌。

乳酸菌並不是分類學上正式的學術名詞，而是用「會生產大量乳酸」這個重要特性而湊集過來的一群細菌。後來拜益生菌教父梅契尼科夫之賜，**乳酸菌由「食品保存」的層次，被提升到「健康養生」的益生菌層次**。

爲了要維護乳酸菌「完美」的健康形象，我們習慣將一些也會產生大量乳酸、但對人體有害的壞菌，如李斯特菌（*Listeria*）等刻意排除在外。相反地，雙歧桿菌並不符合乳酸菌的基本定義，而且在系統分類學上，和一般乳酸菌從「門」的層次就分道揚鑣了，但是，因爲雙歧桿菌的健康形象太好了，又是健康人體腸道中的重要菌種，所以，我們習慣將它也列入廣義的「乳酸菌家族」[註1]。

乳酸菌進入人類文明歷史，與人類發展出早期的畜牧業及農業相當同步。有了奶類採集、蔬果收穫，當然會有保存儲藏的需求。而這些食物材料一定會有乳酸菌共存，很容易就進行乳酸發酵，久而久之，各種乳酸發酵的技術自然應運而生。

有人說，發酵乳的由來，是成吉思汗鐵騎軍隊四處征戰，裝在皮袋中的羊奶、馬奶晃啊晃的，自然發酵，成了發酵乳，然後發酵乳就隨著蒙古鐵騎傳入歐洲。

其實發酵乳的歷史，遠遠早於成吉思汗的十二世紀。五千年前，美索不達米亞蘇美人的石刻壁畫中，已經可找到乳品加工的記載。基督教的《聖經》〈創世紀〉，提到以色列人的始祖亞伯拉罕用

註1：所有生物被依照「界、門、綱、目、科、屬、種」的層次有系統地分類，乳酸菌被歸納進厚壁菌門，而雙歧桿菌則屬於風馬牛不相及的放射菌門。

奶油款待神的使者，奶油的希伯來原文就是凝乳，亞伯拉罕的時代距今至少三千五百年。西元二〇〇年，羅馬皇帝埃拉加巴盧斯的傳記中，提到當時有兩種發酵乳產品：Opus lactorum及Oxygala，聽起來幾乎像是商業產品了。

佛經也常拿酪、酥、醍醐等乳製品來比喻。如《大般涅槃經》說：「善男子，譬如從牛出乳，從乳出酪，從酪出生酥，從生酥出熟酥，從熟酥出醍醐」。以乳品的加工精煉來比喻人的修行，很有意思。

「酪」就是現在我們說的發酵乳。你看元朝的《飲膳正要》形容酪及酥的製法：「用乳半杓，鍋內炒過，入餘乳熬數十沸，常以杓縱橫攪之，乃傾出，罐盛待冷，掠取浮皮，以為酥，入舊酪少許，紙封放之，即成矣。」是不是和現在優酪乳的DIY做法很像呢？「入舊酪少許」就是加入一些原來的優酪乳，繼續發酵成新的優酪乳。

「酥」就是奶加熱時浮上來的奶皮，而「醍醐」則是由酥酪提煉的奶油。

明朝李時珍的《本草綱目》對「酪」可是百般推崇：「氣味甘酸寒無毒，主治熱毒，止渴解散發利利，除胸中虛熱……補虛損，壯顏色」。

發酵乳在人類社會的滲透度很廣，不同民族、不同文化都有不同的發酵乳，種類超過數百種。現在熟知的優酪乳（yogurt）是源自東歐巴爾幹半島，以克菲爾粒進行發酵的克菲爾乳（kefir），則源自中亞的高加索地區。

發酵乳源自於中亞，卻發達於西方，在東方始終未深化成庶民日常飲食。發酵蔬果類也是東西方有別：西方常見的是用醋浸泡蔬果類，重點在「保存」，不在發酵；在東方，由北方的中國、韓國、日本，到南方的印尼、馬來西亞，重點就在「發酵」了。傳統發酵蔬果食品琳瑯滿目，利用發酵，既可增加保存性，也創造出新風味。至於位在中間的印度、尼泊爾等，則既有發酵乳品，也有發酵蔬果，在飲食文化或乳酸菌文化上，恰恰位居東西方轉承的位置。

乳酸菌在西方是以「乳製品發酵」為主流，在我們東方卻是以「植物發酵」為主流。既然動物源乳酸菌在西方發展，那麼植物源乳酸菌理應由亞洲科學家努力發揚光大。

釀酒失敗！巴斯德捕獲野生亂入菌

是誰發現了乳酸菌？這個功勞毫無疑問地要歸給法國微生物學家巴斯德（Pasteur）。巴斯德太有名了，地位太崇高了，我深怕是後人錦上添花，經過詳細地查考歷史文獻，結論確實非他莫屬。

故事是這樣的，巴斯德的一位學生家裡是釀酒的，經常失敗酸化，求助於巴斯德。巴斯德用顯微鏡觀察，發現酸敗的酒裡面，釀酒該有的酵母不多，反而充滿桿狀的微生物，這就是乳酸菌了。釀酒酵母主要是利用葡萄糖產生酒精，如果有乳酸菌混入，就會產生乳酸，造成酸化。巴斯德因此告誡酒廠，要好好確認釀酒酵母菌種的純度，並且教他們用不會損及風味的六十多度溫度，殺滅產品中的雜菌，因而發展成日後處理乳品的巴氏低溫殺菌法。

只寫這些，我怕讀者低估了巴斯德的偉大，**由工業（釀酒業、蠶絲業），到疾病（產褥熱、狂犬病、炭疽病），到疫苗研發，巴斯德對人類的貢獻其實是全面的**。他在一八八七年，成立巴斯德研究所，百年來始終站在人類對抗疾病的最前線。

巴斯德打開乳酸菌的研究大門後，很快地，英國外科醫生李思特（Lister）在一八五七年，就由酸敗的牛奶中分離出當今非常著名的**乳酸乳球菌**（*Lactococcus lactis*）。接著巴斯德研究所的迪西爾（Tissier）在一八九八年，由喝母乳的嬰兒糞便中，分離出**雙叉雙歧桿菌**（*Bifidobacterium bifidum*），建議可用於治療兒童腹瀉。二十世紀前半，短短五十年內，幾乎主要的乳酸菌已經被發現定名，而且在羅格薩（Rogosa）、光岡知足（Mitsuoka）等眾多科學家的努力下，乳酸菌的分類體系也在一九六〇年代完成。

多喝優酪乳！梅契尼科夫打造乳酸菌健康好形象

你有沒有注意到，巴斯德是爲了解決釀酒酸敗的問題，進而發現乳酸菌；迪西爾則是想從糞便分離出致病菌，因而分出雙歧桿菌，這些重大發現，都是意料之外的驚喜。幾乎整個十九世紀，腸道菌有用無用，是好是壞，都還在論爭不休。眞正獨排眾議，替乳酸菌平反，抹除負面形象，恢復健康本色的，正是著名的俄國天才科學家梅契尼科夫（Mechnikov）。平反過程並不容易，我要多花些篇幅，給這位益生菌之父最高的禮讚。

梅契尼科夫出身於俄羅斯富裕地主家庭，才華洋溢，二十三歲拿博士，二十五歲進入奧德賽大學任教，三十七歲遠赴義大利西西里島，建立了自己的研究室，專注於免疫研究。後來才被巴斯德三顧茅廬，聘請到法國巴黎巴斯德研究所任職。

他在研究海星胚胎發育時，發現胚胎裡有一種會四處遊走、類似變型蟲的細胞，**如果把酵母菌放進海星胚胎中，這種細胞會吞噬、消化掉這些外來的異物。這就是現代免疫學的基礎，這種細胞就是「巨噬細胞」，這種現象就稱為「細胞免疫」**。

那個年代正是法國的巴斯德和另一位免疫學大師——柏林大學的科赫（Koch）註2積極發展各種疫苗、打擊傳染病，拯救千萬生靈的時代。**疫苗的原理基礎稱為「體液免疫」，注射疫苗，會誘導出抗體，抗體在體液（血液、淋巴液等）中會對抗入侵的病菌**。但是，來自西西里小島的科學家竟然提出完全不同的細胞免疫理論，和科赫領軍的德國學閥抗衡。這場學術論爭打得轟轟烈烈，直到一九〇八年，諾貝爾獎委員會不顧爭議，將醫學獎明智地同時頒給兩個團隊，才結束這場足足打了二十年的論戰。

註2：德國疾病防控機構科赫研究所，在新冠肺炎疫情管控上聲名大噪，讓德國病死率保持全球最低。

沒有錯，不用爭論，我們的身體，就是同時擁有「細胞免疫」與「體液免疫」兩種相輔相成、強而有力的防衛體系。

特立獨行的梅契尼科夫年過五十，研究興趣由免疫轉到老化，老化學（Gerontology）這個名詞就是由他首創。他提出的理論是：「**老化，是因為腸內的腐敗菌產生有毒物質，引起人體慢性中毒所致**」。

他在一九〇七年出版了名著《*The Prolongation of Life:Optimistic Studies*》，用Google直接翻譯是：《延長壽命：樂觀的研究》，較佳的說法是「由樂觀的角度，研究長壽」。一九一二年出版的日文譯本書名譯得傳神：《不老長壽論》，才出版短短五年就有了日文譯本，明治維新後的日本，吸收新知，手腳超快。

在這本曠世名著中，他說：「科學的進展，終將克服所有迫使人類無法安享天年的各種疾病，當這個目標達成時，壽命將可達到生理極限」。

所以，梅契尼科夫自稱是樂觀主義者，他樂觀地認爲「人可以老得非常優雅（graceful），而且安享天年」。他也聲稱「腸道腐敗是老化的主因」，提倡「喝發酵乳，可以預防腸道腐敗」。用現在的講法，就是他對長壽的樂觀，是因爲他深信多補充乳酸菌，可以讓我們安享天年。

梅契尼科夫在書中闡釋了他深信不疑的「腸道腐敗是老化主因」的概念，他說：「腸道毒素進入體內傷害細胞，巨噬細胞會聚集過去，清除受損的細胞，造成老化，所以腸道腐敗會加速老化。」

同時提出呼籲：「乳酸是天然防腐劑，大量服用乳酸菌，可以抑制腸道腐敗。」

當時有位日內瓦醫學院的保加利亞留學生克羅夫，由保加利亞優酪乳中分離出數種乳酸菌，這些菌現在命名爲**保加利亞乳桿菌**（*Lactobacillus bulgaricus*）及**嗜熱鏈球菌**（*Streptococcus thermophilus*）。梅契尼科夫一得知這個消息，馬上請克羅夫到巴斯德研究所來，詳細討論這些乳酸菌。梅契尼科夫直覺地相信：天天吃保加利亞優酪乳，就是保加利亞人長壽者眾的原因，他倡言：「每天吃三百到五百克的優酪乳，可以活化腸機能，預防腸內腐敗。」

梅契尼科夫頂著諾貝爾獎光環，發揮一貫的強勢辯才，全歐洲巡迴演講，鼓吹大家喝優酪乳。不過，他的強勢作風也引來批評，下圖就是當時諷刺梅契尼科夫的圖片，在吃著優酪乳的梅契尼科夫肩上蹲坐著猴子與烏鴉，表示只有猴子與烏鴉願意聽他的說法。

梅契尼科夫在一九一六年過世，正是第一次世界大戰，德法在

梅契尼科夫與猴子、烏鴉

馬其諾防線長期對峙時。傳說梅契尼科夫過世前對弟子們說：「可惜我五十三歲才開始吃優酪乳，你們還年輕，一定要天天吃。」弟子們個個支支吾吾，顧左右而言他。

一九〇七年現在被公認是益生菌元年。梅契尼科夫是第一位將「乳酸菌」和「健康」牽連在一起，奠定了乳酸菌健康益生形象的學者，稱其爲「益生菌之父」絕不爲過。請注意，當時對乳酸菌的認知還非常粗淺，甚至還沒有益生菌這個名詞。

濫用抗生素，超級病菌大反撲

梅契尼科夫所倡導的乳酸菌益生概念，在他過世後，逐漸被人遺忘。自從佛萊明（Fleming）於一九二九年發現青黴素（抗生素的一種），在戰爭中拯救無數生命以來的大半世紀，眞的完全是抗生素的時代。殺菌、殺菌、再殺菌，只要是細菌就被認爲是病菌，就是要趕盡殺絕。

強力的抗生素不斷被發現，主要的感染疾病，像是鼠疫、霍亂、白喉、傷寒、結核等相繼被征服。不過，抗生素耐性菌的出現也出乎意料地快。青黴素大量使用不到三年，耐性菌就開始出現在醫療現場。過去的五十年，一直是「研發新抗生素」與「耐性菌蔓延」的速度較量賽。最近，「超級病菌」的出現，更是讓醫療界憂心忡忡。

抗生素太成功了，對付病菌太有效了，人類壽命因而大幅延長。可是，抗生素太被濫用了，大病用，小病用，養豬、養雞更是大量用，耐性菌也越來越強壯，一線二線抗生素早就失守，三線四線也岌岌可危。

病菌大反撲，傳染病東山再起。眞的無法想像，沒有可用的抗生素時該怎麼辦？醫學界這才開始回頭來評價梅契尼科夫的不老長壽論，以及他的乳酸菌療法。所以我說，乳酸菌能夠在沉寂半世紀後，再以益生菌的嶄新面貌重返榮耀，眞是拜抗生素所賜。

傳承梅契尼科夫理念的達能與養樂多

九〇年代初期的大半世紀，梅契尼科夫的乳酸菌理念其實並未完全淡出舞台。

西班牙巴塞隆納的卡拉索（Carosso），在一九一九年就由巴斯德研究所導入菌株，設立以兒子名字（Daniel）命名的達能（Danone）公司，開始在西班牙生產優酪乳。他兒子還到巴斯德研究所攻讀細菌學，隨後就將優酪乳事業帶入法國，而且隨著二戰爆發，設廠紐約，進軍美洲。

使用巴斯德研究所的菌株，在巴斯德研究所求學，卡拉索的達能公司名符其實，繼承且發揚光大了梅契尼科夫的腸道長壽理念。百年後的現在，達能公司已經發展爲世界最大的乳品公司，員工超過百萬，產品行銷一百二十國，年營收超過三百億美元，Activia、Actimel 分別是達能知名的優酪乳及稀釋型發酵乳品牌。

遠在世界的另一頭，京都大學的代田稔（Shirota）醫師相信也是受到梅契尼科夫的啓發，他由兒童腸道分離出能對抗腸道病菌的一株**乾酪乳桿菌**（*Lactobacillus casei* Shirota，也稱爲代田菌），並於一九三五年開始製造販賣現在的養樂多稀釋發酵乳。代田博士的理念是：「以一張明信片的價格買到健康」，承襲梅契尼科夫多量攝取乳酸菌的理念，小小一瓶（台灣一百毫升，日本及歐洲都是六十五毫升）養樂多，就有一百億、三百億，在日本甚至有四百億、一千億的活菌數。八十多年來，養樂多忠實地奉行代田博士的代田主義（Shirotaism）註3。

養樂多公司現在行銷全世界，一天賣出四千一百一十萬瓶，單靠一個主力產品，全球營業額達到三十八．四億美金（二〇一九年）。台灣養樂多公司，是日本養樂多在一九六四年成立的海外第一個關係企業，創辦人是李團居先生，引進「養樂多媽媽」的特殊銷售方式，讓養樂多的健康意識深入民心。

由細菌、乳酸菌到益生菌，由顯微鏡下游動的小生物，到一瓶瓶宣示健康的商業產品，梅契尼科夫當初只有猴子與烏鴉願意聽的不老長壽理念，終於遍地開花。這就是歷史，就讓我們存著感恩和敬畏的心來看歷史。

關鍵訊息（Take Home Messages）

1 巴斯德發現乳酸菌，梅契尼科夫則奠定了乳酸菌健康益生的形象。

2 一九〇七年是益生菌元年，梅契尼科夫出版名著《延長壽命：樂觀的研究》，宣導腸道腐敗是老化主因，多喝優酪乳可抑制腸道腐敗。

3 達能與養樂多傳承了梅契尼科夫的不老長壽理念。

註3：代田主義為代田稔博士所提出，倡導預防醫學、健腸長壽的理念，以所有人都買得起的價格，來開發乳酸菌飲品，期待能守護每個人的腸道。

不只腸道菌，人體全身的微生物都會影響免疫力

第2章
你的「微生物體」夠強大嗎？

微生物體就像人體的「第二基因系統」，
人體共生菌的基因數目，
居然是人類基因數的千倍以上！
胎兒在子宮就會接觸到母體的菌，
免疫系統也會開始發育。
而身體每個部位發展出的獨特微生物相，
就決定了你的健康。

民眾過去對微生物關心不多，所知有限，頂多知道有些病菌、病毒會帶來嚴重的疾病，麵包放久長霉、牛奶變酸、牆壁長壁癌、秋冬流感、春夏腸病毒，而這次的新冠肺炎，更加深了微生物和細菌的暗黑形象。

這也難怪，科學家一直到十九世紀末，法國的巴斯德、德國的科赫等人，才開始認眞研究微生物，而且是由霍亂、結核病等病原菌著手。一百多年來，講到細菌，大家的刻板印象就是疾病、死亡，避之猶恐不及，很少談論到人體內部的狀態。到了二十一世紀，突然告訴大家：「你的腸道裡有上百兆個腸道菌，身體其他部位也充滿著各種細菌，它們與你朝夕與共，而且不論基因、不論代謝，都和人體水乳交融。」一時之間，這個事實還眞不容易接受。

二〇〇六年出版的《你不能沒腸識》中，我在第四章足足花了八千字的篇幅談腸道菌，當時用的章名是「腸道細菌掌控腸道健康」，在此引述該章引言中的一段核心敘述：「究竟腸道是否能夠正常運作，成爲生命的推動力，維護全面健康？或者腸道要作亂造反，引發種種疾病，威脅生命健康？究竟腸道是正面或是負面，要爲善或作惡，位居蹺蹺板中心，掌控去向的正是充滿在腸道內部，與我們一生共存共榮的腸道菌軍團」。

二〇〇六年，當時正是腸道菌研究快要爆發之前的醞釀期，你是否注意到，我寫的是「腸道菌掌控腸道健康，腸道菌掌控腸道要對人體爲善或做惡。」當時的腸道菌概念，尚未跳脫「腸道」的限制，當時認爲腸道菌主要就是影響腸道，進而影響全身健康。

二〇一一年出版的《腸命百歲》，再度用七千字篇幅談腸道菌，不過情況完全不同了，腸道菌研究已經開始爆發成長，對健康及疾病的重要性，不可同日而語，層次大幅提高。美國國家衛生研究院（NIH）自二〇〇八年開始推動的「人體微生物體」研究計畫，確實是重要引爆點，腸道菌一飛衝天，成爲醫學研究大熱門。

我在該章的結論中說：「腸道菌對人體健康的影響是跳脫腸道限制的，甚至經常不需要腸道媒介，直接而且全面地影響健康」，「沒有腸道菌，我們活不過來，也活不下去，腸道菌不健康，我們就不健康，腸道菌生病，我們就生病」。

二〇二〇年的現在，毫無疑問一定要以「微生物體」（microbiome）爲核心來思考和研究，這觀點太重要了。說微生物體研究開啓了健康新時代，完全不爲過，以美歐日爲核心的國際大型合作計畫不下十餘項，中國的水準也不遑多讓。這一章，我打算就將重點放在人體微生物體，陳述幾個重要且有趣的主題，勾勒近幾年發展的精彩面貌。

什麼是「微生物相」與「微生物體」？

身體的每一個表面，不論內表面、外表面，都充滿細菌、眞菌、病毒或原生生物等各類微生物，各自構成「動態平衡」的生態系。最近醫學研究甚至認爲連血液、羊水、卵巢、輸卵管、精囊、母乳中都有無害的細菌共存，這些菌加總起來稱爲「人體微生物相」（microbiota）。最近阿拉巴馬州立大學的羅伯斯（Roberts）等人還在大腦內部，也看到有無害的桿狀細菌共存，不過還大有爭議。我強調「無害」，是因爲還不知是否有益，同時也爲了把這些人體細菌和那些「已知有害的感染菌」作區別。微生物相是硬梆梆的學術名詞，我常會用「**共生菌**」來代稱。

「微生物相」和「微生物體」，一般認爲前者講菌的組成，後者則是由基因的角度來論述微生物相[001]。二〇二〇年，三十多位專家在奧地利格拉茨工業大學柏格（Berg）教授領銜下，發表題爲〈微生物體定義回顧：舊觀念與新挑戰〉的論文[002]，將微生物體清楚定義爲微生物相和它們所有的活動。簡單來說，**「人體微生物相」指人體中所有的共生菌，而「微生物體」指這些菌以及它們在我們身體上的各種活動，所造成的一切變化**。一切和人體共生菌有關的事情，都是微生物體的研究對象。

微生物體被列爲「體學」（omics）研究的一環，體學有基因體（genomics）、蛋白質體（proteomics）、代謝體（metabolomics）、醣體（glycomics）、培養體（culturomics）等等，有人戲稱：經濟學（economics）也是體學的重要成員，因爲體學研究是最花錢的，沒有好的整體經濟支撐，就做不下去。台灣經濟實力這些年大幅下滑，因而無法在這領域上有顯著的參與。

美國擊發第一槍——人類微生物體計畫

人類基因體在二〇〇一年完全解碼，花了約三十億美元、十年的時間。DNA定序技術在十年間，進步何等快速，美國國家衛生研究院出錢啓動了「革命性基因組定序技術」計畫，要科學家挑戰以一千美元完成一個人的基因組定序，第一個能達成這個目標的團隊，可以贏得鉅額獎金。

由三十億美元到一千美元？如果你認爲是天方夜譚，你就大錯特錯了。短短三年，Illumina公司就在二〇一四年，宣稱他們的新產品可以在短短幾小時內，完成人類基因組的完全定序，人工加材料，花費在一千美元以內。

想想看，如果我能花三萬台幣，幫我的孩子做個全基因組定序，先不提能知道他未來的發展潛能，如果能知道他有哪些可能的基因缺陷，我覺得花三十萬台幣也值得。雖然有人認爲就算知道了基因缺陷又能如何，我倒覺得見仁見智。

在人類基因體計畫完成後，科學家驚訝地發現：具有複雜思考的人類基因數量，與小小的果蠅相仿，僅有兩萬多個基因，遠不如原先估計的十萬，這個數量，似乎無法詮釋完美進化的人體，如何能有現在精緻的生理生化現象。與我們一同共存、數目龐大、種類繁雜的共生菌，似乎可能是這個問題的答案：人體共生菌的基因數目，竟然是人類基因數的千倍！可想而知，解析人體的微生物體，遠比人類基因體更龐大、更困難許多。

「因爲山在那裡！」

科學家躍躍欲試，很想善用日益精進的DNA定序技術，解析人體微生物的奧祕，而且重要的是，做微生物體研究可以拿到鉅額經費，發表高點數論文；缺點就是需要有高額經費編列在那裡，供科學家申請。

人體共生菌，至少有數千種不同的菌種；共生菌全部的基因體總和，是人類基因體的千倍以上！人類的基因數目，大約才兩萬多而已。但是，二〇一九年哈佛大學的帕特爾（Patel）教授團隊，發表了一篇研究口腔腸道微生物體的論文，精密估計共帶有四千五百萬不同的基因，基因總數驚人[003]！而且，人的基因體基本上固定不變，共生於人體的微生物相，包括菌種和數量，卻會隨著環境（食物、生理等）機動變化，因此，微生物的基因體也隨之瞬息萬變。這使得微生物基因體研究難上加難。

同時分析許多不同物種基因體的研究，叫做「宏基因體學」（metagenomics）。針對微生物進行宏基因體研究，必須投注龐大的研發經費，聘用高級的研發人才，以及精良的電腦分析設備，超乎想像地燒錢。以目前台灣微薄的研究經費，只能眼睜睜地看著中國大陸一些重點研究室砸錢做研究，發表高點數論文，在腸道菌研究領域，他們迎頭趕上，遠遠把我們拋在後面。

姑且放下心裡的鬱悶，專心帶大家一窺這波由宏基因體研究所帶來腸道菌的知識爆炸吧。

開第一槍的，還是國富力強的美國。二〇〇八年，美國國衛院啓動「人類微生物體五年計畫」，分析三百位健康人全身各處的微生物體。二〇一三年緊接著開始的第二期計畫，聚焦在懷孕早產、發炎性腸道疾病，以及二型糖尿病相關的微生物體變化。

科研實力不輸美國的歐盟，也在二〇〇八年啓動由八個國家共同參與的「人體腸道宏基因體五年計畫」，探討腸道微生物基因與人體健康和疾病的關係。

重量級研究：歐巴馬總統推動四大計畫

再來就是更上一層的「白宮微生物體計畫」登場。歐巴馬總統共推動了四項國家研究計畫，慣稱爲「白宮計畫」：二〇一三年推「腦科學計畫」，二〇一五年推「精準醫學計畫」，二〇一六年則推「癌症計畫」，以及「國家微生物體計畫」。每個計畫都號召產學各界，投入龐大資源，皆爲最前瞻的科技研發，也都將創造龐大的商機。

國家微生物體計畫，除了政府額外編列一．二億美元預算外，更發動一百多間大學，以及如比爾蓋茲基金會等私營基金，再跟進四億美元。說實話，經費不多，新冠肺炎的紓困經費起跳就是兩兆，最重要的是白宮的登高一呼。

過去二〇〇八年開始的兩期十年「人類微生物體計畫」，只針對人體，以人體健康爲主。「國家微生物體計畫」野心更大、視野更廣，除了闡釋微生物體如何影響肥胖、癌症、糖尿、憂鬱、自閉等人類健康問題外，更廣及農業生產、氣候變遷、全球暖化、環境汙染等重大問題。計畫關注的方向，除了解決不同生態系統微生物的基本問題外，還規劃加強推廣公民科學、公眾參與，擴大微生物體的社會影響力。

在白宮加持之下，微生物體頓時成爲當紅的科技領域，被評選爲二〇一七年最具潛力的醫療創新科技。科學研究突飛猛進，短短幾年，創投基金投入微生物體產業的資金，已超過數十億美元。

微生物體計畫將給我們帶來什麼？這是一個很難回答的問題。如果能夠將與人類相關的所有「環境微生物」和「人體微生物」都弄清楚，將會爲人類帶來前所未有的變革，將會徹底改變我們對大自然以及我們人類自身的態度。在這個時代，人類面臨種種挑戰，包括人口、食糧、永續能源、保護環境以及人類健康，都與微生物體學相關，也都可以從微生物世界中找到解決方案。

你變，我就變！共生菌與人類共同演化

微生物學家估計：地球的微生物總數大約是十的三十次方，海洋沉積物、陸地表面、土壤、海水等的微生物，分別是十的二十九次方。**一個人身上的共生菌數量大約是十的十四次方，百兆以上**，不過變動很大：上一次廁所，就損失個千百億。全球人口現在是七十八億，人類的共生菌總數達十的二十四次方，也稱得上是天文數字（參照第I頁彩圖「由數字看微生物體」）。

腸治才能久安：激烈天擇後的四大菌門

人體共生菌有九五%以上是腸道菌，主要分布在大腸。在日本以「腸道菌叢」來形容腸道菌，你可以想像在大腸裡面密密麻麻都是細菌，好像進入熱帶叢林般，有的附著在大腸壁上面，有的埋身在食物消化的殘渣中，將殘渣轉變製造成便便。

根據微生物體學研究的結果推算，所有腸道菌種類應該在一萬五千種以上，就分類學來看，九八%集中在四個門：

厚壁菌門：占六四%，我們關心的乳酸桿菌，全歸類在這一門。

放射菌門：只有三%，人人喜歡的雙歧桿菌就屬於這一門。

變形菌門：有八%，包括大腸菌、沙門氏菌、腸炎弧菌等病原菌，都屬於變形菌門，會變形的菌通常不好。

擬桿菌門：占二三%，擬桿菌可能是影響胖瘦的關鍵菌門。

地球環境總共有五十門以上的細菌，其中居然只有四門能住在腸道裡，意味著腸道菌在與哺乳動物共同進化的過程中，受到了強大的天擇壓力，形成很特殊的菌群結構。這四門腸道菌，如果脫離了腸道，就很難生存；同樣地，沒有腸道菌，哺乳動物也無法生存。在無菌箱中生龍活虎的無菌老鼠，因為沒有腸道菌，一出到自然環境裡，馬上就生病死亡。

我們再多想像一下，原始的細菌是最早出現在地球環境的生物，其他高等一些的生物，一定是在充滿細菌的環境中進行演化的。腸道菌與哺乳動物千百萬年共同演化的結果，就形成與地球其他生態系截然不同的菌群結構。**腸道菌，絕對是哺乳動物演化的重要決定因子**。上帝用泥土創造亞當時，所用的泥土就已經充滿了各種微生物，微生物介入身體所有的生理生化反應，是想當然爾的。

除了病原菌以外，人體共生菌不分好壞

你抓到我一直希望強調的概念了沒？不要再把腸道菌想成只是與我們共存共生，甚至暗自認爲它們都是寄生蟲。基本上，它們就是我們身體的一部分，我們是一個由大約一六〇兆細胞組成的「超級生物體」（superorganism），六十兆是人的細胞，一百兆是微生物細胞。這一六〇兆細胞的基因表現調控、生理代謝運轉、神經網絡連結，都互相交結[註1]，禍福相依。

舉例來說吧，我過去經常說腸道菌有好菌，有壞菌，也有中性騎牆菌。我們要重視腸道菌中好、壞菌的平衡，其實，這個講法是大有問題的。

應該改爲這麼說：**除了一些由體外入侵的真正「病原菌」外，所有的腸道菌，都是與我們一起走過數百萬年演化歷史的共生夥伴，沒有好壞之分**。例如：腸道中那些被認爲是壞菌的**嗜脂陰性菌**，其實是幫我們回收消化不完全的脂肪，避免浪費資源，結果因爲我們實在吃太多脂肪，使得腸道中這些盡心盡力回收脂肪的嗜脂菌大量繁殖，引起全身慢性發炎，它們就無端被我們歸類爲壞菌，眞是太冤枉了。

飲食與環境，都會改變體內菌種

腸道菌會隨著長期生活飲食習慣的改變，而跟著做適應性改變。例如：美國人的腸道菌已經適應高脂高蛋白質的飲食，所以分解脂肪的**擬桿菌**量極高，分解複合糖質的**普氏菌**量極少。日本人習慣多吃海藻類，在他們腸道菌中，就有不少帶有可分解海藻多醣的酵素基因的特殊菌種。

我們在二〇一五年發表的亞洲人腸道菌研究[註2]，也顯示習慣吃不易消化的在來米的印尼人，體內**普氏菌**量較高，吃蓬萊米的台灣及日本人則較低[004]。

再來舉個動物界的實例，說明在演化過程中，動物如何與微生物建立水乳相融的關係。

去動物園看猴子、看猩猩，印象最深的是他們互相理毛的親密動作。杜克大學的董（Tung）教授分析肯亞安博塞利（Amboseli）國家公園中，分屬兩群四十八隻狒狒的腸道菌相，雖然這兩群狒狒棲息地重疊、飲食相近，但**同群狒狒的腸道菌相就是比較相近，而且同群中互相越親近、接觸動作越頻繁的，腸道菌又更相近**[005]。

註1：過去估計人體中，人類細胞與微生物細胞數目約一比一〇，最近估計約一比一至一．五。

註2：我在擔任亞洲乳酸菌聯盟會長時，為了建立亞洲人標準腸道菌資料，發起各會員國參與。各國選擇兩個城市，收集四十到五十位課業壓力不大，多半在家用餐的小學三、四年級學生糞便，樣本抽取ＤＮＡ後，由九州大學負責分析菌相。主要結論是亞洲人腸道菌相與歐美人大不相同。

生活在野外的動物，接觸微生物的機會非常高，靠著互相理毛，同群的狒狒分享共生菌。我們多數時間是生活在人爲的封閉空間，這個空間的微生物主要來自出入其間的其他人體，來自人體的細菌原本就容易進住人體。互相分享細菌，不見得不好，但我們的現況卻是「過度分享」了，大大降低我們微生物相的歧異度、豐富性，這會限制我們免疫系統的發展。**免疫系統接觸越多抗原，發展越是健全，越能應付日後可能接觸到的任何病源**。

著名的微生物生態學家，科羅拉多大學的佩斯（Pace）教授絕不與人握手，更別說其他肢體接觸，原因是不想接觸他人的微生物，也不想分享自己的微生物給他人。佩斯教授深知微生物無孔不入，簡單一個握手，就足夠傳遞千百萬隻微生物。經歷新冠肺炎的洗禮，現在大家都已經知道**勤洗手**、**不握手**、**保持社交距離，是最有效的防疫手段**。

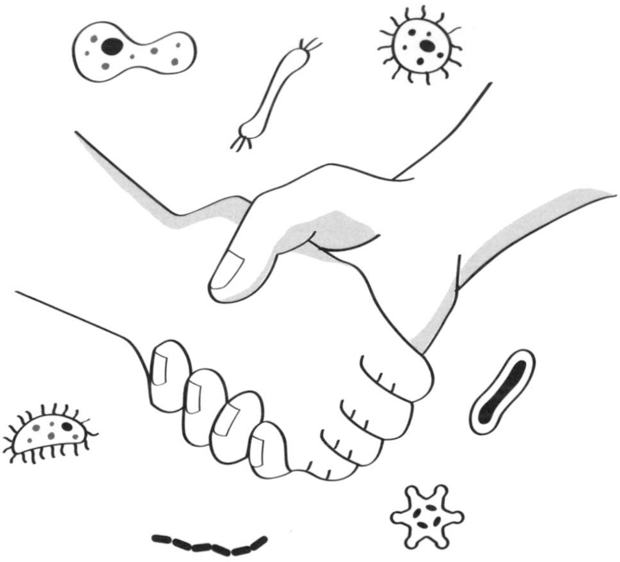

只要一個握手，就能傳遞千百萬隻微生物。

影響腸道菌相的要素

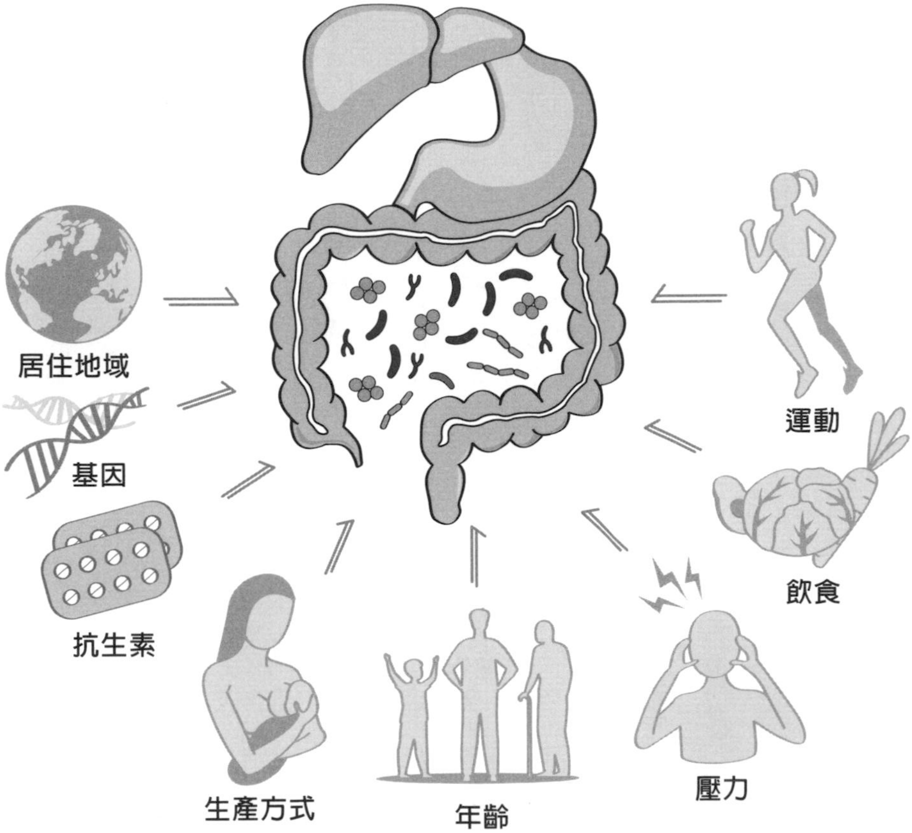
居住地域
基因
抗生素
生產方式
年齡
壓力
飲食
運動

科學界對人體微生物相的研究剛剛開始，還在研究它們是什麼，它們由哪裡來，至於它們與人體生理、病理的關係，如何經由調控它們來增進健康、治療疾病等更高階的研究，我相信各個先端研究室一定如火如荼地努力中。一般認爲癌症、發炎疾病及代謝症候群是一級戰場，最近，包括憂鬱、自閉等神經心理領域更是異軍突起。

共生菌傳承，母親是關鍵第一人

我小女兒出生的那天早上，太太覺得時間差不多了，冷靜地打給好友榮總的袁九重主任，從陽明大學教授宿舍開車到榮總，過個隧道三分鐘就到，九重已經在路邊等，他親自推我太太進去。我辦完手續就被帶進產房陪產，幫忙壓肚子，看著胎兒被拉出來，看著抱去擦淨，然後抱到母親懷中。寫得簡單，因爲詳細情形都記不得，太緊張了。不過和九重兄合作研究數十年，爲了寫這一節，和他在電話上又聊了許久。我好奇的是在生產過程中，微生物如何進入女兒身上？標準生產流程中，如何預防病菌汙染？如何使用抗生素？還想知道他對「陰道接種」的看法，這些都是最近沸沸揚揚的議題，我也想知道婦產科大老的看法。

我們身體每一部位都有共生菌，腸道由上到下，口腔有百億，胃太酸了，只有百萬，小腸有千億，大腸有百兆，占人體共生菌的九五％以上，人體最大的器官皮膚也布滿千億的共生菌，泌尿生殖道也有約千億。關於身體各部位的微生物和它們對健康的影響，下節再介紹，先來了解這些共生菌的來源。

胎兒在母體已開始發育免疫力

身體髮膚，受之父母，不敢毀傷，孝之始也。我們的共生菌何嘗不是受之父母，同樣必須好好保養。

過去認爲胎兒在子宮時近乎無菌，自然生產通過產道時，產道的菌會轉移到胎兒身上，雖然還有相當爭議[006]，但現在普遍認爲**子宮內膜**、**胎盤**、**羊水都有微生物存在，而且胎兒在子宮內會吞嚥羊水，也會接觸到微生物**，這倒是令我放心不少。因爲**腸道菌主導免疫系統的發育，胎兒在子宮就接觸到母體的菌，至少免疫系統就開始發育了**，我不覺得上帝會讓胎兒完全沒有免疫防禦力，就鑽出產道。

懷孕對母體而言，是一大挑戰，爲了讓子代得到最好的一切，在受胎那一剎那，母體就開始改變。**懷孕期婦女體重增加，血糖**、**血脂上升，腸道菌也變得比較傾向發炎型，壞菌多，好菌少，腸道通透性也增加**。多數孕婦的腸道菌或陰道菌變化趨勢大致相似，顯示這些共生菌，不約而同地在醞釀迎接某個重要變化——分娩。美國康乃爾大學的萊（Ley）教授將懷孕初期及後期的孕婦腸道菌，分別導入無菌鼠體內，兩週後，導入懷孕後期菌的老鼠，體重和血糖、血脂，都比導入前期菌的老鼠高出許多。這代表**懷孕後期，母親的腸道菌嚴重失衡**。看來母親爲了胎兒，眞是犧牲了自己的健康[007]。

自然產與剖腹產，寶寶會承接不同共生菌

自然生產少不了淚水、汗水、血水、排泄物，幾千萬年來都是這樣，自然生產演化的最高原則就是確保胎兒安全，而且順利地獲得母親的共生菌。現代追求安全、無汙染，甚至舒適的生產流程，大大攪亂了千萬年精心演化的傳承機制，尤其是剖腹生產與濫用抗生素。

要剖腹產還是自然產？除了一些胎位不正、胎兒過大的情形，醫生應該都會建議自然產，可是全球剖腹產率卻自二〇〇〇年的一二％，增加至二〇一五年的二一％，很多國家還超過四成，我國這十多年也都維持在三五％上下的高水平。依照WHO的說法，眞正需要剖腹產的情況，比例上不會超過一〇％。

從新生兒共生菌的角度來評論，自然產和剖腹產帶給嬰兒不同的菌種：

自然產——嬰兒的腸道、皮膚、口腔，都有來自母親陰道的乳酸桿菌、普氏菌、斯尼斯菌等。

剖腹產——嬰兒則多的是如金黃色葡萄球菌、棒狀桿菌、丙酸桿菌等來自母親皮膚的菌。

這些菌會有消長，但基本上會一生烙印在孩子體內（參照第II頁彩圖「我與微生物相的一生」）。

「陰道接種」的爭議

早產是大問題，全世界每年約有一千五百萬名早產兒，而早產併發症是導致五歲以下兒童死亡的首要原因。一般認爲母親年齡、慢性病、菸酒及藥物等是早產主因，但是母親的陰道菌相也有密切關聯。美國國衛院在二〇一三年啓動人類微生物體第二期計畫，就選擇懷孕與早產作爲三大研究方向之一，結論簡單但重要：「早產與陰道菌大有關係。」早產的母親，陰道中和發炎相關的菌明顯較多[008]。

另一項和剖腹產有關的話題，最近在國際婦產科期刊上引發激烈論戰。加州大學的奈特（Knight）教授是知名的微生物體學者，他二〇一四年在TED Talk上的演講：「我們的微生物體如何使我們成爲我們」（*How our microbes make us who we are*），吸引數百萬人點閱，隨後TED又幫他出了書，書名爲《微生物的巨大衝擊》。

他在演講和書中提到了小女兒出生時，必須緊急剖腹生產，結果這位微生物體大師說：現代醫學不能做的事，他只好自己來做，就是親手用紗布吸飽母親陰道菌，仔細地塗在女兒身上。另一位爸爸的反應截然不同，瑞典皇家科技學院的環境微生物體專家安德森（Andersson）教授，他的孩子出生時，同樣必須緊急剖腹生產，他的反應卻是趕快跑到藥房買抗生素，第二天立馬餵給孩子吃。

奈特教授只是在TED上講講，紐約大學的貝洛（Bello）教授可是認眞地做了研究，而且還發表在一流的《自然醫學》（*Nature Medicine*）期刊：**為了彌補剖腹產新生兒共生菌的天生不足，在剖**

腹手術開始前，以紗布吸附產道分泌液體，產後塗布在新生兒身上，她稱這種做法為「陰道接種」（vaginal seeding）[009]。《自然醫學》的論文就是引人注目，這兩年在國際婦產科學界引發激烈論戰，因爲這種做法也有可能將母親的病菌、病毒也轉移過去，所以醫學界態度多半保守。

我還蠻肯定英國一位醫學專業媒體人的意見，他說醫生們最好別輕舉妄動，但如果家長希望做，在告知可能的副作用後，何妨請家長自己負責。貝洛教授二〇一九年還在《法律醫藥及倫理》期刊上大談陰道接種的科學及法規，她稱之爲「**細菌洗禮**」（bacterial baptism），文章中還有圖示接種的做法[010]。

母乳菌是專為寶寶設計的益菌配方

「自然分娩奠基，母乳哺育精煉」，哺育母乳，也是建構新生兒健康腸道菌的重要因子。「**陰道菌」和「母乳菌」是新生兒的雙重保護網**。很難想像十多年前，我提出研究計畫要開發母乳菌時，還受到老派營養學家的反對：「母乳如果有菌，一定是汙染菌」。還好當時拿到大型產學計畫，北起哈爾濱，南至馬來西亞檳城，收集五、六百個母乳樣本，研究華人的母乳菌相，在二〇一七年與旺旺公司研發團隊一起發表了相當不錯的論文[011]。

母乳有菌，不但有菌，種類還多達近千種。母乳菌的來源，可能是母親乳頭的皮膚菌，或者是新生兒口腔及腸道菌，在哺乳過程中進入了乳腺。更有趣的機制是西班牙馬德里大學的羅德里奎茲

（Rodríguez）教授，於二〇一四年提出的**「腸乳路徑」**（Entero-mammary pathway）[012]，**指出在懷孕中後期，母親腸道中的一些免疫細胞會伸出觸手，穿過腸壁，由母親衆多腸道菌中選取適合寶寶的好菌，經過血液淋巴循環轉移到乳腺，構成母乳菌的基礎，最後經由母乳源源不絕地傳給寶寶。**

很有趣吧！在母親節前後的演講，我很喜歡講「腸乳路徑」研究，歌頌偉大的母親。母乳菌是母親送給孩子的天然屏障，新生兒一出母腹，就必須面對環境中無所不在的細菌、病毒的威脅，所以，必須快速建構起強力的腸道菌保護網。在這個腸道菌建構的過程中，寶寶天天大量攝取的母乳，當然扮演非常重要的角色，這些母乳菌是母親爲寶寶精心設計的「益菌配方」。除了母乳菌外，**母乳中還有大量的母乳寡糖，是最適合嬰兒腸道菌的絕佳益生元，也就是滋養腸道菌所需要的營養來源。**

人生第一個一千天，健康贏在起跑點

最後介紹一個由美國及愛爾蘭政府以及比爾蓋茲基金會，共同在二〇一〇年成立名爲「一千天」（1000 days）的非營利組織（thousanddays.org）。**人生的前一千天，是兒童一生發展的機會之窗，這一千天的任何干預措施，不論好的壞的，都會大大影響孩子未來的代謝、免疫及共生菌的發展，決定一生的健康。**所以，「一千天」在全球推動，要大家重視婦女及兒童的營養，希望每個兒

人生的第一個一千天

腸乳路徑：母乳菌的來源

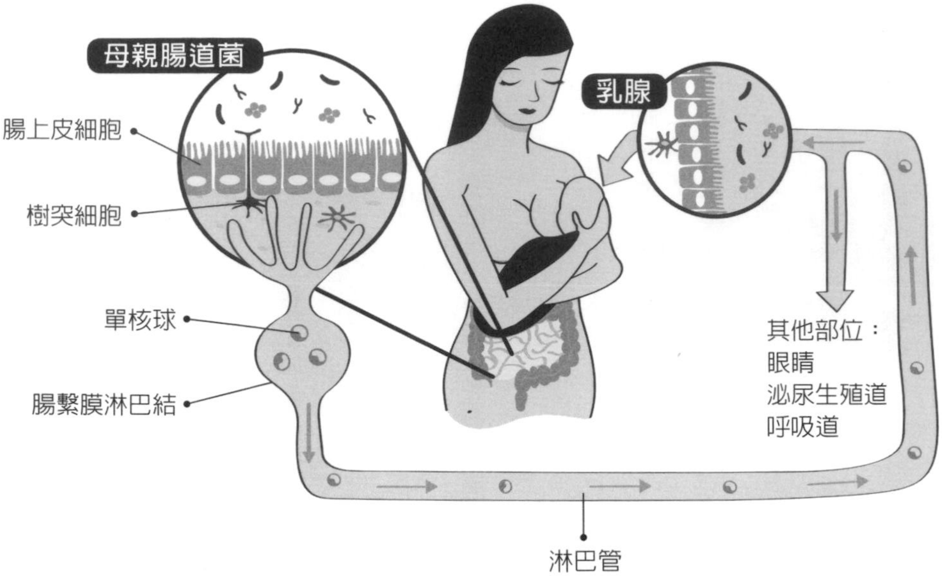

嬰兒腸道菌來源：口腔菌與母乳菌

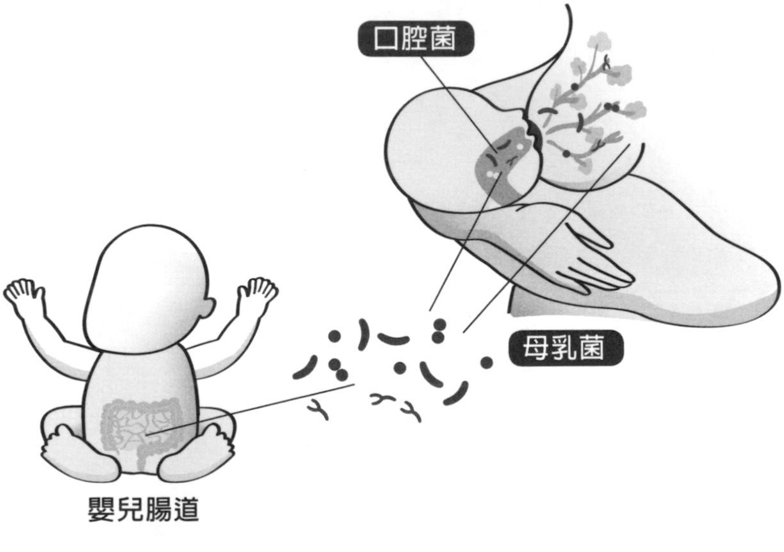

童都擁有健康的人生第一個一千天。

一千天的網站有個詞最觸動我心：「Building a Fair Start」，希望讓全世界的兒童都有個公平的起跑點。但這實在太困難了，連富強如美國，孩童的起跑線也有天壤之別。

如果我是準備懷胎的母親，我想給孩子的一定是最好的。所以，趕快開始認眞照護自己的腸道菌吧，讓自己的寶貝從起跑點就高人一等。

微生物，決定你的健康

荷蘭的微生物學家巴斯．貝金（Bass-Becking）教授，在半世紀前提出一個假說：「一切無處不在，但環境會選擇」（Everything is everywhere, but the environment selects），意思是微生物在自然界散播的能力極強，但只有能適應某特殊環境條件的微生物才能「定殖」下來。過去談人體共生菌，幾乎都聚焦在占了九五％的腸道菌，現在科學家開始把觸角伸到身體其他部位。依照貝金的假說，**身體每個部位的生態特性差異大，個別都發展出獨特的微生物相，也都和健康有密切關係**。這一節要談身體各部位的微生物體，讓大家可以更體會到什麼叫做「環境會選擇」。因爲是談身體各部位的微生物相，難免需要講到一些大家不熟悉的菌名，我盡量只提非常重要的菌。

身體各部位細菌數目 013

部位	容積(毫升)	菌數
大腸	400	10^{14}
牙菌斑	<10	10^{12}
迴腸	400	10^{11}
唾液	<100	10^{11}
皮膚	1.8（單位為平方公尺）	10^{11}
胃	250～900	10^{7}
十二指腸、空腸	400	10^{7}

呼吸道：一呼吸，鼻腔菌生態就會改變

因爲新冠肺炎肆虐全球，大家很關心「呼吸」這件事，所以我先來談談呼吸道。

負責肺部氣體交換的肺泡，讓我聯想到孩童吹出來、隨風飄飛的肥皂泡泡。肺泡數目達七億多，總表面積近一百平方米，由鼻腔湧入的大量空氣，通過肺泡細胞膜，進入肺泡裡密密麻麻的毛細血管，循環全身。空氣中無數病菌、病毒，竟然只靠鼻腔簡單的過濾，就隨著吸氣直衝脆弱的肺

泡，是不是讓人感到毛骨悚然！我們的呼吸，二十四小時不眠不休，肺部的免疫防衛系統要多麼強大，才能把防衛工作做到滴水不漏？這個防衛體系如果被新冠病毒擊潰，那就必須進加護病房，就必須掛上呼吸器。

過去認爲呼吸道，特別是下呼吸道（肺部）是無菌的，否則就是病入膏肓。現在才知道，其實呼吸道也有它重要的共生菌。「腸肺軸」（gut-lung axis）的路徑，除了有免疫系統的交流外，菌的互相交流也不可忽視，畢竟腸和肺兩個系統，雖然食物進嘴巴，空氣走鼻腔，然而竟然進入同一通道，才又分流到胃或肺。

鼻腔是「伺機性病原菌」[註3]**的主要儲存庫，伺機侵犯呼吸道，一旦攻擊成功，就會造成許多呼吸道疾病，如過敏性鼻炎、鼻竇炎、氣喘、肺炎，甚至與中耳炎也有關係**。鼻腔共生菌的首要任務，也許就是壓制這些鼻腔病原菌。澳洲的普薩蒂斯（Psaltis）教授領銜的國際鼻竇微生物體研究團隊，二〇二〇年發表分析九個國家、四一〇人鼻竇菌相的研究成果，不論是健康的人或慢性鼻竇炎患者，**棒狀桿菌**和**葡萄球菌**都是鼻竇中最優勢的菌種，負責壓制壞菌，保持鼻腔菌相健康。**莫拉克斯菌**大概是鼻腔菌中的超級壞蛋，鼻腔莫拉克斯菌多的兒童，急性呼吸道感染發生率最高，且容易氣喘[014]。

註3：這類細菌平時潛伏在人體內，對健康個體不會致病，但當免疫力降低時，就會造成疾病。

插播一個有趣的研究，瑞士伯恩大學的希爾提（Hilty）教授，二〇一八年研究養豬廠員工的鼻腔菌相，竟然與豬場空氣菌，以及豬隻的鼻腔菌相非常接近[015]，看來鼻腔菌非常容易受到環境的影響。但要如何照護鼻腔菌相？這個問題我暫時也提不出有理論基礎的方法，戴口罩也許是唯一有效的做法吧。

肺部的菌數極低。大腸組織每克菌數多達十的十一到十二次方；肺部組織每克只有十的三到五次方的菌。肺部菌不太像鼻腔菌，反而比較像是由口腔入侵的，特別是睡眠時，會厭放鬆，微量口水容易進入氣管，同時就帶入細菌，所以**肺部菌以源自口咽部的普氏菌、偉榮球菌為主**，數目不多，但對維護肺部免疫系統卻非常重要。

侵犯肺部的頭號病菌，就是結核分枝桿菌。肺結核爲全球最重要的傳染病之一，每年奪走一四〇萬人以上的生命。在台灣也是死亡數最多的傳染病。慢性呼吸道疾病（COPD）和癌症、糖尿病、心血管疾病並列四大非傳染病，雖然沒有直接相關的病原菌，但**慢性呼吸道疾病的病患，肺部發炎菌特別多**。肺癌在國人癌症排行中，男女皆居首位，是十大癌症中的三冠王，醫療支出最高、死亡率最高，且晚期發現比例也最高。**肺癌一般認為和COPD一樣，也是和肺炎鏈球菌之類的發炎菌有關**[016]。

耳朵：中耳炎必須謹慎看待

耳朵的結構複雜，彎曲又狹窄，使得中耳以內的菌相很難研究。

中耳炎是嬰幼兒及兒童常見的疾病，秋冬、早春容易感冒的季節，也就是中耳炎好發的季節，幾乎所有的兒童在六歲以前，至少都感染過一次中耳炎。有效的治療方式，除了症狀治療的止痛藥外，也就是抗生素了，稱得上是兒童使用抗生素的罪魁禍首。

中耳炎最常見的病原菌是肺炎鏈球菌、莫拉克斯菌、流感嗜血桿菌，這些菌平常乖乖地住在鼻竇，當感冒或過敏時，它們會經由耳咽管進入中耳，造成中耳炎，如果不好好治療的話，有可能會上到腦部，產生腦膜炎的症狀。所以，中耳炎這件事可大可小，必須謹慎處理。另外要注意的是：眼睛、耳朵、鼻腔距離大腦都太近了，一切小心為上。

眼睛：腸道菌、口腔菌都來作亂

眼睛感覺上是身體較為脆弱的部位，一想到裡面住滿了細菌，令人不禁起了雞皮疙瘩。沒錯，貴為靈魂之窗，也照樣有共生菌同居。眼結膜的菌相，竟然和口腔差不多複雜，有很多的**丙酸桿菌**和**棒狀桿菌**。

眼睛的共生菌與眼睛免疫系統，攜手構建嚴密的防護網，對抗病菌入侵。眼淚含有具殺菌作用的**溶菌酶**，有濕潤沖刷作用，也是防護網的重要成員。年紀大了，眼淚減少，眼部問題就多了。

眼睛血管少，還有稱為「血—眼屏障」以及「血—視網膜屏障」等組織阻隔，照理來說，應該比較難被外來的細菌或免疫細胞侵入。但常見的葡萄膜炎，卻是因爲腸道菌活化T細胞大老遠跑到眼部，攻擊眼睛葡萄膜[註4]，引發發炎紅腫，視力模糊等。**青光眼、視網膜病變、黃斑部病變等大家熟知的眼睛病變，竟然也和腸道菌及口腔菌扯得上關係**。

全世界有一億人戴隱形眼鏡，**戴隱形眼鏡的人，結膜上會有較多和結膜炎、角膜炎相關的機會病菌**。有趣的是，**大家都是用手戴上隱形眼鏡，結果手上的菌並沒有明顯傳到眼睛**。紐約大學的貝洛教授評論說，身體各部位的共生菌，其實對外來侵入的細菌或病毒，都相當有抗性，不會輕易就大幅變動。

一般認爲，戴隱形眼鏡應該會降低眼睛菌相的自我修復能力，但就目前的研究，並沒有看到這個現象[017]。

口腔：唾液每毫升有上億隻微生物

口腔是全身生態最複雜的部位，牙齒、牙齦、牙根、舌頭共生菌相都大不相同。口腔每天要處理大量食物，但口腔內的微生物體卻非常恆定，甚至在不同的國家地區，健康人的口腔核心菌相都很類似。有研究每天追蹤唾液菌的變化，整整一年，發現竟然有九九·七%的菌完全不變。

健康的成人一天要分泌一公升以上的唾液，唾液每毫升有上億隻微生物，同時含有如溶菌素、防禦素等多種抗菌物質，這些抗菌物質其實殺菌力都不強，但足以維持口腔微生物體的恆定。眞正頑強的病菌，就送下去交給胃酸處理。

口腔的核心共生菌，是**偉榮球菌**、**鏈球菌**、**牙齦卟啉單胞菌**等，多爲不常聽到的厭氧菌[018]。大腸內厭氧可以理解，口腔居然也厭氧？口腔菌喜歡在牙齒、假牙，甚至黏膜表面形成生物膜（biofilm）。幾隻菌游了過來，先落個腳，分泌一些有黏性的多醣固定下來，然後招朋引伴地形成聚落，分泌更多的多醣，層層包覆，內外隔絕，形成穩定的厭氧環境，這就是「生物膜」，也是口腔菌維持恆定的有效手段，但這種特殊構造也經常造成麻煩：**像是惡名昭彰的牙菌斑，也是一種強固的生物膜，刷牙刷不掉，抗生素殺不盡，必須定期去牙科清除，否則就開始發炎**。不用說，接踵而來的就

牙菌斑生物膜

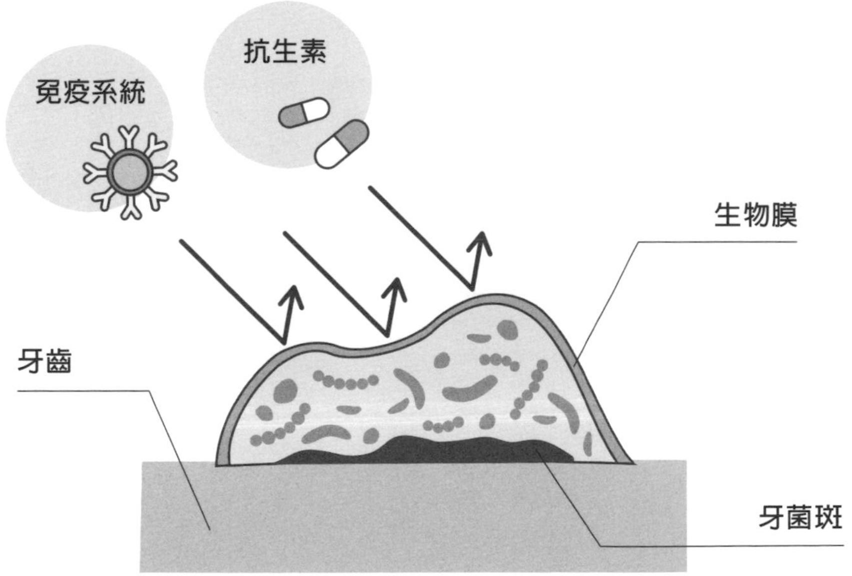

註4：葡萄膜是眼球的血管層組織，含有豐富的血管，負責供應眼球營養。

是蛀牙、牙齦炎，牙周病，甚至引起口腔黏膜病變及身體其他器官的病變。

口腔菌中的**變種鏈球菌是牙菌斑中的主要菌種，也是造成蛀牙的病原菌**；更討厭的是**牙齦卟啉單胞菌，這株菌被認定是牙周疾病的關鍵病菌**（keystone pathogen）。只要少量的牙齦卟啉單胞菌，就可以破壞正常口腔菌相以及口腔免疫，加速牙齦組織損傷。牙周病再惡化下去，全身發炎指標會飆高，對健康影響可大了，動脈硬化、心肌梗塞、糖尿病，甚至多種癌症的罹患機率都會上升。

我們天天不自覺地吞下一、二公升的唾液下去，新瀉大學的山崎（Yamazaki）教授二〇一八年的論文指出：據估計，牙周病人每天會吞下不少牙齦卟啉單胞菌，大大傷害腸道菌相的穩定，進而削弱腸道屏障，使得血液中的內毒素及發炎指標飆升，引發上述的各種嚴重疾病[019]。

口腔癌當然也與口腔菌密切相關。長庚醫院的張佑良醫師團隊，在二〇一八年發表的研究報告，提到他們分析一九七位口腔癌病人，以及五十一位健康者的口腔菌後，選擇**牙周梭菌、和緩鏈球菌、巴斯德卟啉單胞菌為口腔癌的指標菌**，當口腔癌進展時，牙周梭菌會上升，另外兩株菌會下降[020]。

那麼，如何保養口腔菌呢？口腔環境非常特別，所以養出一群非常特別的菌。從出生時，這群菌就在口腔各個適合自己的地區形成生物膜、鞏固地盤，與唾液共存，以至於研究口腔菌的科學家會很驚訝：爲什麼**不論地域，不論種族，不論生活飲食習慣，只要身體健康的人，口腔菌相看來都很像**。因爲口腔環境的特殊性，勝過了種族、生活等因素的差異性。

但是，當有了蛀牙，牙周開始經常發炎，穩固的口腔菌相就開始感受到壓力，一旦讓所謂的關鍵病菌站穩了腳步，情況就急轉直下。西班牙的羅齊爾（Rosier）博士，二〇一八年在《牙醫研究》期刊，發表了一篇很有啓發性的論文〈口腔微生物體的韌性與健康〉[021]，人並非生而平等，有些人從不忌諱吃甜食，也不特別重視口腔衛生，但就是不會有蛀牙。序章中提到瑞典的維沛宏醫院，給智障患者餵食大量甜食以引起齲齒，結果發現有二〇～三〇%的患者，不論吃再多的甜食，就是不會有齲齒[022]。

就是有高達兩、三成的人對蛀牙有抗性。過去我們總是注目另外那七、八成會產生蛀牙的人，研究爲什麼產生蛀牙，探討如何防治蛀牙。羅齊爾博士卻認爲：應該多花心力去研究那兩、三成不會產生蛀牙的人，爲什麼他們不會產生蛀牙？爲什麼他們的口腔菌韌性強，能抵抗關鍵病菌的入侵？我們期待後續研究的進展吧，不會太久的。

如何加強口腔微生物體的韌性？現在能給出的建議，還是要大家做好基本功夫：**勤刷牙，正確刷牙，少吃甜食**。眞的想吃，寧願在用餐時一起吃，不要時不時想到就吃，還有找家鄰近方便的牙科，與醫師打好交情，定期去做牙齒保養，至少半年一次。

皮膚：皮膚菌相當恆定，排他性強

皮膚菌總數約有千億。美國「人體微生物體第一期計畫」，調查二四二個正常健康人全身的微生物體，針對皮膚總共分析二十個部位，**每個部位因為皮膚特色不同，皮膚菌組成皆不太相同**（參照第IV頁彩圖「皮膚微生物相」）。例如：鼻翼比眉間油多，會分解油脂的**丙酸桿菌**就多；臀部皺褶處較多**棒狀桿菌**，平滑處較多**變形菌**；手腳較多**葡萄球菌**。左手和右手的菌也有相當的差異，我現在在電腦前工作，右手常按鍵的微生物也一定異於左手常按鍵。每個人的皮膚菌，都像指紋般各有特徵，比對電腦鍵盤上的菌，可以指認出電腦所有者是誰[023]。

芝加哥大學的吉爾伯特（Gilbert）教授團隊，二〇一七年找了一家新建大醫院，在正式營業前選了十間病房和一間護理站，對設備儀器、衛浴等詳細採樣。開張後，病人及護理人員進進出出，又連續密集追蹤一整年，從人員開始進出，室內就到處沾附人體的皮膚菌。這不值得驚訝，據估計，**我們平均一天向外界散發出大約四千萬隻細菌和七百萬隻真菌**。

當新病人入住病房時，身上馬上會沾染到上一位住客的皮膚菌，但是不到二十四小時，又被自己原來的皮膚菌完全排除。這意味著**我們皮膚菌相當恆定，排他性很強**。至於原來遍布病房各處的舊病人皮膚菌，二十四小時後，全部都換成了新病人的皮膚菌[024]！

新生兒剛出生時，全身的皮膚菌組成都差不多，如果是**自然產的孩子，就主要是傳承母親的產道菌，以乳酸桿菌為主；剖腹產的話，就會跟媽媽的皮膚菌相似。慢慢地，葡萄球菌和鏈球菌多起來，六個月以後，就會開始發展出各部位的特有菌相**。重要的皮膚菌**表皮葡萄球菌**會隨著年紀而增加，到了青少年期，皮膚菌相就穩定下來，一直到跨入老年期，皮膚菌才隨著皮膚老化而跟著快速老化。

東京大學的服部（Hattori）教授，在二〇一七年分析十八位二十三～三十七歲及十九位六十～七十六歲日本女性的臉頰、前額、前臂及頭皮的皮膚菌，這四個部位都以吃油脂的丙酸桿菌最多，特別是頭皮達到七成以上。比較年輕與年長者的皮膚菌，最明顯的差異就是**年長者丙酸桿菌大幅減少，代表抵抗力變差，這種菌是皮膚菌防衛網的重要戰將，能調節皮膚免疫，分泌殺菌物質**。若數量減少，代表皮膚菌老化，也代表皮膚壞菌更容易作亂。這個研究還發現：**老化皮膚出現許多口腔菌，年輕異位性皮膚炎患者的皮膚，也同樣有口腔菌出現**。口腔菌跑到皮膚作亂，不知道爲什麼，但一定有深層意義[025]。

痤瘡（青春痘）是毛囊發炎的疾病。長痘痘的原因太多了，熬夜、飲食、荷爾蒙變化、保養化妝品使用不當等。**痤瘡丙酸桿菌和表皮葡萄球菌是痤瘡的兩株關鍵菌**，青春痘眞是皮膚與這兩株菌之間的愛恨情仇。

青春痘一向被說成是因爲受到痤瘡丙酸桿菌感染，其實大謬不然。**痤瘡菌**不但是皮膚菌主要共生菌之一，而且還是皮膚菌防護網重要成員，它們鎮守在油脂皮膚區，分泌多種抗菌物質，抑制眞正威脅健康的大惡棍——**抗藥性金黃葡萄球菌**。表皮葡萄球菌同樣也會分泌抗菌素，抑制這些病菌，同時，痤瘡菌和表皮葡萄球菌也會互相制衡。

痤瘡不是因爲痤瘡菌感染引起的皮膚炎症，而是微生物體失衡的問題。傳統的治療法是使用抗生素，殺了痤瘡菌，但也因此破壞了整體皮膚菌相。現在有些生技公司投入研究，由維護皮膚微生物體的角度，開發出嶄新的治療藥物。

金黃葡萄球菌也是異位性皮膚炎的主要病原菌，這又比痘痘更難對付，和免疫系統更是牽扯不清。美國國衛院的孔（Kong）教授，由異位性皮膚炎兒童的病灶，分離出金黃葡萄球菌，轉植到健康老鼠的皮膚，果然誘發皮膚炎。但是，由健康皮膚分離出來的金黃葡萄球菌，就不會誘發皮膚炎[026]。加州大學的加洛（Gallo）教授由皮膚共生菌中，開發能抑制皮膚病菌的菌株，他們在二〇一七年分離了十幾株**表皮葡萄球菌**，能抑制金黃葡萄球菌生長，但不影響其他皮膚共生菌[027]。二〇二〇年，又發表一株**頭狀葡萄球菌**，能抑制痤瘡菌生長[028]。加洛教授還成立了一家新創公司MatriSys Bioscience，專門開發這種可改變皮膚菌相的活菌產品，像是最近他們開發一種加了皮膚葡萄球菌的乳膏，使用一星期，可降低皮膚金黃葡萄球菌達九九％，已經準備進入新藥臨床試驗。

二〇一九年二月，在中研院召開的第三屆「亞洲微生物體趨勢論壇」中，皮膚菌大師中央大學黃俊銘教授在演講中介紹**「菌相編輯」**的概念，**不是用抗生素去殺死細菌，也不是單純提供養分養菌，而是要用特別的醣類或是養分，幫助特定的微生物成長**。加洛教授使用無病原性的葡萄球菌，去對付病原性葡萄球菌，也屬於菌相編輯的新療法，未來的應用發展令人期待與振奮！

泌尿生殖道：私密處禁衛軍，男女大不同

子宮是女人的第六臟器，孕育胎兒的器官，位於骨盆腔中央。由陰道、子宮頸到子宮，都有非常獨特的微生物相和免疫系統。子宮黏膜和其他器官的黏膜最大的差異，是有週期性的月經，還要應付懷孕這攸關種族存續的天大事件。子宮的免疫系統任重道遠，須能辨識外來的精子，和隨後將孕育的胎兒，另外，還要懂得與子宮的微生物群建立關係029。

健康婦女的子宮頸微生物相非常獨特，依照美國拉威爾（Ravel）等人的研究030，美國女性的子宮頸微生物相可以分成五種類型，其中第一、二、三、五型分別以**捲曲乳桿菌**、**加氏乳桿菌**、**惰性乳桿菌**，以及**詹氏乳桿菌**等單一種的乳酸桿菌為主體。**乳酸桿菌會產酸，而且釋放抗菌物質，抵抗壞菌入侵**。只有第四型婦女不知為何沒有乳酸桿菌，但取而代之的多種絕對厭氧菌，雖然產酸力稍差，但抗菌力卻夠強。美國白人和亞裔女性多屬第一及第三型，非裔和西裔女性則多為第三及第四型。

我從來沒看過這種以單一種乳酸桿菌為主體的微生物相。我們身體的幾個出入口，嘴巴進出物流量最大，有胃的強酸守住關口，基本上穩如泰山。女性的泌尿生殖道問題就大了，短短幾十公分就是攸關傳宗接代的子宮，胃的強酸策略在這裡完全不適用。造物主採用的神奇策略，竟然是布建乳酸桿菌防衛軍團，**乳酸桿菌產生的乳酸**，**酸性溫和**、**無侵蝕性**、**殺菌力夠強**，**還可以隨生理需求而快速調整菌種**。為什麼採用單一菌種？我主觀地認為：同質性高的部隊防禦力更強，而且那四種乳酸桿菌產酸特性只有微妙的差異，更適合做細膩精確的調控。

深圳的華大基因公司，在全球基因定序企業排名第三，參與許多基因體與微生物體的跨國研究。二〇一七年發表了婦女生殖系統各部位的微生物相及其與各種疾病的相關性[031]。子宮頸只有在經期及受精時才會稍稍打開，如上面所說，**子宮頸有最單一的微生物相，九九％都是乳酸桿菌**；子宮內乳酸桿菌就只占三〇％，其他的菌種多了起來；進到輸卵管，菌相更複雜，乳酸桿菌不到二％，這裡已經不需要乳酸桿菌保護了。

子宮肌瘤、子宮內膜異位困擾許多婦女，是不是與微生物體有關，還沒有定論。中國醫藥大學萬磊教授分析了十多萬筆健保資料庫的資料後，結論是：陰道感染的病人，罹患子宮內膜異位的比例，比無感染者高出二·一倍[032]。講到陰道感染，**不論是細**

女性生殖系統微生物相

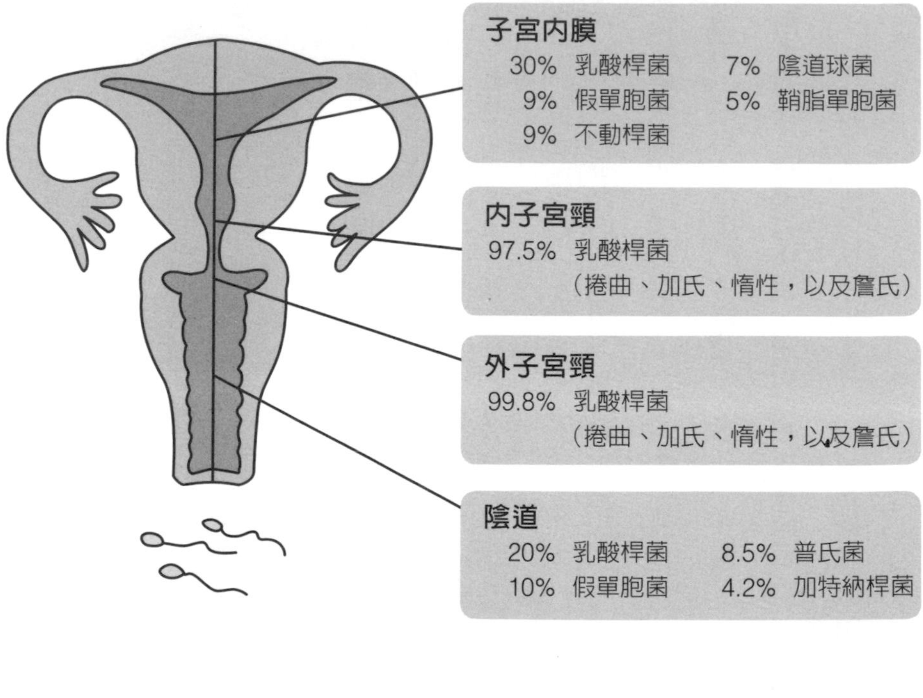

菌或白色念珠菌感染，相信都和陰道微生物體的均衡有關。馬偕生殖醫學中心的翁順隆主任，在二〇一八年研究七十七位細菌性陰道炎患者的陰道菌相，發現陰道炎患者的陰道菌歧異度明顯較高，特別是陰道厭氧菌特別多[033]。

男性就明顯被科學家忽視，睪丸的微生物體到二〇一八年，才有義大利團隊發表了第一篇論文，比較無精子症男性的微生物體，發現確實與正常男性不同[034]。

睪丸不容易研究，精液相對就簡單多了。交通大學黃憲達教授團隊分析九十六個採自不孕夫妻的精液，發現：**精子品質好的，乳酸桿菌數較高；品質差的精子，普氏菌偏高**[035]。研究者認爲乳酸桿菌不但有益於精子品質，而且有助於降低**普氏菌**和**綠膿桿菌**不好的影響。瑞士洛桑大學團隊最近發表的研究結論也一致認爲：乳酸桿菌很好，普氏菌不好[036]。

英國劍橋大學的洛依德（Lloyd）教授在名著《地球演化：改變世界的一百種物種》（*What on earth evolved? 100 species that changed the world*）中，選出了十大物種：蚯蚓、藻類、藍綠藻（藍細菌）、根瘤菌、乳酸桿菌、人類、珊瑚、酵母菌、流感病毒和青黴菌。乳酸桿菌竟然高居第五，還高於人類。作者說乳酸桿菌住在哺乳動物腸道內，能幫助消化，抵抗病菌病毒。何止如此，子宮頸是孕育後代的子宮出入口，乳酸桿菌負責防衛這個攸關種族存續的重要關口，沒有乳酸桿菌，哪有人類！

而泌尿系統呢？健康婦女膀胱的共生菌是**乳酸桿菌**、**普氏菌**、**棒狀桿菌**等。**膀胱炎或尿失禁病**

患的泌尿系統各部位，乳酸桿菌都明顯減少，雜菌變多。多數女性尿液菌相是以**乳酸桿菌**爲主，少數女性則是**大腸桿菌**和**葡萄球菌**爲主。有趣的是，男性的尿液及尿道菌相中，乳酸桿菌比例相對較少，多的是**斯尼斯菌**、**韋榮球菌**、**鏈球菌**等。看來女性肩負傳宗接代的重責大任，泌尿系統也需要乳酸桿菌嚴密把關[037]，讓我們同聲來讚美乳酸桿菌！它們眞是勞苦功高。

被演化選出來的這**四大乳酸桿菌：捲曲乳桿菌**、**加氏乳桿菌**、**惰性乳桿菌**、**詹氏乳桿菌**，不但特別能對付常見的幾種泌尿生殖道病菌病毒，如披衣菌、淋病菌、愛滋病毒、皰疹病毒等，而且在黏膜上的定殖力特強。這些菌也很能定殖在直腸，如果同時在陰道及直腸都有這些菌的話，陰道炎或尿道炎發生率會大幅降低。這可以解答爲什麼**有些口服的私密處保健益生菌，能夠有益於泌尿生殖道保健，因為這類菌在泌尿和生殖道這兩邊都非常適應，而兩邊距離又夠近**。

消化道：腸道菌影響遍布全身

腸道共生菌占人體全部的九五%左右，以至於我們講微生物相，講共生菌，經常是指腸道菌。但是，請務必記得：**腸道菌的影響並不侷限在腸，而是遍及全身**（參照第VI頁彩圖「腸道菌影響健康與疾病」）。

腸道由口腔到肛門，一路下來，峰迴路轉，差異極大。口腔已經獨立出來前面談過了，這裡我們將由食道向下走。整體來說，腸道菌以**厚壁菌門**及**擬桿菌門**爲主，前者主要含**梭狀桿菌**、**腸球**

菌、**乳酸桿菌**及**普拉梭菌**等菌屬；後者主要含**擬桿菌**及**普氏菌**等菌屬。

◆食道：三個狹窄處要小心病變

連接口腔與胃是長約三十公分的食道，它以連續蠕動的方式，推動食物向下前進。這種蠕動由食道連續到消化道整體，都不是我們用意志所能控制的，我們所能控制的：只有在口腔的細嚼慢嚥，以及最後的用力排便。食道是一條結構複雜的肌肉管柱，有三個部位特別狹窄，分別是：入口處、和支氣管交會處，以及穿過橫膈膜處，容易卡食物，也容易發生食道癌。

食道的問題，通常由胃酸逆流開頭，大約三成民眾有此困擾。我個人吃飯是無湯不歡，最近太太因胃酸逆流嚴重，奉行飯水分

腸道各部位菌數

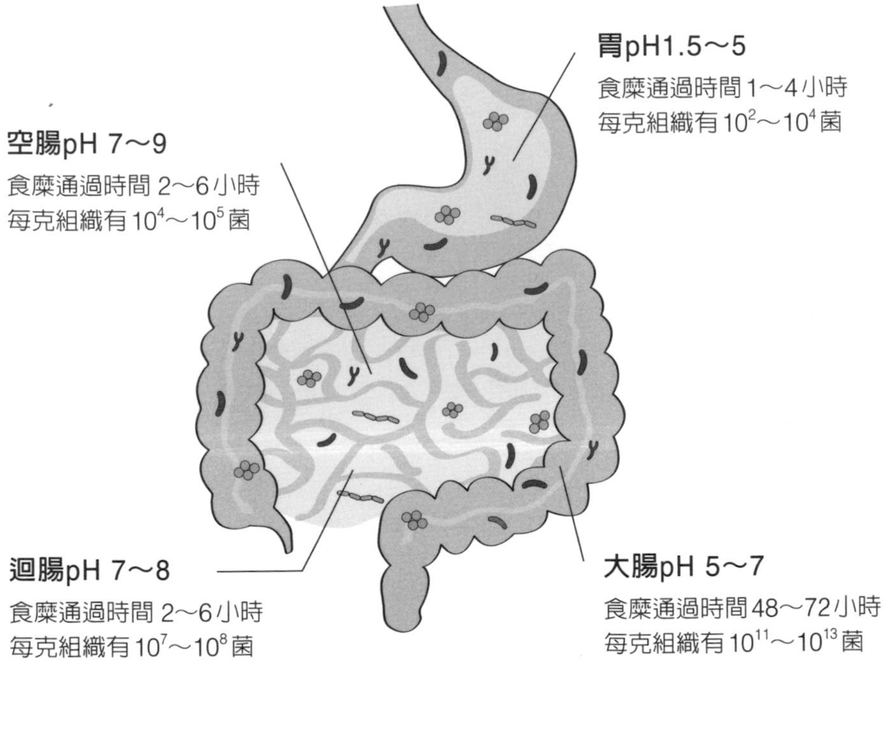

離，我也只好無湯也感恩。食道更嚴重的病變是巴瑞特氏食道症，這是歐美極普遍的食道細胞病變。過去認爲亞洲人盛行率低於一%，但是愛仁醫院許秉毅副院長，調查二〇一五年高雄榮總三三八五例內視鏡檢查結果，估計已經達到二．六%[038]。

巴瑞特氏食道症病人發生食道癌的機會，是一般人的三十~六十倍。食道癌居十大癌症第十位，排名看似不高，但與二十年前相比，發生率增加三倍之多。不久前，裕隆董事長嚴凱泰五十四歲盛年就因食道癌驟逝，所有男性都須警惕。食道菌相和口腔菌相近，當然也受胃的菌相影響，當有上述病變時，食道菌相明顯改變，格蘭氏陰性菌增加，但因果關係還不清楚。

◆胃：幽門桿菌是癌魔還是老戰友？

大家對胃的刻板印象，就是消化、胃酸、幽門桿菌、胃痛、胃酸逆流等等。其實胃不但負責消化，也負責重要的內分泌工作，控制食慾的飢餓素就是由胃所分泌。胃那麼酸，除了幽門桿菌外，過去認爲沒有其他細菌，但現在發現胃的共生菌還眞不少。**幽門桿菌被列為第一級致癌物，是胃癌的危險因子；現在我們卻開始認為它也有其他健康正面的意義**。

幽門桿菌被公認是最強的胃共生菌。我國的成人，大約二〇%可以用培養法檢驗到胃裡有幽門桿菌；但是其他的人也是有，只是濃度較低而已，使用DNA方法還是可以偵測得到。幽門桿菌在胃裡面會降低胃酸，讓別的菌容易生存；胃裡面常見的乳酸桿菌則會抑制幽門桿菌生長。有一株常見在鼻竇、口腔以及胃中的**和緩鏈球菌，不但會抑制幽門桿菌生長，還會抑制它們由球形變形成有害的螺旋形**。這些總總發生在胃裡面，菌和菌、菌和免疫的關係，目前還在抽絲剝繭的初期階段。

幽門桿菌是胃癌的罪魁禍首，此事無庸置疑，但是，幽門桿菌與人類共存了數千年，只有一～二％的「感染者」演變成胃癌或淋巴瘤，不由得想問：凶手只有它嗎？另一方面，七五％的胃癌患者胃裡面有幽門桿菌，也實在很難替幽門桿菌洗刷罪名。第四章中，我會再來談談用抗生素殺滅幽門桿菌的功與過註5（見第一六九頁）。

香港中文大學的于君教授，研究由胃炎到胃癌的一百二十六位病人的胃菌相，注意到**隨著胃部病程的進展，胃黏膜中的口腔病菌逐漸增多，特別是害肺小桿菌與普氏消化球菌**[039]。所以，紐約威爾康奈爾醫學院的沙赫（Shah）教授評論于教授的研究時說：「尋找胃癌危險因子的線索，可能就在痰裡面」[040]。

醫界的意見是：**只要有幽門桿菌不適症狀，就趁早做「除菌治療」**。若二十歲篩檢陽性就立即做除菌，預防胃癌的效果幾乎一〇〇％。三十歲才除菌，還是可以達九八％以上，也就是越早除菌，預防胃癌的效果越好。不過下一章中，我會舉出一些認為不應該輕易除菌的意見。

註5：幽門桿菌「感染」的說法不太適當，幽門桿菌是胃的共生菌，不是外來的感染菌。

◆小腸：共生菌不多，小毛病卻不少

小腸全長約六公尺，但是在肚子裡，會收縮成二～三公尺左右。小腸占據腹部大部分空間，有人說它具有「形狀記憶」的功能，在腹部手術時，醫生將小腸抓出來又塞進去，手術完成後，不用多久，它又會在肚子裡自動調整，恢復成原來的形狀。

小腸分爲十二指腸、空腸及迴腸，各有各的工作：十二指腸和空腸是負責消化食物的主要部位，迴腸負責養分的吸收。

肝臟製造的膽汁以及胰臟製造的胰液，都會送入十二指腸。胰液含多種消化酵素，膽汁則含多量膽汁酸，能幫助脂肪被消化。等消化過的食糜進入十二指腸，酸鹼度很快會被調到中性，菌量緩慢增加，到空腸時，每克內容物含菌量已經接近十的四到五次方了。

小腸的菌不容易研究，一般認爲小腸菌相歧異度較低（也就是種類較少），而且變動性極大，不但個體間差異大，甚至同一個人，早上晚上，今天明天，都會變動[041]。根據台大醫學院倪衍玄院長的論文來看，小腸菌以變形桿菌門、擬桿菌門和硬厚壁菌門爲主[042]。

小腸疾病，只占所有腸胃道疾病的不到一〇%。不過如發炎、感染、沾黏、血管增生等問題，還不算少，近年克隆氏症也開始多起來。小腸病痛不易診斷，胃鏡與大腸鏡都看不進去，過去常稱之爲「腸道黑暗大陸」。小腸細菌過度生長（SIBO）的情況在歐美特別被關注，顧名思義，本來應該不會有太多菌的小腸，突然間細菌暴增百倍，這必定大有問題。如果病人經常打嗝、嗌酸、腹脹、虛弱、食慾不振、不明原因的體重減輕，而且該做的檢查都做了，在歐美，有些醫生會建議做個「氫氣呼氣測試」，或是在做內視鏡檢查時，取些十二指腸的樣本出來培養看看，觀察是不是SIBO。

SIBO最近還常和許多腸胃道以外的問題，例如：焦慮、頭痛、疲勞、過敏、腸漏症等連結一起。美國梅約診所的卡夏普（Kashyap）博士，二〇一九年在《自然通訊》（*Nature Communications*）期刊發表的研究極為有趣，他們收了一二六位因為腹瀉、腹痛及腹脹而來做內視鏡檢查的病例，檢查結果六十六位有SIBO，有趣的是，分析結果發現：SIBO根本和病患的各種腸胃症狀都沒有相關性，和有沒有吃制酸劑、有沒有做腸胃手術，也都無關，只和「有否使用抗生素」有正相關[043]。我國腸胃科醫生遇到類似症狀，通常就是講「功能性胃腸道疾病」，不太會去講到SIBO，看來確實是較正確的思考。

◆大腸：闌尾是「祕密安全屋」，不可輕易切除

大腸的長度約一．五～一．七公尺，呈ㄇ字型，分為盲腸、結腸及直腸，然後接到肛門。結構和小腸大不相同，內壁光滑沒有絨毛組織，而是形成個別的袋狀結構，會吸收水分，並分泌黏液，來潤滑便便通行。

從身體由上而下看我們的消化道：

食道——位於胸腔正中央，氣管和心臟的後方。

胃部——位於上腹部的中央和左方，正好在胸腔的下方。

小腸——大約分布在肚臍周圍的腹腔內。

大腸——在外以ㄇ字型包住小腸，在右側腹部向上走（升結腸），在上腹部向左走（橫結腸），然後在左側腹部向下走（降結腸），最後接到直腸和肛門。

所以，**排便不順，上廁所時可按摩腹部，記得要「順時鐘」按**。還有，**上腹部左側痛是「胃痛」；肚臍周圍腹痛可能是「腸炎」**。

大腸最大的特徵，就是內部住滿了千百種的腸道細菌，數量達到一百兆以上。這些菌在大腸中，靠著食物殘渣生存，製造出各種各樣、有好有壞的物質，對身體健康影響極大。所以，如何保養腸道菌相，是最重要的腸道保健項目。

談大腸，總要談談闌尾，畢竟每個人一生有五~七%會因爲急性闌尾炎跑趟急診。靈長類都擁有這個器官，越高等的靈長類闌尾越發達，而且在臨床上幾乎沒看到有畸形的闌尾。意思是闌尾有相當的生理意義，但是經常還是被認爲只是演化遺跡，切除也不會影響健康。

闌尾還蠻重要的，它就像小腸的貝爾節[註6]**，有許多淋巴組織，會分泌IgA，對腸道菌平衡維持非常重要**。闌尾的菌相和大腸一樣複雜，而且形成厚實的生物膜。杜克大學的帕克（Parker）教授在二〇〇七年提出「安全屋」假說[044]，認為當腸道菌因為瀉肚、抗生素、病菌感染等劇變時，被保護在闌尾內的菌會釋放出來，修補傷亡慘重的腸道菌。還有不少研究都支持闌尾與發炎性腸道疾病有關，更出乎意料之外的是，也有研究說闌尾與巴金森氏症[045][046]、心臟病、困難腸梭菌感染可能都有關聯[047]。《美國醫學會》期刊還登了一篇文章，評論闌尾對巴金森氏症的功與過[048]。

西班牙馬拉加大學的帝那奧內斯（Tinahones）教授，二〇二〇年的論文也支持腸道菌安全屋的假說，他們分析四十位大約十年前做了減肥手術者的糞便菌相，這四十位受測者有一半在手術時同時切除了闌尾，有一半的受測者沒切。他們發現：**切除闌尾的人十年後，菌相相對失衡，歧異度較低，有些具指標意義的菌明顯較少，特別是丁酸弧菌這類重要的丁酸生產菌明顯降低**。丁酸對維護腸道黏膜功能很重要，太少可能導致發炎性腸道疾病（IBD）機率升高。因此，作者的結論是：**不要輕易切除闌尾**[049]。不過，雖然闌尾很重要，**但急性發炎時，別硬頸，還是必須聽醫生的話，乖乖切除**。

卡尼（Cani）教授是我十多年前就開始關注的青壯派學者，他的座右銘是「In Gut We Trust」（我們信任腸道）。他在二〇〇七年就提出**「代謝內毒素血症」的論點，主要是說：當環境變動時，腸道菌先失衡，陰性菌增加，陰性菌細胞壁的LPS是強力發炎因子，大量進入血液，就會引發全**

註6：Peyer's patch，是哺乳動物體內最大的淋巴組織，裡面有無數的淋巴結聚集。

腸道菌相論文數目大幅成長

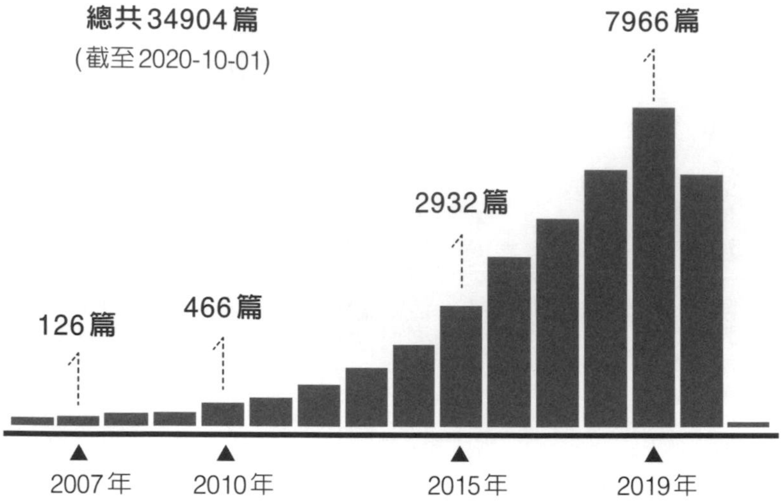

身發炎。他現在在比利時魯汶大學以及倫敦國王學院，繼續做腸道菌與健康研究。二〇〇七年是腸道菌研究蓄勢待飛的時代，那一年發表腸道菌的論文只有一二六篇，二〇一九年增加到了七九六六篇。

卡尼教授二〇一七年在《自然》系列期刊發表的論文，題目直接問：「腸道菌真的是位居要津，影響全身嗎？」他自問自答：「是的，雖然機制還講不清楚，但遲早會找到強有力的證據。」[050]腸道菌研究確實還在知其然、而不知其所以然的階段，但是請看葡萄糖與胰島素的複雜調節關係，被研究了幾十年，到現在還是只覺得更加博奧精深。腸道菌也是如此，有批判說到現在連什麼是健康的腸道菌相都講不清楚，這些腸道菌專家在做什麼。不過，單看論文發表數目，就可以感覺腸道菌的研究已經進入起飛期了。

共生菌的強盛與失衡，造就現在的你

依照貝金的假說（見第六七頁），每一個生態環境會選擇，且構建適當的微生物相，微生物相再回頭影響該環境，直到達到穩定平衡。我們身體的微生物相，同樣是身體會由隨機遇到的微生物中挑選培育，再經過動態的互動，從出生一直到大約三歲，才趨於穩定。

環境微生物由胎兒期就開始入侵我們身體的各部位，會不會成爲我們的共生菌，受到基因、飲食、環境、健康等複雜因素所影響。等於是在我們體內經歷嚴格的物競天擇，才形成我們自己獨特的共生菌相。當然，**如果飲食改變、運動量增減、變換工作、搬家遷移等，共生菌會隨之微調；當我們生病、吃藥、感染、受傷時，共生菌更會劇烈改變**。

微生物體的分析遠比基因體分析困難許多。已經有數百萬人的基因體被分析，但只有數萬人的微生物體被分析過，現象非常複雜，但數據卻非常有限。說實話，科學家現在連最基本的什麼是正常的、健康的腸道菌相，都還無法很明確地認定。以下針對目前醫界的共識，整理出三個重要的問題點與說明：

Q1：何謂「健康」的共生菌相？

所謂「安娜卡列尼娜原則」，源於托爾斯泰的小說《安娜．卡列尼娜》的第一句話：「幸福的家庭都是相似的，不幸的家庭卻各有各的不幸」。這原則可以有許多運用，例如「成功的人都有相似之處，失敗者卻各有原因」，「健康的菌相都很相似，失調的菌相卻差異性大」。

對特定個體而言，什麼是他的健康共生菌相？健康的菌相有什麼共通的特點？什麼是失調的菌相？什麼因素讓這個人的菌相開始失調？什麼因素讓菌相加速崩解？以下就來進一步討論。

◆菌相健不健康的標準依個人而定

微生物相失調（microbiota dysbiosis）和許多健康問題都有關聯，因此，成爲醫學研究大熱門，近三年就發表了五千多篇論文。我習慣將dysbiosis譯成失調，Dys這個字首或中文的「失調」都有壞的、生病的意思，麻煩的是我們連好的、健康的腸道菌相都定義不了，又如何能說哪些菌相是失調的，是不好的呢？也不能直接說：「健康人的菌相就是健康的，不健康的人菌相就是失調的」，因爲**菌相健康或失調是非常個人化的事，我的健康菌相，對你可能造成疾病**，反之亦然。長期嚴重生病的人的腸道菌，總可以說是不好的吧，這可也說不一定，可能他看起來非常偏差的腸道菌相，對他這個生病的人也有某種意義、某種好處呢。

◆菌相最好雙高：「高歧異度」＋「高重複性」

這種論證沒完沒了，當然，科學界對什麼是健康的、正常的腸道菌還是有一些共識：健康的腸道菌相必定是「高歧異度」（或多樣性）以及「高重複性」，有這雙高條件的腸道菌相，自然韌性就強，不會因爲外來打擊（如感染、壓力、疾病等）就輕易改變。

高歧異度，指具有夠多種類的菌種，參與構建成安定的動態平衡。子宮頸菌相是唯一例外，該區域歧異度非常的低（見第七九頁）。

高重複性，是有許多不同菌株負責同一功能，可因應環境變化做精密微調。還是舉子宮頸菌相爲例，多數婦女的子宮頸菌相九九％是單一種的乳酸桿菌，看起來是單一種，但其實包含特性微妙互補的不同菌株，有些婦女（第四型）的子宮頸菌相由多種厭氧菌構成，雖然都不太產酸，卻各自有各自的抗菌機制，還是能建構綿密互補的抗菌防衛網。**高重複性的重點，就是功能可以互補，共同應付環境變化**。所以，有「高歧異度」及「高重複性」的雙高菌相，才是韌性夠強的健康菌相。

Q2：「環境」重要或「遺傳」重要？

型塑我們微生物體的力量究竟是哪些因子？是飲食、生活型態等環境因子？或者是遺傳基因因子？我舉幾個有名的研究案例來討論。

◆飲食習慣對腸道菌影響比基因還大

坦尚尼亞北部的哈扎族，是世界僅存的幾支原始部落之一，繼續過著以狩獵和採集爲主的生活方式。哈扎人每天吃一〇〇～一五〇克的膳食纖維，是我們的十倍量。根據史丹佛大學的團隊研究，哈扎人腸道菌中分解纖維的普氏菌多達六〇％。將哈扎人腸道菌導入無菌老鼠中，讓這些老鼠吃低纖飲食時，分解纖維的普氏菌無用武之地，會漸漸減少到幾乎測不到。可是讓這些老鼠的子代，恢復吃高纖飲食時，普氏菌又會多起來，代表**親代會將腸道菌傳給子代，但是如果繼續吃低纖飲食，持續超過四代時，普氏菌就會完全消失，再改吃高纖，也不再復生了**[051]。

俗語說富不過三代，腸道菌也只容忍我們到四代。哈扎人的研究指出：長期的飲食習慣，將壓過基因遺傳對腸道菌的影響。

◆醫藥、環境、壓力都會影響菌相

明尼蘇達大學的奈斯（Knights）教授，二〇一八年發表在《細胞》（*Cell*）期刊的研究，找了五一四位泰國苗族和克倫族婦女，其中一七九位還住在泰國，二八一位是移民到美國的第一代，五十四位是生在美國的第二代。分析她們的腸道菌，發現在美國住越久，菌相越西方化，歧異度越低，失去了不少重要菌種，最明顯的是，普氏菌漸漸被擬桿菌取代。移住美國約九個月後，就可觀察到這種菌相的變化，而且ＢＭＩ指數也同步上揚，越來越胖。研究者推測飲食應該是主要原因，醫藥、環境、壓力等也都難辭其咎。也就是說，不只聚焦飲食內容，事實上是工業化環境帶來的整體改變[052]。

以色列魏茨曼（Weizmann）研究所的希格爾（Segal）博士，分析一〇四六位不同種族成人的菌相後，也認爲環境因素大於種族因素。藥物和飲食都是重要因素，但是，希格爾博士認爲看飲食要跳出過去只看蛋白質、纖維與脂肪的傳統營養學思維，飲食中「各種微量成分」的重要性，更是不容忽視[053]。

所以答案很清楚了：**環境因子遠重於遺傳因子**。別忘了，家裡的寵物也是重要的環境因子，加州大學的林區（Lynch）教授團隊，分析一二〇〇位嬰兒腸道菌後，發現**家裡有養狗的嬰兒，腸道菌相較豐富，較少感染呼吸道疾病**。養貓也不錯，但效果差一些[054]。

Q3：如何搶救消失的「腸道大兵」？

紐約大學布雷瑟（Blaser）教授的暢銷書《*Missing Microbes*》，中文版書名爲《不該被殺掉的微生物：濫用抗生素如何加速現代瘟疫的蔓延》。「現代瘟疫」指的是肥胖、糖尿病、過敏、自閉症等慢性疾病。也許你會認爲肥胖及糖尿病是飲食不當、吃太多肥肉甜食，以爲過敏及自閉症是遺傳基因，但是，近年的研究認爲：**人體微生物相失調，才是現代瘟疫蔓延最主要的加速器**。布雷瑟教授多年前就提出「消失中的微生物假說」，這個假說認爲：過去一世紀以來的工業化進展，破壞了人類微生物相的平衡，許多重要的菌種快速被淘汰，人體代謝機能和防禦力降低，因而加速了現代瘟疫的蔓延。

◆寶貴菌種在工業化之下流失已久

布雷瑟教授用「工業化菌相」來指已開發國或先進國人民的腸道菌相，以「傳統菌相」指落後國或未開發國人民的腸道菌相。**工業化菌相最顯著的特點，就是歧異度遠低於傳統菌相，諸如乳酸桿菌、雙歧桿菌、擬桿菌、普氏菌等，都明顯變少**。這些菌對維持共生菌相的韌性、對抗病菌入侵、促進免疫、神經系統的健康發展等，都是很重要的菌屬。除了歧異度降低外，更嚴重的是重複性可能也大受傷害，菌種層次的歧異度比較容易分析察覺，但菌株層次的重複性降低，以現在的分析技術，眞還不容易察覺。可以說，重複性降低的嚴重性，在於「我們甚至不知道身體到底失去了什麼」。

例如，全球各地傳統族群腸道菌都富含**螺旋體科**、**琥珀酸弧菌科**等；這些菌種在工業化菌相中卻極爲少見，所以很少被研究。諸如此類，也許很多寶貴菌種早已經流失在工業化洪流中，而我們完全不知道到底有多嚴重。再例如：**歐美人腸道中的長雙歧桿菌（龍根菌）數量遠低於亞洲人**，亞洲人腸道中可能有成千上百不同的龍根菌菌株，但是歐美人可能不但數量降低，功能互補的菌株數目也大幅減少，亦即重複性大大降低。這些隱藏菌株的快速流失，讓布雷瑟教授這些長年研究微生物體的學者們感到憂心忡忡。

◆高脂低纖飲食，造成發炎肥胖的易病體質

共生菌的流失，不只是因爲高脂低纖的西化飲食，在布雷瑟教授筆下的工業化還包括：高度水處理、食材精緻化、嚴重的環境暴露註7，甚至先進的醫療照護也是其中之一。

不可否認，工業化改善生活，延長壽命。但是一直到最近，科學家才開始了解工業化對共生菌的傷害，以及可能帶來的副作用。對科學家的挑戰是：我們到底該如何尋求平衡點？

◆「修復」與「豐富」人體菌相必做六件事

布雷瑟教授二〇一八年和羅格斯大學的多明格斯・貝羅（Dominguez Bello）教授，一起在《科學》（*Science*）期刊發表題爲〈保護微生物多樣化〉的醒世論文055。要如何爲我們這一代以及後代子孫的健康，修復這些消失的微生物？**重點包括：謹愼使用抗生素，減少剖腹產比率，鼓勵母乳哺育，減少使用抗菌產品，飲食多樣化，多攝取益生菌及益生元**。

單單只是減緩腸道菌的滅絕速度，不足以改善我們因爲喪失「腸道菌多樣性」所面臨的健康困境，還必須更積極地設法修復菌相。在工業文明失去的菌種，也許可以在傳統地區找到，所以布雷瑟教授說：「爲了下一代的健康，任何傳統文明的腸道菌，都必須深入研究，而且設法保存下來。」

註7：環境暴露指的是生活中長期接觸到無數種化學物質、重金屬、微粒子、電磁波、生物物質等。

為什麼有那麼多人肥胖？為什麼一半以上孩童過敏？為什麼憂鬱如此普遍？為什麼自閉兒越來越多？這些是柯琳（Collen）博士在她的暢銷書《我們只有十%是人類》（*10% Human: How Your Body's Microbes Hold the Key to Health and Happiness*）封面上提出的問題，答案都是指向與我們共存共榮的微生物體。微生物體這個主題在一九六〇年代開始出現，到了二〇一九年，一年的論文數目已經突破一萬篇，相信我，再過幾年，這個領域一定會出幾個諾貝爾獎。

這一章，我卯足了勁，試圖兼顧專業及科普，描述微生物體的進展，我沒敢去觸及現在如火如茶的微生物體產業發展，因為進展太快、商機太大、競爭太激烈，我難以掌握全貌。不過，我相信，再過幾年，去醫院看病，醫生會要求依照標準方法，帶些新鮮糞便來分析菌相，然後醫生會依照你的糞便菌相，為你精準地開立個人化益生菌處方，又或者皮膚科醫師會依據你皮膚患處的菌相，為你精準地調製含特殊菌株的藥膏或乳液。現在分析腸道或皮膚菌相，總要一個星期以上，但再過幾年，也許只要在旁邊等一下，數據就出來了。絕非天方夜譚，你等著瞧吧！

關鍵訊息（Take Home Messages）

1 「人體微生物相」指人體中所有的共生菌，「微生物體」則指這些共生菌，以及它們在我們身體上的所有活動，所造成的一切變化。

2 人體由大約六十兆人類細胞及一百兆微生物細胞組成，這些共生微生物介入身體所有的生理生化反應。

3 新生兒的共生菌是在分娩過程由母親獲得，母乳菌持續補充。人生的前一千天，是兒童一生發展的機會之窗，決定一生的健康。

4 身體各部位的共生菌：

- 肺部組織每克有數萬隻共生菌，對維護肺部免疫系統非常重要。
- 眼結膜的菌相非常複雜，與眼睛免疫系統共同對抗病菌入侵。
- 口腔共生菌相相當恆定，變種鏈球菌是造成蛀牙的病原菌，牙齦卟啉單胞菌則是牙周疾病的關鍵病菌。
- 皮膚菌像指紋般具個人特徵，使用無病原性皮膚菌去壓制病原性皮膚菌，是稱為「菌相編輯」的新療法。
- 子宮頸共生菌九九%皆是乳酸桿菌，保衛傳宗接代的子宮。
- 精子品質好的，乳酸桿菌較高；品質差的普氏菌偏高。
- 婦女膀胱及尿液中乳酸桿菌數皆高，罹患膀胱炎時，則明顯減少。
- 幽門桿菌是最強的胃共生菌，胃癌的病程進展時，胃黏膜中的口腔菌會逐漸增多，尋找胃癌危險因子的線索，可能就在痰裡面。

- 小腸菌相歧異度較低，變動性極大。九五%人體共生菌在大腸。
- 闌尾的菌相和大腸一樣複雜，「安全屋假說」認為當腸道菌發生劇變時，闌尾內的菌會釋放出來，修補腸道菌。

5

有「高歧異度」及「高重複性」的雙高菌相，才是高韌性的健康共生菌相，不會因為外來打擊就輕易改變。消失中的微生物假說，指工業化進展，破壞了人類微生物相，許多重要的菌種快速被淘汰。為了後代子孫的健康，修復這些消失微生物的重點是「謹慎使用抗生素，自然生產，母乳哺育，飲食多樣化，減少使用抗菌產品，多攝取益生菌」。

全球產官醫學臨床實證＋高規檢驗

第3章
崛起的益生菌 2.0

益生菌在二〇〇一年被定義為：
適量使用時，有益於宿主健康的「活的微生物」，
將益生菌的效果擴大到人體的「整體健康」。
益生菌的功能演進可分為四代：
腸道、免疫過敏、代謝、神經心理。

微生物體研究快速向產業化轉進，同時也帶動益生菌產業，無論是基礎、臨床、應用，各方面都向高科技快速進化，有稱之爲益生菌轉型、有稱之爲益生菌革命，我們就稱之爲「益生菌2.0」吧，更接地氣！記得二〇〇〇年時，日本乳酸菌學會的富田房男會長，邀我組團參加他們在東京大學舉辦的學會十週年大會，我邀了大約二十多位產學界人士參加，統一、味全、養樂多、愛之味等公司都派員參加，還順便參訪明治乳業、養樂多、可爾必思等公司。這次會議爲我國益生菌產學研奠下基石，台灣乳酸菌協會接著在二〇〇二年成立。

我最常掛在嘴上說的是：我國發酵產業根基打得很深，要感謝恩師——台大農化系的蘇遠志教授開啓我國的味精發酵工業，打下雄厚的微生物發酵基礎。所以，單就「益生菌發酵技術」而言，我國絕不落人後；「菌株開發技術」同樣根基雄厚，新竹食品工業發展研究所四十年前就成立菌株保存中心，二〇〇二年改組爲生物資源保存及研究中心，乳酸菌的分離保存及應用，始終是重要任務，目前保存了三．三萬各種微生物菌株，其中乳酸菌超過一千六百株，堪稱亞洲第一。

台灣乳酸菌協會成立二十年，我深深覺得台灣的乳酸菌產學界非常團結，互相砥礪，互相提攜。本來就必須如此，才有可能開闢中國大陸及國際市場，唯有根扎得夠深，枝葉才能茂，果才能結得美。

微生物體的觀點將益生菌推上更高層次，益生菌2.0可以由新菌株與新功能兩方面來詮釋，新菌株在這章說明，新功能將在第四章及第五章中詳述。這一章將由定義的演進講起，談益生菌爲什麼有效，盤點有哪些重要菌株，帶出受注目的新世代益生菌，談醫護專業人員對益生菌的看法，這很重要，畢竟民眾最信賴醫生護士的意見。最後介紹益生元、合生元、類生元以及後生元等一系列益生菌的好夥伴。

什麼是益生菌？

「名不正，則言不順；言不順，則事不成」，我們先從益生菌的定義談起。

「益生菌」這個名詞第一次出現在科學界時，居然不是指乳酸菌。美國紐約聖約翰大學的里利（Lilly）及史提威爾（Stillwell）兩位教授，於一九六五年發表在《科學》期刊的文章中，首先提出「Probiotics」這個名詞，用來指「微生物所分泌，會幫助其他微生物增殖的物質」[001]。「抗生素」是殺菌；而「Probiotics」是促進菌生長的物質，是「物質」，不是梅契尼科夫半世紀前所提出的「好菌」概念，翻譯成「益生素」要比翻成益生菌正確。里利和史提威爾提出這個名詞時，壓根兒沒想到後來會被用在好菌身上。

接著帕可（Park）教授在一九七四年將Probiotics概念轉向腸道菌平衡，他提出的定義是：「有助於腸道菌保持平衡的一種微生物或物質。」[002]這是很重要的觀念改變，當時已經知道腸道菌平衡和健康關係密切，所以，這個概念指出Probiotics是由人體內部去影響健康，同時在這個定義中，

Probiotics可以是「菌」，也可以是「物質」。

一直到一九八九年，英國富勒（Fuller）教授提出的定義，才終於讓Probiotics這個名詞專門指「活的細菌」。富勒教授的益生菌定義是：「能夠改善宿主腸道菌平衡的活的微生物」[003]。這個定義終於讓梅契尼科夫的「益生菌療法」概念復活，Probiotics終於可以翻譯成益生菌了。

符合四項條件，才能叫做益生菌

進入九〇年代，益生菌的研究進展越來越快速，益生菌的效果，也早就不是單純改變腸道菌平衡所能解釋。益生菌對人類健康以及產業的發展，重要到聯合國終於必須介入。聯合國糧農組織（FAO）和世界衛生組織（WHO）聯手組成益生菌工作小組，在二〇〇一年提出新的權威定義：益生菌指活的微生物，當適量使用時，有益於宿主健康[註1]。這個定義，將益生菌的益生效果，由「腸道菌平衡」擴大到人體的「整體健康」。

FAO和WHO的益生菌工作小組，進一步解釋這個定義需具備四個條件：（1）必須是活菌，（2）健康效益必須經科學驗證，（3）菌種的屬名、種名及菌株名都必須鑑定清楚，（4）必須安全無虞。

工作小組的四個重點非常清楚，看似簡單，但其實每一點都大有論述的空間，特別是當企業做出產品，要向管理單位提出登記產品上市時，就會知道一點也不簡單。國際兩大益生菌聯盟——「國際益生菌與益生元科學協會」（ISAPP, International Scientific Association for Probiotics and Prebiotics）及「國際益生菌協會」（IPA, International Probiotics Association）都分別提出專家共識，我綜合如下，當然多少加入了我的一些意見[004]：

◆（1）必須是活菌

雖然許多研究清楚顯示：某些特定菌株的熱殺死菌體或破碎菌體，也具有和活菌相當的生理活性。這種完整或破碎的死菌體，稱爲「類生元」（para-probiotics）（見第一五一頁）[005]，不過定義就是定義啦，產品要稱作「益生菌」，仍然必須是「活菌」。

◆（2）功效驗證

「對健康有益」絕對是益生菌的基本條件。如果只是當作一般食品販售，使用食品可用菌種，不做任何功效宣傳，在多數國家基本上都沒有大問題。不過，沒有證明功效的產品光靠包裝、靠媒體宣傳，即使在小小的台灣市場，也一樣走不久、走不遠。所謂「益生菌的功效驗證」，是以適當的體外試驗、動物試驗以及人體臨床試驗，評估目標菌株的生理功效及有效劑量。

註1：原文為「live microorganisms, which when administered in adequate amounts confer a health benefit on the host」。

FAO與WHO的定義是強調必須有人體臨床試驗，而且，請注意，許多國家還強調：必須在產品鎖定的目標族群（病人或健康人）身上進行臨床試驗，確認健康功效才可以。益生菌因爲是「食品」，是賣給一般民眾，臨床試驗就必須以「健康人」爲對象。在印尼，甚至規定試驗要做在「健康的印尼人」身上，才能在印尼以食品賣給印尼人。要在無病無痛的健康人身上看到改善效果，比做在病人身上難上許多。不過，法規就是法規，必須遵守。

二〇二〇年，八位主要來自歐洲益生菌企業的專家聯名發表的論文也提出：除了特性清楚、安全以及保存安定性之外，也強調至少要有一項人體臨床試驗，才能認定是益生菌006。我想他們體諒中小企業的辛苦，降低了標準，所以只要一項即可。

我國的健康食品功效驗證，多年前就一直希望比照國外要求要有「人體臨床試驗」數據，不過還是窒礙難行，目前只有調節血壓功能，要求以人體臨床試驗爲主，其他都是僅做動物試驗即可，連最簡單的腸胃功能改善項目，討論了許多年，也還是只做動物試驗即可，不過，當在產品標示健康功能時，要清楚寫出是做動物試驗。當然，如果有人體試驗的結果，更容易通過審查，也更具有公信力。

◆（3）菌株鑑定

益生菌產品必須以公認的鑑定分類技術，鑑定到「菌種」及「菌株」的層次。依照我國法規，用在一般食品時，只要鑑定到「菌種」的層次即可；所謂要鑑定到「菌株」層次的目的，是爲了要能夠更清楚地和「同一種菌家族裡的其他不同株」做出區別，要符合這項規定，就足以打趴我國市面上的九成產品。

以我們的植物乳桿菌PS128爲例，如何向管理單位證明產品中用的眞的是PS128，而不是其他的植物乳桿菌呢？首先，我們先做了PS128的全基因體序列，然後，和所有已發表的植物乳桿菌的全基因序列比對，因爲是同種菌，所以基因序列很相似，得花相當功夫找到有差異的序列，才能合成用來鑑定PS128的特異性探針。PS128雖然已經拿到數十國的菌株專利，我們還把這個探針也去申請了專利，當別人擅自用了我們的菌時，就可以去告發對方侵權。當政府要求我們證明我們用的眞的是PS128時，也可以提供證明，讓官員們放心。

◆（4）安全無虞

在我國，只要是政府公告的「食品可用菌」，用在食品時，什麼安全性試驗都可以不用做，除非要申請健康食品認證，才需要做第二類安全性試驗。但是像PS128要進軍美國，就被客戶要求要提出「公認安全」認證（GRAS, Generally Recognized As Safe）或「新膳食成分」認證（NDI, New Dietary Ingredients），這個標準已經遠超過第二類安全性規格了。生合公司的植物乳桿菌TWK10和益福生醫公司的植物乳桿菌PS128，都已經通過美國GRAS認證（self-affirmed），景岳公司的副乾酪乳桿菌LP33則通過NDI認證。

另一方面，按照FAO與WHO的定義，以及後續ISAPP及IPA的專家共識，都沒有說益生菌一定要能定殖到腸道、一定要能對抗胃酸膽鹽，或一定要活著到腸道、一定要是人體來源等等，有這些條件也許很好，但不是必要條件。例如：你可以宣傳說你的菌是直接分離自人的腸道；但是你不能說別人從糞便或其他來源分出來的菌，就比較不好。勝負決定在功效好壞，以及對功效能提出多少證據，例如研究論文和專利。

定義中用administer這個字，意思是「不一定要吃到肚子裡」，這不一定是指食品，範圍可以擴大到各種使用方式，例如：直接施用在皮膚、口腔、泌尿生殖道等。定義中，也沒有去清楚定義什麼是「適當量」，什麼是「適當使用期間」。不同種菌、不同功效，差異極大，不同人使用，效果也不同，個體差異很大，但是仍必須能夠對多數人表現或多或少的效益。所謂的「適量」，則需要自己去體會。

我經常強調**選擇益生菌產品時，要看產品是否清楚註明所用的菌名，有多少活菌數目，保存狀況如何**。會不會出廠時，宣稱百億活菌，到了你手上剩不到一億？這個產品是哪家公司所開發？他們的研發實力如何？有多少學術論文發表？和哪個學術單位合作？產品是哪家工廠生產的？還要特別注意他們的銷售方式，是不是經常誇大宣傳，把罰金當作廣告費來付。

FAO、WHO和各個專家委員會苦口婆心提醒你注意的，也不過就是這些重點。

益生菌與乳酸菌、腸道菌大不相同

由字義上來看，住在腸道中的細菌叫「腸道菌」，會產生大量乳酸的細菌叫「乳酸菌」，對人體健康有益的菌叫「益生菌」。

腸道菌有數千種、百兆隻，有相當比例是乳酸菌，更多的是還無法分離培養的未知菌，數目會隨著飲食、藥物、疾病、年紀、健康狀況等而消消長長。

乳酸菌廣泛存在於自然界，與動植物共生，人類常利用來製造發酵食品。

益生菌是科技名詞，企業必須做許多努力，才能證明某一株菌真的有益生效果，也才能叫做益生菌。

很多人不知道乳酸菌與益生菌有何差別，例如：有人會說腸道裡有許多益生菌，自然生產時母親的益生菌進入新生兒體內等，都是錯誤的講法。甚至有些企業可能看到科學論文探討某株乳酸菌，例如俗稱A菌的嗜酸乳桿菌具有某種保健功效，就直接向菌種保存中心購買一株嗜酸乳桿菌的標準菌株，配成產品，就當作是益生菌產品，也宣稱有該種保健功效，大賣特賣起來，理直氣壯地說：「我們賣的是A菌的標準菌株哩！」這就是搞不清定義，菌株標準與否，與菌株是否有功效，是兩碼子事。這種產品實在不敢恭維，劣幣驅良幣，打壞益生菌的名聲。

乳酸菌分類命名大變革

乳酸桿菌是最主要的益生菌菌種，在許多發酵食品中也扮演重要角色。

在分類上，乳酸桿菌（*Lactobacillus*）屬於厚壁菌門、芽孢桿菌綱、乳桿菌目下的乳酸菌科。

自從一九〇一年，*Lactobacillus delbrueckii* 被正式命名以來，已經有多達二五〇種的乳酸菌被歸類到這個乳酸桿菌屬，不論由表現型或基因型來看，都是太多太雜了，令許多微生物分類專家難以忍受，覺得乳酸桿菌屬眞的必須重新整理。

在幾個相關團隊多年討論下，終於有共識產生，在微生物分類的權威期刊《國際系統和進化微生物學》正式發表[007]，基本上就是宣布：學界一致同意，從此以後，乳酸桿菌的分類命名就如此敲板定案。這項乳酸桿菌分類上的變革太大了，值得大家關注。簡單來說，就是「原來歸類在乳酸桿菌屬的二五〇種菌，重新拆成二十五個屬」。

例如大家很熟悉的養樂多公司的乾酪乳桿菌代田株（*Lactobacillus casei* Shirota），多年前被改分類爲副乾酪乳桿菌（*L. paracasei*），但日本養樂多本社就是不認爲需要改，他們應該是覺得：幾個教授開開會，居然就要叫我這賣了八十年的產品改菌種名，所以到現在還是沿用乾酪乳桿菌。好了，這次連屬名都被改成*Lacticaseibacillus*。

又例如我們開發的精神益生菌PS128，原來分類學上的命名是*Lactobacillus plantarum*（植物乳桿菌），現在屬名也改成*Lactiplantibacillus*，多了六個字母，就是覺得礙眼。

重要的商業菌種名稱改變，其實對企業絕對有相當影響，爲求謀定而後動，更名小組在二〇一八年時還和歐盟乳酸菌工業協會一起在義大利維羅納召開會議，討論更名對產業的影響，取得相當共識以後，才繼續進行更名的後續動作。

我把幾種較常見益生菌的新屬名整理成以下表格，讓大家感受一下這次的菌屬分類大變動。新的屬名要如何譯成中文，也許還是請台灣乳酸菌協會思考一下。

有個很方便的網站：http：//lactobacillus.ualberta.ca/，可以輸入舊菌名查新菌名。我輸入以前我們分別由臭豆腐及福菜分離而且命名的新菌種：*Lactobacillus odoratitofui*（臭豆腐）[008]，及*Lactobacillus futsaii*（福菜）[009]，就查到現在叫做*Secundilactobacillus odoratitofui*及*Companilactobacillus futsaii*。唉，怎麼看就是怪。

常見益生菌的新屬名

新屬名	歸類進此新屬的種
Lacticaseibacillus	*casei, paracasei, rhamnosus*
Lactiplantibacillus	*plantarum*
Levilactobacillus	*brevis*
Ligilactobacillus salivarius	*salivarius*
Limosilactobacillus	*reuteri, fermentum*
Lactobacillus	*bulgaricus, gasseri, johnsonii, helveticus, crispatus*

益生菌有哪些健康功效？

自從FAO和WHO的專家們在二〇〇一年提出益生菌的定義以來，十餘年來，確實見證到益生菌市場的快速成長，全球市場二〇二〇年已達約五百億美元，預估到二〇二五年，還會成長到約七百億。

快速成長帶來市場的亂象，以至於歐美的食藥管理單位無不加強益生菌產品的管理法規，幾乎提升到「藥物管理」的層次。歐盟的歐洲食品安全局（EFSA, European Food Safety Authority）無視科學界意見，否決所有益生菌的健康宣稱；美國食品藥品監督管理局（FDA, Food and Drug Administration）規定，益生菌若要宣稱功效，須走新藥審查流程。益生菌研究者，對這樣過度嚴格的管理法規莫不感到失望。其實，不論政府如何限制，市場還是快速成長，研究還是更深更廣。當市場快速成長時，更需要深入教育業者及民眾，過度嚴格的法規限制了這種必要的溝通，反而造成市場的混亂，劣品更有機會混水摸魚。

ISAPP的益生菌委員會，二〇一四年在《自然綜述：腸胃和肝病學》期刊上，刊登了委員會對益生菌規範的共識[004]。委員會有多位成員參與二〇〇一年FAO和WHO，共同制定益生菌定義，這篇刊登在《自然》系列期刊的專家共識，份量十足。

這篇專家共識提出了：益生菌是否有「核心功效」（core benefits）的重要問題，所謂核心功

益生菌功效層次

罕見的菌株特異性功效

★神經功效
★免疫功效
★內分泌功效
★特殊活性分子

較常見的菌種層次功效

★直接抗菌
★膽汁酸代謝
★酵素活性
★維生素合成
★中和致癌物
★加強腸道障壁

益生菌菌株廣泛有的功效

★促進腸上皮細胞增生
★調節腸道菌相
★產酸及短鏈脂肪酸
★調節腸道蠕動
★競爭排除病菌

效，就是大多數符合規範的益生菌菌株都會有的健康功效。

益生菌的功能演進可分為四代

最常被提出來的**益生菌普遍健康功效，要屬腸道健康與免疫平衡**。腸道健康相關的症狀有感染腹瀉、抗生素腹瀉、腸躁症、腹痛腹脹、腸蠕動、潰瘍等，很多專家公認的益生菌菌株，確實或多或少都表現這類腸道功能，研究最扎實，作爲益生菌的核心功效當之無愧。至於預防過敏、降低發炎等的免疫功能，就太複雜了，甚至有些菌株是有時提升免疫，有時降低免疫，專家共識認爲不適合列爲核心功能。至於抑制潛在病菌、分泌有益代謝物或酵素，因爲許多益生菌菌株都有此功能，可以列入益生菌的核心功效。

現在益生菌核心功效的概念，對過去「每一株益生菌都不相同」的概念提出修正與補充，大量的研究顯示：很多腸道相關功效都是連動的，證明對腸道有幫助的特定菌株，大致都會表現這一連串的腸道功能，當然有強有弱，有高有低。專家共識將益生菌的功效分爲如第一一三頁圖的三層次，最下層是益生菌菌株廣泛都有的功能，可當作是益生菌的核心功效。最上層的罕見功效，就是我常說的有「菌株特異性」的特殊功效。

第一一三頁的圖雖然是集結了許多專家共識所繪製，其實還是有不少模糊空間，我對圖中所列那幾個廣泛的功效就很不以爲然。不過，因爲是專家大老們的共識，而且又是發表在《自然》系列期刊，具有代表性。我擔心的是專家共識講的益生菌，是所謂符合國際標準定義的益生菌菌株；而我們現在講的益生菌，極可能就只是符合「我國食品可用菌」的等級而已，以至於讓我寫這一段的時候，很是心虛。

且容我將天上飛的專家共識，拉到地上走的庶民層次，用我的用語簡化地說：只要是品質好、菌數夠的益生菌產品，都會或強或弱、或多或少地具有改善排便、幫助消化、增強蠕動等基本的腸道功能，姑且稱之為「益生菌的核心功效」。

當然，使用者的個體差異很大，產品間的差異性也很大，建議你自己體會，試試A產品，試試B產品，選出幾個自己認為適合的產品，輪著用。但是講到更高階的免疫過敏、代謝調節（包括體重控制），以及神經心理，關

益生菌保健功能演進

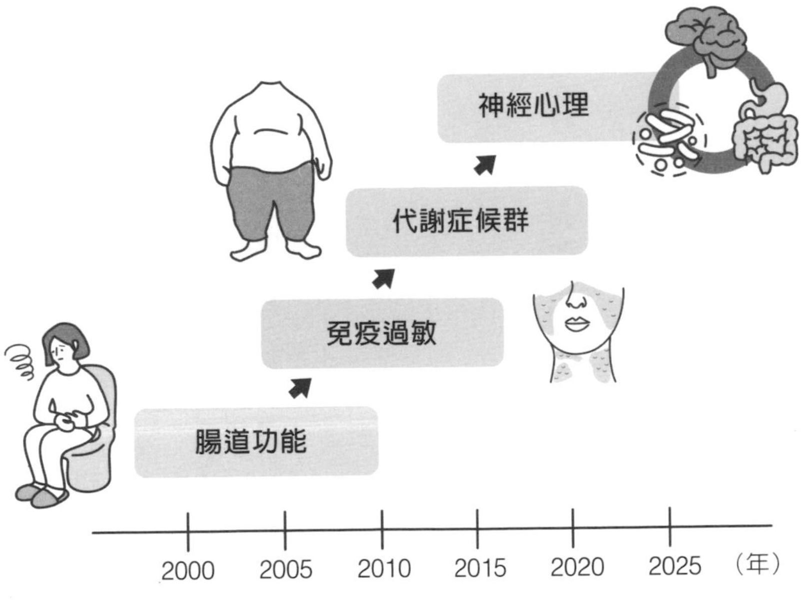

鍵就絕對是「菌株特異性」了，必須慎思明辨，如果看到有產品宣稱或暗示有這些功能，卻提不出任何研究論文，請立刻列爲拒絕消費名單。

我經常將益生菌的功能演進分爲四代：腸道→免疫過敏→代謝→神經心理。除了部分的腸道功能之外，其他功能一定都是菌株特異性的。曾經有衛生單位官員要求我提出這四代功能講法的依據，拜託！這是要讓大家容易理解的科普衛教的說法耶！是我這個益生菌專家數十年浸淫於益生菌研究中所提出的看法，雖然主觀，但絕對有充分的科學依據，這些科學依據散布在數千篇研究論文中，才需要我們這些教授花功夫消化整理，用簡單明瞭的方式呈現給大家。

益生菌爲什麼有益健康？

益生菌爲什麼有效？以前我會說只要回答「抑制壞菌，促進好菌，調節免疫，降低發炎」就已經八九不離十了，現在就更複雜許多。

身體越需要，益生菌更容易留下來

益生菌常被歸入「微生物體療法」（microbiome therapy）的一員，意思是會經由調節腸道菌相，發揮生理功能。但是，益生菌卻不會如大家所期待的：長時間定殖在腸道。一般認爲多數益生菌只能在腸道滯留個幾天或幾星期，即使是由腸道菌還未穩定的嬰兒時期就開始大量補充，對不起，也還是無法長期定殖。

我認爲我們對腸道菌和宿主的共生關係，眞的了解還不夠。美國內布拉斯加大學二〇一六年的一項研究認爲：一株菌容不容易滯留、滯留多久，決定於我們的腸道對這株菌的需求有多高。例如：他們研究長雙歧桿菌AH1206在腸道的滯留能力，發現如果原本腸道中的雙歧桿菌很少，AH1206就越容易滯留，還有因爲AH1206是強力的多醣分解菌，如果原本腸道內能夠分解多醣的菌種數目越少，AH1206也就越容易滯留，是不是很合理？所以說，一株菌容不容易滯留在某人的腸道裡，和這株菌的天性有關，也和那個人原本的腸道菌相對該株菌的需求強度有關[010]。

補充益生菌，未來走向「個人化」處方

以色列魏茨曼研究所的埃利納夫（Elinav）教授，在二〇一八年發表於《細胞》期刊的研究，讓十一位受測者吃幾天益生菌，然後用內視鏡進去腸道各處採樣，結果有四位受測者的腸道樣本中完全看不到有益生菌滯留[011]。這個研究被某些國際媒體負面渲染成「益生菌穿腸過，吃了白吃」。其實，這項以色列的研究和上述美國的研究，都具有積極的新方向，結論都是：益菌的滯留與否，和那個人原本的腸道菌相有關，所以，益生菌未來須走向「個人化」發展，不過這談何容易啊！

做內視鏡非常麻煩，我們研究室探討菌株腸道滯留性的做法，是先讓受測者吃該株菌幾天，停

止吃之後，每隔幾天，用能夠檢測該菌株的專一性探針，偵測排便中的排出菌數目。我們的經驗是：一般人停止吃某株益生菌二到四週後，菌數就變得很低了。而且十人中大約有兩、三個人益生菌比較不容易滯留，也許不到一星期，就已經無法在糞便中測到該株菌。

結論是：益生菌會視「菌株特性」和「使用者腸道菌相」，或許能夠滯留在人體腸道中數週，這段時間已經足夠讓該菌對腸道上皮細胞、腸道免疫及神經系統產生作用，而且釋放出活性物質在腸道內，循環到身體其他部位，發揮生理作用。

調控腸道菌相，各菌株的策略大不同

益生菌爲什麼可以調控腸道菌相或維護菌相的平衡？來看看它們高強的手法吧，你一定會大開眼界。

首先，它們多數是乳酸菌，會分解醣類、產生「醋酸、乳酸」等各種短鏈脂肪酸，讓腸道保持微酸性，抑制許多不喜歡酸性環境的壞菌生長；還有很多益生菌會分泌「抗菌物質」（抑菌素），抑制壞菌的生長；另外有些會分泌「生物界面活性劑」，妨礙壞菌在腸壁上定殖，或形成生物膜012；益生菌還可以與壞菌競爭養分、搶占地盤等。

總之，益生菌可以用來抑制病菌或調控腸道菌相的手段還眞不少，各菌株擅長的策略不同，例如：同樣是羅伊氏乳桿菌，其中SD2112株會在腸道中分泌稱爲reuterin的抑菌素，抑制腸道病原菌

[013]。RC-14株則會在泌尿道中分泌生物表面活性劑，抑制病原菌在尿道上吸附增殖[014]。結論是益生菌調控腸道菌相的手段很多，產生酸或抑菌素、競爭養分等，確實是微生物體療法的重要成員。

調節免疫，三株名菌各有所長

益生菌在腸道滯留的期間，能夠與腸道的上皮細胞、免疫及神經系統進行菌株特異性的對話，引發各種生理機能。二〇一一年，比利時NIZO食品研究所的克里瑞貝澤（Kleerebezem）教授發表了一項有趣的研究，讓七位健康人隨機每天服用數百億的嗜酸乳桿菌Lafti-L10、鼠李醣乳桿菌GG、乾酪乳桿菌CRL0431，以及安慰劑，每株菌分別服用六週，然後以內視鏡採取腸道黏膜樣本後，停兩週，再開始服用下一株菌[015]。

有趣的來了，這三株知名商業菌株都會引發不同的生理作用：

嗜酸乳桿菌L10——調節免疫反應、促進組織生長，以及維持離子平衡。

鼠李醣乳桿菌GG——調節傷口癒合、提升干擾素以及離子平衡。

乾酪乳桿菌CRL0431——調節細胞增殖、Th1-Th2平衡以及穩定血壓。

這些名詞的意義不易理解，最終引起怎樣的身體反應也不一定。作者要表達的是：這三株知名的益生菌確實都會和腸道細胞作用，引發各不相同的生理反應。

腸道是人體最大的免疫器官，高達七成的免疫細胞和免疫球蛋白分布在腸道黏膜，稱作「黏膜免疫」，而且身體各處的黏膜免疫都會互相支援。免疫及發炎相關的指標非常複雜，做一次老鼠試驗，基於尊重生命的原則，我們會把各個臟器全部摘取，血尿糞便全部收集，大腦會分區，小腸會分段，在研究經費許可下，盡量分析各種指標。

免疫太複雜了，層層疊疊，每株益生菌菌株都會誘發不同組合的免疫發炎反應；甚至同一菌株，不同人、不同時候吃，免疫反應也會大大不同，有時候提高促進發炎的Th1活性，有時候反而提高抗發炎的Th2反應。有些特別的菌株，連熱殺死菌體也有功效，而且死菌體和活菌體走的路徑還經常不太相同。

鞏固腸道結構屏障，細菌、毒素OUT！

腸壁是由單層的柱狀上皮細胞整齊排列而成，由幾種連結蛋白質，像黏膠般地將細胞連接在一起，在上皮細胞層外面，還塗布著厚達數百微米的黏液層。上皮細胞層加上黏液層，構成所謂的「腸道結構屏障」，能阻止細菌、毒素等入侵身體。

黏結上皮細胞的各種連結蛋白質，不只分布在腸壁，在全身各處的血管壁、神經軸突都有，也都做同樣的工作。當它們出問題時，就會腸道滲漏、血管滲漏、神經漏電，想像一下家裡管線滲漏時的慘狀吧！腸壁上皮細胞結構，緊密得只有小分子才能通過，但是當腸道發炎時，黏膠失靈，不但大分子的蛋白質能通過，嚴重時連細菌都能擠過去，常聽到的「腸漏症」指的就是這種狀況。

黏液層的防衛功能十分重要，爲了不妨礙吸收功能，小腸的黏液層較疏鬆，但是有更多的抗菌分子，加強防衛機能；大腸的黏液層就厚多了，外層較疏鬆，內層非常黏稠，幾乎沒有細菌能夠入侵到內層。

腸道黏液對宿主生理的影響，不僅止於防衛功能，瑞典哥德堡大學的施羅德（Schroeder）教授寫了篇論文〈對抗或餵養：腸道黏液層如何調節腸道菌〉016，提到了腸道細胞不斷分泌黏液蛋白質，由內向外推送，餵養那些能夠利用黏液的腸道菌群，產生的代謝物再去餵養其他菌群。宿主可以合成不同黏液蛋白控制腸道菌相，特別是棲身黏膜內層的那些虎視眈眈的壞菌，以及護國佑民的好菌。相反的，腸道菌也有各種策略去改變黏液層。黏液層就好像是腸道好菌、壞菌

腸道通透性惡化是各種疾病可能誘因

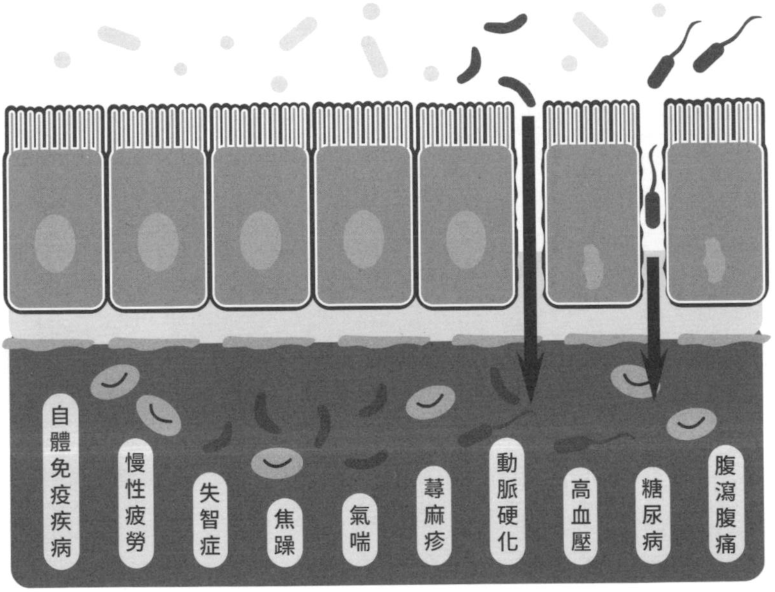

以及上皮細胞的戰場。我們現在已經知道，黏液層的健康與否，與糖尿病、克隆氏症、自體免疫等疾病都有關係[017]。

講到腸道結構屏障，最常令人聯想到腸漏症，許多醫師認爲這個概念有爭議，如果講腸道通透性，就多半可以接受。益生菌可不可能修補或預防腸漏呢？我們做各種疾病模式的動物試驗時，幾乎每次都會順便看看糞便中腸道通透性的指標，幾乎每次都不會失望。不但是動物試驗，最近也有幾個益生菌人體臨床試驗，也開始看到腸道通透性有改善[018]。

代謝脂質、抑制食慾，控制體重更輕鬆

益生菌在腸道中會生成各種代謝分子，經由循環系統，作用在全身各器官。分解膳食纖維所產生的短鏈脂肪酸是個好例子，不但是腸道細胞的能量來源，更分別有多種重要的生理活性，特別是丁酸，能加強腸道屏障、黏膜免疫，還有促進腸道分泌飽足激素（PYY）、抑制食慾等數不完的好處[019]。有些益生菌在腸道內會產生多種酵素，例如最近很熱門的膽鹽水解酶，就和脂質代謝、食慾、體重控制，都有密切關係[020]。

新世代益生菌：腸道是新菌株寶庫

新世代益生菌（NGP, next generation probiotics）是跟著微生物體風潮而崛起的新領域，在二〇一二年開始出現在研究論文中[021]，當然更早就已經在學術圈流傳，大略分爲「對傳統食品可用菌株進行基因改造」以及「開發非傳統食品可用的新菌株」。

先談對傳統食品可用乳酸菌進行基因改造，中興大學食科系葉娟美教授早早就將靈芝的抗發炎蛋白質，以及枯草菌的抗凍蛋白質，放進乳酸乳球菌中，開發在食品的應用上[022 023]。最近，台中榮總林維文醫師同樣將靈芝的抗發炎蛋白質導入乳酸乳球菌，而且以兔子試驗證明對脂肪肝及動脈硬化有效[024]。

這種基因改造菌株，是無法直接用在食品或藥品的，依法規必須進行正式的新藥開發臨床試驗，例如：美國的Synlogic公司改造大腸桿菌Nissle1917，增強對苯丙氨酸及氨的代謝能力，分別用於苯丙酮尿症及肝硬化，兩案都已經正式進入臨床一～二期試驗。美國的Actobio公司則將人的三葉因子（trefoil factor 1）表現在乳酸乳球菌，用於治療頭頸癌患者化療時的口腔黏膜炎[025]，已經進入臨床二期試驗；該公司另一項已在臨床試驗的是：將胰島素原及白介素-10同樣表現在乳酸乳球菌，用於治療第一型糖尿病。

菌株基因改造是已經發展十多年的技術，經基因改造（GMO）的益生菌，必須走新藥開發審查流程，投資巨大。但如果獲准上市，其市場獨占性也強。

再談非傳統食品可用新菌株的開發，以前我開發新菌株，都是帶著學生上山下海，收集土壤糞便樣本，到西藏、蒙古收集牧民的發酵乳，大江南北到處收集新鮮母乳，以及各式各樣的發酵食品，由這些樣本中分離各種菌株。可是，新世代益生菌開發，主要都是向腸道菌去找新菌株。以前我常說福菜發酵是微生物寶庫，現在才知道：原來眞正的寶庫在我們的腸道裡。不過，腸道菌大多是厭氧菌，大量培養的技術最近才慢慢有所突破。

在開始介紹新菌株前，先說明一個重要的新名詞。美國食品藥品管理局在二〇一二年就公布了「活菌生醫產品」（LBPs, live biotherapeutic products）的管理規範，並定義爲「活菌，用於預防或治療疾病或症狀」，而且特別強調不是疫苗。二〇一六年因爲微生物體研究的進展，許多源自腸道的新菌株都躍躍欲試，準備開發爲新藥，所以，二〇一六年美國食藥管理局再次公布新的規範，讓企業更清楚該如何開發活菌醫藥產品。

新世代益生菌，不論是非傳統新菌株或基因改造菌株，都必須走活菌生醫產品的規範，要做「臨床前研究」，探討作用機制，要做安全性、藥物動力學、藥物效力學，還要做三期臨床試驗，然後才能提出新藥上市申請[026]。這條路不好走，但卻吸引許多新創公司前仆後繼投入，只要做出一點名堂，馬上就會吸引大企業過來併購。現在，就來介紹幾株知名的新世代益生菌。

超級強棒AKK菌：改善代謝症候群、有助癌症免疫治療

艾克曼嗜黏蛋白菌（AKK菌，*Akkermansia muciniphila*）是在二〇〇四年，被荷蘭瓦赫寧恩

大學的佛斯（Vos）教授由腸道中分離出來，是一種會分解腸道黏膜蛋白質的菌種[027]。當初被大家認爲會分解腸道黏膜怎麼得了，現在卻變身爲益生菌的閃耀明星。

AKK菌占腸道菌數目的三~五%，非常優勢，但是在肥胖、發炎、二型糖尿病、異位性皮膚炎等的患者腸道裡，數量卻非常低。AKK菌在腸道數目龐大，但生了病就減少！這株貪吃腸道黏膜的菌，搞不好有什麼重要功能，比利時魯汶大學的卡尼教授團隊首先用肥胖鼠模式，證明AKK菌會改善代謝症狀[028]，而且又拔了頭籌，率先進行AKK菌的臨床試驗，募集三十二位肥胖且有糖尿病的受測者，發現服用AKK菌三個月，對體重、胰島素抗性與血脂都有正面效果[029]。

代謝症候群的龐大商機已經足夠讓企業垂涎，AKK菌價值還不僅如此，法國和美國的團隊，分別在二〇一八年及二〇一九年的《科學》期刊上發表論文，認爲：AKK菌對當紅的癌症免疫治療有幫助[030][031]。接著，西班牙團隊發現AKK菌能顯著延長早衰老鼠的壽命[032]；以色列的團隊發現AKK菌能延緩肌萎縮側索硬化症老鼠的病程進展[033]。這一連串《自然》、《科學》的重量級論文，扎實墊高了AKK菌的學術地位，將它拱成新世代益生菌的超級巨星。

普拉梭菌：腸胃道修復高手，新冠肺炎試驗備受矚目

普拉梭菌（*Faecalibacterium prausnitzii*）是另一株被寄予厚望的新世代益生菌，但是產業發展進度遠輸給AKK菌。和AKK菌一樣，在健康人體的腸道菌中占比約達五%，在腸躁症、炎症性

腸病、克隆氏症等病人的腸道菌中，占比顯著降低。和AKK菌不同的是，普拉梭菌不但不會去分解黏膜蛋白，反而會促進黏膜蛋白的合成，提高腸黏膜屏障功能[034]。普拉梭菌在腸道的重要功能是分解膳食纖維，生成對維持腸道環境健康極為重要的各種短鏈脂肪酸。

普拉梭菌非常怕氧氣，大量培養比AKK菌困難許多，也許因為如此，限制了它在臨床試驗上的進展，以至於缺少像AKK菌般的重量級研究支持，比較多的研究是藥物或飲食對病人腸道中這株菌數目的影響，例如最近香港中文大學黃秀娟教授，分析十五位新冠肺炎病患的糞便菌，發現糞便中普拉梭菌的量與病情嚴重度成反比[035]。

較受注目的另外還有最近幾項研究，都發現癌症免疫治療的效果，和腸道內的普拉梭菌數目頗有關係[036]。最近高醫副校長許博翔教授也發表了一項有趣的研究，發現有幽門桿菌的兒童腸道內，普拉梭菌明顯較少，經抗生素除菌治療，而且飲用某品牌的優酪乳，可以增加普拉梭菌數量[037]。許教授的論文沒明講做的是哪種品牌的優酪乳，我推測應該是含雷特氏菌和嗜酸乳桿菌的知名品牌。

脆弱擬桿菌：自閉症與神經發炎的新曙光

脆弱擬桿菌（*Bacteroides fragilis*）是另一群在腸道中數目頗高的重要菌群，含量大約在一%左右。我最早注意到這株菌，是在做精神菌PS128對自閉症效果的研究時，邀請了當時在加州理工大學、現在轉到加州大學的蕭夷年教授來台演講。她的成名之作，就是建立自閉症老鼠模式，發現餵食脆弱擬桿菌可以改善自閉症行爲[038]。有聽眾問如何買到這株菌，我當場回答這不是食品菌，要上市有漫長的路要走。脆弱擬桿菌菌體表面有一種特殊多醣分子（PSA），哈佛大學的凱斯伯（Kasper）教授認爲PSA是「腸道菌」與「腸道免疫」對談的媒介[039]，深入研究，可能有助於發展對神經發炎或癌症等發炎相關疾病的治療預防。不過，有些脆弱擬桿菌菌株會分泌一種惡名昭彰的內毒素，所以，要開發脆弱擬桿菌的醫療用途時，首先要確認所用的菌株不會產生這種毒素。

新菌株就是有許多未知數，脆弱擬桿菌的內毒素，大家知道嚴重性，但如果是全新的未知菌株，即使是來自人體腸道，但是拿到發酵槽大量培養，加工成產品時，誰能保證不會誘發出原本潛伏的一些壞東西。廣州知易生技公司開發脆弱擬桿菌ZY-312，與南方醫科大學合作發表多篇論文，ZY-312在安全性上就須嚴格把關[040]。

戈氏副擬桿菌：具減肥、抗代謝症候群功效

長庚大學賴信志教授研究冬蟲夏草多醣的減肥效果，發現餵食該多醣時，腸道內的戈氏副擬桿菌（*Parabacteroides goldsteinii*）增多，單獨餵食這株細菌，也可以達到明顯的減肥及抗代謝症候群的效果[041][042]。這又是另一個截然不同但有效的新世代益生菌開發策略。

新世代益生菌多數是厭氧菌，工業生產相當困難，必須通過新藥開發審查流程，市場開發門檻高。台灣有許多單位擁有扎實的微生物分離、培養與鑑定技術，食科所的生物資源保存及研究中心

（BCRC）擁有傲視亞洲的菌種庫，更重要的是，已經建立起厭氧腸道菌的開發技術平台，再加上開發益生菌相關產品也是台灣企業的強項，這些都是台灣搶占新世代益生菌市場的優勢所在，台灣相關產業應盡快投入，切勿缺席。

益生菌點將錄：國際龍頭企業與王牌菌株

這一節我要先介紹益生菌常用的菌屬，順便帶出幾株國際知名的菌株，接著才介紹國內研發做得夠多的菌株。國際知名菌株很多，主觀地選擇介紹沒有壓力，國內的就必須更加慎重了，所以我設下一個發表論文須達三篇以上的客觀選擇標準。

國際知名菌株與常見菌屬

益生菌的菌株，多數集中在「乳酸桿菌」與「雙歧桿菌」兩個屬，其他屬的菌較少。

腸球菌屬（*Enterococcus*）在日本及台灣也是常見的益生菌，但是因爲有抗生素抗性問題，而且有些菌株是重要的醫院感染菌[043]，在許多國家被禁用，最近台灣也加強管制了。

小球菌屬（*Pediococcus*）是畜牧業常用的益生菌，但也有幾株菌株發表人體臨床研究，如日本龜甲萬的川島（Kawashima）博士，執行了一項五十二人的隨機雙盲試驗，證明**乳酸小球菌K15**能增加唾液中的IgA，提升免疫防禦力[044]，廣島大學的杉山（Sugiyama）教授執行六十二人的隨機雙盲試驗，證明**熱殺戊糖小球菌LP28**表現降低ＢＭＩ、體脂及腰圍的效果[045]，小球菌屬不是主流益生菌，發表的論文沒有很多。

芽孢桿菌屬（*Bacillus*）中的**凝結桿菌**及**枯草桿菌**，研究也頗多。凝結桿菌GBI-30,6086（商品名GanedenBC30）已累積二十餘篇論文，功能橫跨腹瀉、腹痛、關節炎、運動傷害，還做了呼吸道感染的臨床試驗[046]。枯草桿菌比較常用於農牧環境，但是用作益生菌的論文也逐漸多起來，例如：枯草桿菌PXN21最近還在線蟲模式中，看到抑制突觸核蛋白蓄積（與巴金森氏症發病有關）[047]；枯草桿菌CU1也在臨床試驗看到可增加老年人的免疫力[048]。枯草桿菌其他株較少用在人體，多用在畜牧業是有原因的，它們必須像PXN21、CU1提出強而有力的研究數據，才有足夠的說服力。

芽胞梭菌屬（*Clostridium*）中，有產氣莢膜桿菌、困難腸梭菌等令人退避三舍的知名病菌；但是其中的**酪酸梭菌（宮入菌）**卻是使用半世紀以上的知名益生菌，最近島根大學還完成了一項重度憂鬱的臨床試驗[049]。

大腸桿菌（*Escherichia*）也同樣形象不佳，但是其中的Nissle1917是早在一九一七年就被分離出來，對腹瀉效果極佳的一株百年益生菌[050]。

酵母菌中的**布拉底菌**（*Saccharomyces boulardii*）CNCM I-745是歐美知名的益生菌，生理功能非常廣，對腸道屏障、腸道菌相鞏固都有幫助，對各型腹瀉的研究非常多[051]。

雙歧桿菌屬（*Bifidobacterium*）被當作腸道健康指標，是嬰幼兒腸道中的優勢菌種，老衰生病時，數目一定驟減。它是絕對厭氧菌，所以在腸道中，主要棲息在氧氣極少的大腸中後段。**乳酸雙歧桿菌Bb-12**是丹麥科漢森公司的王牌菌株，健康功效研究非常深入，發表論文超過四百篇，統一AB優酪乳中的B，就是指這株菌。習慣稱爲龍根菌的**長雙歧桿菌**是知名菌種，日本森永公司的BB536、韓國Bifido公司的BGN-4等，都是以菌粉形式行銷國際的知名長雙歧桿菌菌株。**雙叉雙歧桿菌**也有幾株知名菌株，如愛爾蘭Alimentary公司的MIMBb75，主要是針對腸躁症，最近在德國收了四四五位腸躁症患者，吃了八週MIMBb75的熱殺死菌，有改善的人數比例，比安慰劑組顯著高出許多[052]。

嬰兒雙歧桿菌，顧名思義就是在嬰兒腸道中非常優勢，對母乳寡糖利用性極高[053]，Evolve Biosystems公司的EVC001[054]、Ralleman公司的**R0033**[055]，都是做了好幾項嬰幼兒臨床試驗的知名嬰兒雙歧桿菌。**短雙歧桿菌**在嬰兒腸道中也很優勢[056]，研究極多，日本養樂多公司的BBG-01株（或稱Yakult株），還做了在台灣不可能做的早產兒或嬰兒手術感染的臨床試驗[057]。森永公司的M-16V株[058]以及A1株，都是研究很深入的菌株，A1株最近甚至發表了老人認知症的臨床試驗[059]。

乳酸桿菌屬（*Lactobacillus*）是最主要的益生菌菌種，最近國際微生物分類委員會將原本歸納在乳酸桿菌屬下的二五〇個菌種，重新拆成二十五個屬（見第一一〇頁）。乳酸桿菌不像雙歧桿菌那麼厭氧，在身體各處都有，在子宮頸甚至是占九九%的超優勢菌種。

談乳酸桿菌必須由**嗜酸乳桿菌**談起，它是最早被分離命名，最早被商業應用的乳酸桿菌，統一

AB優酪乳的A就是這株菌，用的是科漢森公司的La-5，和丹尼斯克公司的NCFM株一樣，都是發表論文百餘篇的代表性菌株。

乾酪乳桿菌（*L.casei*）、**副乾酪乳桿菌**（*L.paracasei*）和**鼠李醣乳桿菌**（*L.rhamnosus*）被歸在同一個群，養樂多的乾酪乳桿菌代田菌，以及芬蘭Valio公司的鼠李醣乳桿菌LGG（LGG已轉賣給丹麥科漢森公司）是最知名的兩株益生菌，都歸在這一群。**代田菌**已不必再介紹，八十年的歷史，三百篇論文，日銷四千一百一十萬瓶，益生菌龍頭老大，每年仍持續有近二十篇論文發表，單單二〇二〇年就發表了愛滋病[060]、肝硬化[061]，以及老人體重降低[062]等三項臨床試驗。

LGG有過之而無不及，有千餘篇論文。新手要入門做益生菌研究，通常會建議用代田菌或LGG來做對比。另一株知名的鼠李醣乳桿菌是丹尼斯克的HN001，奧克蘭大學的米契爾（Mitchell）教授募集三八〇位懷孕婦女，發現在孕期及生產後服用HN001，能降低憂鬱及焦慮指數[063]。我非常想做產後憂鬱，但很可能在台灣不容易通過人體試驗倫理審查這一關。阿根廷的Cerela研究所研發的**鼠李醣乳桿菌CRL1505**，自從新冠肺炎疫情四起後，因爲發表了三十幾篇呼吸道疾病的論文，大受注目（見第一六二頁）。

植物乳桿菌是重要的一大群益生菌，菌株數目最多，研究做得深入的也不少。我和陽明大學劉燕雯教授、馬來西亞理工大學梁敏慈教授，三人一起發表了一篇專門講這種菌的論文〈由腸心腦軸看植物乳桿菌〉[064]。梁教授最近發表的DR7株，以及我們的PS128株，都是精神菌，會在第五章介

常見菌屬和代表菌株

菌屬	菌名	代表菌株
乳酸桿菌屬	嗜酸乳桿菌 *L.acidophilus*	La5, NCFM
	乾酪乳桿菌 *L. casei*	Shirota
	副乾酪乳桿菌 *L. paracasei*	Lpc-37, KW311
	鼠李醣乳桿菌 *L. rhamnosus*	LGG,HN001,CRL1505
	植物乳桿菌 *L. plantarum*	299v
	羅伊氏乳桿菌 *L. reuteri*	DSM17938
雙歧桿菌屬	乳酸雙歧桿菌 *B. lactis*	Bb-12
	長雙歧桿菌 *B.longum*	BB536, BGN4
	雙叉雙歧桿菌 *B. bifidum*	MIMBb75
	嬰兒雙歧桿菌 *B. infantis*	EC001,R0033
	短雙歧桿菌 *B. brevis*	BBG01, M16, A1
其他菌屬	布拉底酵母菌 *S.boulardii*	CNCM I-74
	凝結桿菌 *B. coagulans*	GBI-30, 6086
	枯草桿菌 *B. subtilis*	PXN21, CU1
	酪酸梭菌 *C. butyricum*	Miyairi
	大腸桿菌 *E. coli*	Nissle1917

紹。這裡就只介紹299v株，這是瑞典隆德大學幾個教授，在八〇年代創立的益生菌專業公司Probi的王牌菌株。299v做過許多臨床試驗，包括腸躁症、心血管等，最特別的是研究鐵的吸收，最近發表五十三位健康女運動員，同時服用299v和二十毫克的鐵四週，血清鐵蛋白以及血色素會增加，可惜和安慰劑組相比，沒有統計差異[065]。

羅伊氏乳桿菌也值得講講，瑞典Biogaia公司成立三十年來專攻這種菌，王牌菌株是**DSM17938**，該公司網站聲稱已完成二二七項，總計一萬八千名受測者的臨床試驗，例如：二〇二〇年就發表兒童便祕[066]、嬰兒腹瀉[067]、全口植牙[068]等，還有一項研究是發現低體重新生兒，補充這株菌可增加頭圍[069]。增加頭圍，代表經過詳細的統計分析，只發現頭圍有顯著增加，其實就很令人滿意了，因爲頭圍稱得上是重要的成長指標。Biogaia公司圍繞著這種菌，三十年來做了兩百多項臨床試驗，眞是驚人，值得敬佩學習。

國際上還有幾個知名的複合菌株產品，其中研究做最多的是Vsl#3，這是義大利拉奎拉大學的西蒙（Simone）教授在九〇年代後期所開發，由四株**乳桿菌**、三株**雙歧桿菌**，及一株**嗜熱鏈球菌**組成的產品，稱爲西蒙博士組合（De Simone Formulation），交由美國VSL製藥公司負責全球行銷，產品稱爲Vsl#3。二十餘年來，發表數百篇論文。二〇一八年，西蒙教授正式將他的配方交由Exegi Pharma公司，以Visbiome品牌名在美國銷售，瑞士的Mendes SA公司則以Vivomixx品牌名在歐洲銷售，Vsl#3從此踏入歷史。

市售菌株放大鏡：從研發看台灣益生菌

要介紹我國自己的菌株，我相當慎重，有些菌株沒發表幾篇論文，可是市場卻做得很好；有些菌株研究做得很多，但卻志不在市場行銷。正確市場資料很難收集，所以我強調只看研發，而且限縮在已經發表了三篇論文以上的菌株，割愛掉許多有趣的菌株。

台灣大學生化科技系潘子明教授是我同門大師兄，我大四在發酵研究室當專攻生時，他是博士生，大家習慣尊稱他爲博士（必須用台語發音）。因爲民視娘家品牌而家喻戶曉的**副乾酪乳桿菌NTU101**，就是他的研究結晶，自二〇〇六年[070]以來發表了二十餘篇論文，多數是動物試驗，少數是細胞模式。對NTU101菌株本身發表了抗O157大腸菌感染、免疫促進、大腸炎，以及最近發表的便祕緩解[071]等；對NTU101的發酵乳做了降血脂、降膽固醇、降血壓、調節免疫、改善菌相，以及高血壓誘發失智等；對發酵豆乳做了骨質疏鬆、抗肥胖等，還有一篇是以NTU101發酵魚腥草和綠豆，看抗肥胖的效果。

NTU101的研究特色是較多做發酵乳、發酵豆乳的應用，功能性以免疫及代謝調節爲主。NTU101的菌粉產品名是Vigiis101（晨暉生技），以Vigiis101也發表了兩篇論文[072]。NTU101可惜沒有做人體臨床研究，但以其動物研究的深廣度及市場知名度，再加上潘教授的學術高度，絕對必須優先介紹。

副乾酪乳桿菌LP33知名度也非常的高，研發者是當時在中國醫藥大學的許清祥教授，他成立景岳公司，與統一公司合作推出LP33機能優酪乳，取得調整過敏體質健康食品認證，快速打開過敏益生菌市場。許教授在二〇〇四、二〇〇五年，連續發表兩項針對八十位及九十位慢性過敏性鼻炎兒童的隨機雙盲試驗，飲用LP33優酪乳或服用LP33膠囊三十天，可以提升鼻炎相關生活品質[073][074]。法國蒙佩利爾大學醫院的布斯基（Bousquet）教授，在二〇一四年再發表了一項LP33對四二五位慢性鼻炎患者的隨機雙盲試驗，結果是鼻部過敏症狀沒改善，但眼部過敏症狀顯著改善[075]。巴基斯坦Kharadar總醫院的阿梅德（Ahmed）醫師，最近也募集二一二位五歲以下過敏性鼻炎幼兒，隨機分兩組，服用LP33或抗過敏藥「去敏定」（cetirizine），六週後，兩組的鼻炎症狀都有改善，結論是LP33改善鼻炎效果不輸去敏定[076]。過敏本來就很難根治，症狀有所改善已經是上上了，法國和巴基斯坦的兩項試驗，人數夠多，結果顯示LP33確實可改善部分過敏症狀。

東宇公司與成功大學醫學院的王志堯教授合作，研究**加氏乳桿菌A5**的抗過敏功效，共募集一〇五位氣喘及過敏性鼻炎的小學生，服用A5菌或安慰劑八週，最大呼氣速度、肺功能、氣喘和過敏性鼻炎症狀，都有顯著改善[077]。王教授後續又發表了兩篇A5菌對鼻炎小鼠的論文，探討其作用機制[078][079]。

羅伊氏乳桿菌GMNL263是景岳公司另一株深耕菌，與多位教授合作了多項代謝相關動物試驗，二〇一〇年和中華醫事科技大學黃昭祥教授合作做糖尿病鼠的腎纖維化[080]；接著和高雄醫學大學吳慶軒教授合作做糖尿病鼠的胰島素阻抗及脂肪肝[081]，以及用肥胖鼠模式，證明熱殺死菌體和活菌同樣有效[082]；和中國醫藥大學黃志揚教授合作做肥胖倉鼠心血管功能[083]及肝病變[084]；和中山醫學大學徐再靜教授合作做狼瘡模式鼠的肝損傷[085]，以及熱殺死菌體對狼瘡模式鼠的心肌病變[086]。

植物乳桿菌TWK10堪稱是後起之秀，輔仁大學蔡宗佑教授於二〇一三年開始發表了幾篇TWK10發酵豆乳的降血壓、抗糖尿、傷口癒合等機能性的動物模式研究[087,088]，國立體育大學黃啓彰教授先在動物試驗證明：TWK10能增加肌肉且提升運動表現[089]，繼而連續發表兩項臨床研究，分別募集十六位以及五十四位青年，服用TWK10或安慰劑六週，兩次研究結果都顯示TWK10明顯對運動耐力、運動表現及疲勞回復有幫助[090,091]。兩個學術團隊分頭努力，生合生技公司致力於市場開發，最近更通過美國食品藥品管理局GRAS認證（見第一〇七頁），TWK10已經具備進軍國際運動市場的充分實力。

國立體育大學黃啓彰教授，也和豐華公司研發另一株運動益生菌**長雙歧桿菌OLP-01**，這株菌分離自奧運金牌舉重女性選手的腸道菌，也是先在動物試驗中看到OLP-1能增加老鼠肌力、耐力及緩解疲勞等各種效果[092,093]，接著就找二十一位長跑選手服用六週的OLP-1或安慰劑，結果在庫珀十二分鐘跑步測試（Cooper running test）中表現顯著提升[094]。

台北醫學大學的黃惠宇教授和黃啓彰教授合作，探討我們的**植物乳桿菌PS128**對改善三鐵運動員運動表現、疲勞回復、菌相平衡等，效果極佳，也發表了兩篇論文[095,096]。TWK10、OLP-01、

PS128，連續三株能增進運動表現的益生菌菌株，值得為我國的益生菌研發喝采。

我們的團隊近幾年發表了三株精神益生菌，**植物乳桿菌PS128**已經發表十二篇論文，三篇是人體臨床試驗論文，包括：自閉症、運動員等；其餘是動物試驗論文，包括：憂鬱、腸躁症、妥瑞症、巴金森氏症等，這些論文是支持PS128進攻國際市場的主要推動力道。另外，**副乾酪乳桿菌PS23**和**發酵乳桿菌PS150**的論文發表，也正急起直追，早就超過三篇了，第五章講精神益生菌時再來談。

第一線醫護專業人員對益生菌的看法

關於健康的主題，醫護人員對民眾的影響極大，我們來看看國內外醫護人員對益生菌的看法究竟如何。

二〇一一年，我們針對各大教學醫院的小兒科、家醫科、腸胃科的一五〇位醫生，做了一個關於益生菌的小規模調查。

Q1：你了解益生菌嗎？

A：●七一％的醫生認為自己對益生菌非常了解，或至少有某種程度的了解

● 五二%的醫生經常或有時會推薦益生菌產品給病人

● 有多達五七%的醫生，自己從來沒使用過益生菌產品

Q2：在何種狀況下，會建議民衆補充值得信賴的優質益生菌產品？

A：回答「非常建議」或是「會建議」民衆補充益生菌的情況是：

● 接近九〇%是排便不順、消化不良、腹瀉等腸胃問題

● 過敏、免疫力、抵抗力也有超過五〇%

● 旅行、流鼻涕、服用抗生素、口臭、食道逆流約四〇%

● 住院、壓力大、尿道感染、胃潰瘍、減重約三〇%

● 常感冒二五%

● 青春痘二一%

● 懷孕期一八%

最值得注意的是：有七三%的醫生，會因爲希望提升民眾一般性的健康狀態，而建議大家去補充益生菌，還比特意要加強抵抗力或提升免疫力還高，這意味著我國醫生們充分認知益生菌保健機能的全面性。當時「菌腦腸軸」的概念還未起步，所以沒有提問神經心理方面的問題。

令我失望的是，只有一八%的醫生認爲懷孕期應該補充益生菌，我一直大力強調：懷孕期要加強補充益生菌。

美國芝加哥拉許大學的拉斯穆森（Rashmuseen）教授，在二〇一四年對二五六位自認對益生菌有相當認識的醫護人員做了問卷調查[097]。

Q1：**你相信益生菌對健康有益嗎**？

A：
- 認為非常同意的有二九%
- 還算同意的有三三%
- 完全不同意的是〇%

Q2：**你認為益生菌有害健康嗎**？

A：
- 八〇%認為完全不會
- 一七%認為有一些

Q3：你認為補充益生菌對哪些症狀有益？

A：●腸躁症及一般腸道問題達**九〇%**

●免疫、克隆氏症、潰瘍超過**七〇%**

●過敏、肥胖有**五〇～六〇%**

●壓力舒緩及精神健康有**四〇%**

很明顯地，益生菌概念在美國已經相當獲得認同，精神益生菌則剛剛開始起步，但也有四成以上的醫生勾選同意。

二〇一九年，斯洛維尼亞馬里博爾大學的菲揚（Fijan）教授，以網路問卷方式收集了歐洲三十國、一〇六六位醫療專業人員對益生菌的意見[098]，請注意這些是以東歐為主的醫護人員。

Q1：你使用或推薦益生菌嗎？

A：●有高達**八七%**使用過益生菌

●有**七九%**明確回答會推薦病人補充益生菌

●只有**一一．六%**說從來沒推薦過

●**五七．五%**希望自己能更加充實益生菌知識

Q2：你認為何時應該補充益生菌？

A：吃抗生素時該吃的有九〇．二%、腹瀉八三．五%、便祕七〇．六%、出國旅行六三．三%、過敏六〇．四%。另外，受訪的醫療人員有高於六〇%認為：益生菌對過敏、憂鬱及情緒問題有幫助。

而關於何時補充益生菌，有六四%認為應該餐前吃。這篇論文中特別提到：這種究竟是餐前或餐後吃益生菌的爭議，連醫療人員都很困惑。

阿姆斯特丹大學的紀斯教授，在二〇二〇年也針對西歐（德、英、法、義、比、荷）及北歐（芬、瑞）共計八國，一三一八名家醫科醫生電話訪問，調查對益生菌的認知程度[099]。

Q1：你對益生菌的看法？

A：有八〇%以上的醫師會推薦益生菌，而且對益生菌越了解的醫生，越願意推薦民眾使用。

Q2：哪些症狀會推薦使用益生菌？

A：● 抗生素引發腹瀉、感染性腹瀉、腹痛有六〇～六五%

●腸躁症、腸道發炎（IBD）有五五～五六％
●便祕只有四九％
●過敏（氣喘、濕疹）、免疫降低、尿道感染四三～四五％
●肥胖、精神壓力、體重降低有三八～四〇％

不知道你有沒有注意到？台灣有九成醫護人員認爲益生菌對便祕有效，東歐七成，西歐竟然只有五成！眞想廣泛地對消費者做個調查。其實便祕和失眠一樣，原因非常複雜，絕對無法否認益生菌對有些人或有些時候就是效果不佳。

紀斯教授還提到：現在益生菌在全球的滲透率還低於五〇％，紐西蘭只達二五％，美國甚至不到五％，這現象確實阻礙了益生菌產業的成長速度。以歐洲爲例，因爲歐洲食品安全局嚴格管理，幾乎只能靠家庭醫生、營養師、藥師第一線與民眾溝通，傳播益生菌的正確訊息。在電話訪問中，許多醫生提到現在益生菌菌株繁多，功效研究進展太快，他們需要吸收更多的正確知識。因爲歐洲食品安全局嚴禁宣傳療效，所以醫生們頭痛的是：他們只能由產品使用的菌株編號，自己判斷可不可以推薦給病人。

以我們自己推廣精神益生菌PS128爲例，剛上市的前兩年，我在各醫學會、各大醫院演講不下上百場，因爲我相信，首要之務是讓醫生們了解精神益生菌。紀斯教授在論文前言也強調醫生，特別是家醫科醫生，是第一線面對病患、正確推廣益生菌概念的最佳媒介。醫生們不但重視功效，更重視安全性。企業如果不能更嚴謹面對安全性的問題，醫生們便無法放心推薦。

不過，也許是我多慮了，台灣的銷售業者也許只要靠媒體複合宣傳，加上編列足夠的罰金預算，就賣得嚇嚇叫了。

益生菌家族好夥伴：益生元、合生元、後生元、類生元

這一節主要介紹益生元，也順帶說明一些由益生菌衍生出來的益生菌家族好夥伴。

「益生元」（prebiotics）指人體消化系統無法分解，能夠完整地到達腸道，選擇性地讓特定腸道好菌利用，加速增殖，因而增進人體健康的物質。常說的「補好菌，養好菌」，就是補充益生菌的同時，也應該補充益生元，來養育腸道內的好菌。益生菌加益生元，又補又養，這種產品稱爲合生元（synbiotics）。坊間常將益生元稱爲「益菌生」，我感到很無奈，呼籲台灣乳酸菌協會出面統一名詞。國際益生菌與益生元科學協會，繼二〇一四年發表益生菌共識報告後，又在二〇一七年及二〇二〇年分別發表對益生元及合生元的共識報告，對二者的定義做相當幅度的修訂。至於「後生元」（postbiotics）和「類生元」（para-probiotics），無論是學術研究或市場開發，都已經逐漸受到注目，相信ISAPP在不久以後也會提出共識報告。

益生元：膳食纖維、寡糖、母乳寡糖

益生元的定義，從一九九五年首次提出以來，數度微調。二〇一六年ISAPP在倫敦召開專家會議，隔年在《自然》系列期刊發表專家共識報告[100]，爲益生元的定義重新定調。新的定義簡單明瞭：「能被宿主微生物選擇利用，因而有益健康的物質」[註2]。新的定義乍看好像不去管是否會被人體利用，不去管是不是能夠完整到達腸道，不去管是否能選擇性讓特定好菌利用，其實selectively utilized兩個字，就充分包含以上各點了。和舊定義最大的差異是：不再只看是否能幫助如雙歧桿菌、乳酸桿菌等腸道好菌增殖，因爲腸道菌越來越清楚，所謂好菌早就不限這兩種菌了，所以新定義是：只要能讓某些腸道菌選擇性利用，腸道菌相有所改變就可以，而且也不管腸道菌相如何改變，只要結果對健康有益就是了。而且這個新定義還不限於改變腸道菌相，皮膚菌相、口腔菌相都可以，也就是說益生元不僅限用在食品，化妝保養品、口腔衛生用品等都可以使用。

過去的刻板印象認爲：益生元就是膳食纖維以及功能性寡糖。膳食纖維可分爲可溶性與不可溶性，可溶性纖維在腸道中，吸水膨潤，容易被腸道菌發酵利用；不可溶性纖維在腸道中，不容易被發酵分解，幾乎完完整整被排出，比較像是腸道清道夫，生理機能較少。依照益生元定義，只有較容易被發酵分解的膳食纖維，才能夠被稱爲益生元，大部分的不可溶性纖維都被排除在外。

膳食纖維，特別是可溶性纖維，在腸道中吸水膨潤，帶來飽足感。它會增加糞便體積、促進腸蠕動、吸附排除膽鹽、降低油脂吸收，同時迫使肝臟消耗更多膽固醇，更重要的就是使腸道益菌增加，諸如體重控制、便祕改善，糖尿病、高血壓等代謝疾病及腸癌的預防等，公認的膳食纖維生理功效，都是基於益菌增加及高吸附力這兩項特性。

膳食纖維每日建議攝取量大約是三十到三十五克，國人平均膳食纖維攝取量還不足十四克，很明顯地，**只靠天天五蔬果難以達標，必須多吃五穀雜糧、豆薯菇藻**，才是王道。除了天然食材中的膳食纖維外，有幾種生物技術研發製造的「生技纖維」，也廣泛被運用在營養食品中，如由菊芋根部萃取，主要由果糖構成的菊糖（inulin），由玉米澱粉轉換製成的水溶性膳食纖維，以及由葡萄糖高溫縮聚製成的聚葡萄糖，這三種生技纖維，都是難以被人體消化系統分解的低熱量、低血糖指數的水溶性膳食纖維，在許多國家都是食品可用原料。其中如水溶性膳食纖維，更在日本獲得調整腸道機能、調節血糖、降膽固醇、降血脂等多項保健用食品素材認證。靜宜大學王銘富教授以倉鼠模式，證明菊糖和水溶性膳食纖維Fibersol-2並用，具有絕佳的降血脂及降膽固醇功能[101]。

功能性寡糖是指由數個到數十個單糖分子連結成，不會被人體消化酵素分解的特殊醣類，大多使用酵素轉化法製造，是酵素產業的重要一環。最初是由日本明治製果、養樂多、三得利等企業在一九七〇年代開始生產，近二十年，中國大陸急起直追，搶占市場。主要的品項有：果寡糖（FOS）、半乳寡糖（GOS）、木寡糖（XOS）、甘露寡糖（MOS）等，這些寡糖因爲價格

註2：原文為「a substrate that is selectively utilized by host microorganisms conferring a health benefit」。

不高，所以在食品及保健食品中，被廣泛用爲低熱量的甜味劑。研究做最多的是果寡糖和半乳寡糖，而且許多都是和益生菌一起做臨床研究，例如：美國內布拉斯加大學帕尼格拉（Panigrahi）教授在印度做了一項四五五六位嬰兒的隨機雙盲試驗，就是做果寡糖加上植物乳桿菌，明顯改善死亡率、呼吸道感染以及菌血症[102]。英國的Clasado Bioscience公司開發了一種混合了不同結構、不同長度的多種半乳寡糖的產品B-GOS[103]，短短幾年發表了不少論文，最近還踏入腦腸軸精神領域，例如：與英國雷丁大學合作了三十位自閉症孩童，以B-GOS以及無麩質及無乳蛋白飲食介入六週，發現反社會行爲有明顯改善[104]，相信B-GOS未來的市場發展值得期待。最近韓國大學團隊還發表了一項含GOS乳液改善膚質及皮膚菌相的臨床試驗[105]。這呼應了前面提到：益生元不限於吃進肚子裡，用在皮膚也可以。

新的益生元定義看似簡單，其實相當嚴謹，排除掉許多過去想當然被認爲是益生元的膳食纖維和寡糖，同時又擴大了益生元的範圍，將一些會改變腸道菌相、且具有明確生理機能的非醣類物質也包了進來。像抗性澱粉、果膠、異麥芽寡糖、小麥纖維等，確實都能夠改變腸道菌相，也確實有研究支持其生理功效，但都敗在無法證明能夠被某些菌種「選擇性」地利用，所以被排除在益生元定義的範圍。相反地，一些非纖維或寡糖的物質，如共軛亞油酸類、多元不飽和脂肪酸、多酚、植物化合物（phytochemicals），居然都被包進益生元的定義中，可是必須在選擇性改變菌相這方面累積更多研究數據才行。木糖醇可以選擇性地改變口腔菌相，但不知道對腸道菌相如何，不過至少可稱之爲口腔益生元。

最後要談的是母乳寡糖，因爲太重要了，所以我放在最後來強調，限於篇幅也只能簡單介紹。第二章的「共生菌傳承，母親是關鍵第一人」一節中，我用力推崇母乳菌，「自然分娩奠基，母乳哺育精煉」，母乳除了母乳菌外，上帝爲新生兒預備的另一項寶貝就是母乳寡糖。每公升的成熟母奶中大約有五～二十公克的母乳寡糖，牛乳中也有牛乳寡糖，但是你知道嗎？成熟牛乳的寡糖含量，每公升不到〇．一克，少得可憐，完全無法取代母乳。

我過去一直把母乳寡糖和母乳菌綁在一起，認爲母乳寡糖主要就是作爲新生兒腸道雙歧桿菌的養分，是建立新生兒穩定腸道菌相的必要元素。其實母乳寡糖的生理機能不只如此，還直接參與腸道免疫系統的發育，建立腸道屏障功能，甚至能夠直接對抗病菌入侵，而且是直接參與！不是因爲影響腸道菌相，所以間接有這些生理機能[106]。目前還只有少數幾種母乳寡糖能夠大量生產，所以也只有2'-FL及LNnT兩種母乳寡糖開始被加進奶粉。究竟能發揮多大的功效不得而知，不過總是踏出了第一步。

母乳除了營養均衡外，有抗體，有母乳菌和母乳寡糖，除非母親有特殊健康考量，否則執行母乳哺育應該是母親的天賦重任。聯合國兒童基金會以及世界衛生組織都強烈建議：出生一小時內，就必須給新生兒餵母乳，一直到六個月大，除了母乳以外不應該餵食其他食物，甚至連白開水都不該喝。六個月以後，嬰兒可以開始吃其他食物，但是仍應該繼續哺育母乳，一直到兩歲，甚至超過兩歲。WHO網站上有一篇文章「抓緊時機——盡早開始哺餵母乳」，就是強調出生一小時以內，就要把新生兒抱給母親，開始餵奶註3。

合生元：「益生菌」＋「益生元」

合生元的定義最初定得非常繁複繞口[107]，不過簡單說就是指益生菌加益生元。ISAPP繼二〇一四年的益生菌及二〇一五年的益生元之後，又在二〇二〇年發表合生元的專家共識報告[108]。新的合生元定義是：「含活的微生物以及能被宿主共生菌選擇性利用的物質，且對宿主健康有益的混合物」註4。

新定義和舊定義有相當的不同，舊定義是益生菌和益生元兩個成分都必須分別符合定義，新定義在益生元的部分，還是必須能被宿主微生物選擇性利用，活菌部分就不一定要符合益生菌定義了，只要加起來對宿主健康有益就可以，而且兩種成分都可以是複數的，可以用好幾種活菌混合好幾種益生元。

新定義的合生元可以分爲互補型和協同型兩種，互補型就是兩種成分都分別符合益生菌與益生元的定義，也就是符合舊定義；協同型，指所加的益生元是設計來幫助一起添加的活菌，在宿主身上加速生長。還有別忘了，益生菌、益生元和合生元都不只吃進腸道，塗在皮膚也可以，用在泌尿生殖道產品也可以。

後生元與類生元：生產技術及管理法規尚未到位

這兩個名詞定義仍非常混亂，所以我合在一段來說明。

記得我在二〇一二年就在無錫的中國乳酸菌學會年會，針對「後生元概念與定義：益生菌一定要活菌才有效嗎？」作演講，當時是因爲中國可以常溫運送儲存的常溫酸奶（優酪乳）市場開始快速成長，所謂常溫酸奶就是經過滅菌、不含活菌的優酪乳，我演講的重點在於由後生元的定義，來強調常溫優酪乳還是必須重視功效研究。

後生元目前最被接受的定義是「對健康有益處的微生物細胞破片或代謝物」[109,110]，就是指把菌體殺死打破、不含活菌、不含完整菌體的產品，裡面有可溶性的代謝物（如短鏈脂肪酸）、酵素、蛋白質等，也有不可溶的細胞壁破片，可以用離心方法將可溶及不可溶的成分分開，當然不分開也可以。

現在還是有學者把熱殺死菌的完整菌體也歸類爲後生元，例如：哥倫比亞波哥大大學的馬拉岡・羅哈斯（Malagón-Rojas）教授二〇二〇年發表，統合分析七項做後生元對幼兒感染的隨機雙盲研究，結論是對腹瀉、咽喉炎有預防效果[111]。但是那七項研究所做的所謂後生元，都是單純的熱殺

註3：原文為「Capture the moment—Early initiation of breastfeeding：the best start for every newborn」。

註4：原文為「mixture, comprising live microorganisms and substrate(s) selectively utilized by host microorganisms, that confers a health benefit on the host」。

後生元與類生元的產程與定義範圍

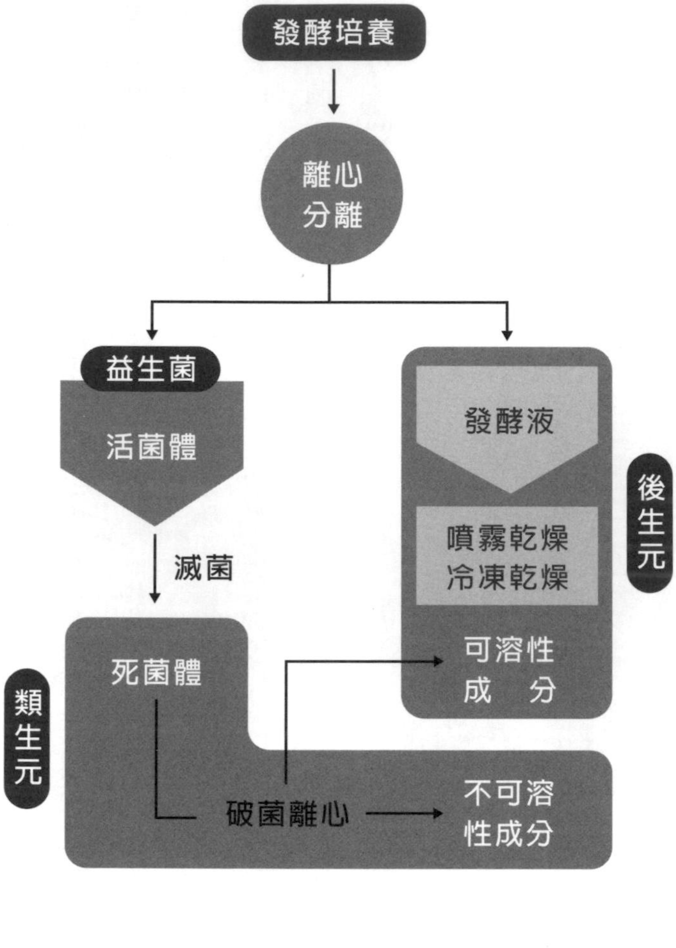

死菌體，我認爲應該歸類到下述的類生元。普渡大學的阿奎拉・托亞拉（Aguilar-Toalá）教授則認爲後生元是可溶性的代謝物[112]，排除掉不可溶的菌體破片，更限縮了後生元的範圍。

Para-probiotics（類生元）的para意思是超越、類似、旁邊等，以前我將para-probiotics譯成超益生菌，超越益生菌，比益生菌優越，想想不太妥當，譯成「類益生菌」也有些不倫不類，現在覺得譯成「類生元」很不錯，與益生元、合生元、後生元等家族成員一系列相互呼應。

米蘭大學的古利耶梅提（Guglielmetti）教授在二〇一一年提出Para-probiotics名詞時，所下的定義是「有益健康的失活微生物細胞或其區劃成分」[113 註5]，簡單說就是「失活的菌體或成分」。當時他戲稱類生元爲「鬼益生菌」（ghost probiotics），也許該稱之爲殭屍益生菌，較有中國風。我多年好友韓國嶺南大學的朴（Park）教授，在二〇一八年的論文中，討論類生元作爲茲卡病毒感染的輔助治療，就採用了「失活菌體或成分」的定義[114]。日本朝日集團的藤原（Fujiwara）博士團隊發表了好幾篇加氏乳桿菌2305的論文，也都冠以類生元名稱，他們也採用失活菌體或成分的定義[115 116]。

第一五〇頁的圖是我的整理，微生物發酵培養後，經離心分離、分開活菌體和發酵液（含分泌出來的各種可溶性代謝物，還有多醣類），發酵液可進而噴霧乾燥或冷凍乾燥，加工成粉末產品；活菌體則經直接加熱殺菌以後，就得到完整的死菌體，再經過破菌處理，就得到可溶與不可溶物質

註5：區劃成分的原文是cell fraction，指將細胞打碎後，用各種方法依特性分離成不同部分。

微生物體的殿堂根基與支柱

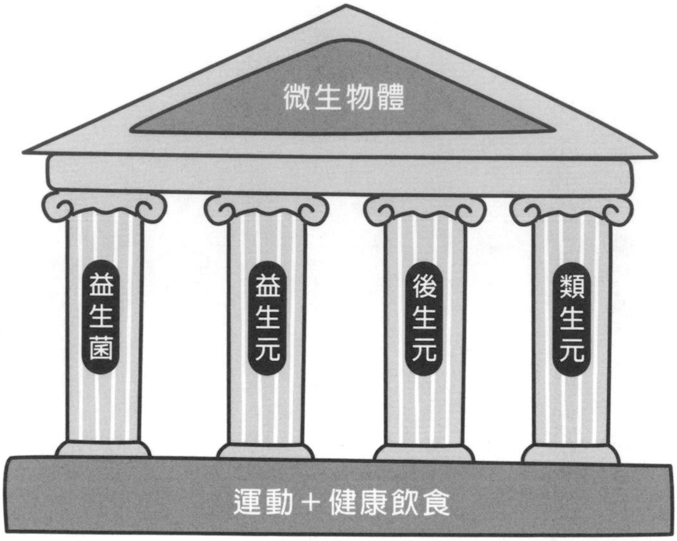

的混合物，可以進而用離心方式分離。

爲了要清楚切開類生元與後生元的定義範圍，我認爲類生元可包括完整死細胞，以及不可溶成分（細胞壁破片）；後生元則包括不含活細胞的發酵液，以及細胞打破後的可溶成分。其實不可溶成分究竟要歸在類生元或後生元，完全還沒有定論。很混亂，確實是需要ISAPP加快腳步，開會討論出對後生元以及類生元的專家共識，統一名詞定義。

再強調一次，不管是益生菌、後生元、類生元，都必須有充分的功效研究，才能納進益生菌家族，才能聲稱是後生元或類生元，即使源頭是用已有功效研究的益生菌活菌體來加工生產的也不行。

後生元的研究已經相當多，我只舉一

個有趣的案例，波士頓大學的艾德曼（Erdman）教授，做Biogaia公司的羅伊氏乳桿菌DSM17938菌體裂解液的動物及臨床試驗，發現能夠提升血液中的催產素濃度，而且加速皮膚傷口癒合[117]。菌體裂解液完全符合後生元定義。

直接打出類生元旗幟的論文還不多，日本朝日集團的加氏乳桿菌CP2305是其中之一。有許多益生菌研究都有做熱殺死菌體的功效，其實熱殺死菌體就是類生元了，也許等這名詞被廣泛接受後，類生元的論文數目就會快速成長。例如：我們開發的副乾酪乳桿菌PS23及發酵乳桿菌PS150，都是熱殺死菌體的生理功效不輸給活菌體，更有趣的是死菌體和活菌體的生理機制不太一樣。

後生元和類生元的生產技術還未成熟，市場管理法規也還非常模糊。益生菌產品的品質評估，通常分析活菌數就可以過關，但是後生元和類生元就沒那麼簡單，到底活性成分是什麼，要拿什麼當作品管指標，都還需要探討研究。

關鍵訊息（Take Home Messages）

1 依照FAO及WHO規範，益生菌必須是活菌，健康效益必須經科學驗證，菌屬、菌種及菌株名都必須鑑定清楚，必須安全無虞。益生菌產品的品質，決定在對生理功效能提出多少研究證據。

2 改善排便、幫助消化、增強蠕動等基本的腸道功能，是優質益生菌廣泛皆有的核心功效，免疫過敏、代謝調節、神經心理等，就是特殊菌株才會有的高階功效，必須有充分的研究數據支持。

3 益生菌視菌株特性和使用者腸道菌相，能夠滯留在腸道中數週，足夠對腸道上皮細胞、免疫及神經系統作用，調節腸道菌相，鞏固腸道結構屏障，發揮各種生理作用。

4 最受注目的新世代益生菌，有艾克曼嗜黏蛋白菌、普拉梭菌等，都是厭氧菌，工業生產困難，必須通過新藥開發審查流程，市場開發門檻高。

5 益生菌的菌株主要是乳酸桿菌與雙歧桿菌兩個屬，其他還有腸球菌屬、小球菌屬、芽孢桿菌屬、芽胞梭菌屬，酵母菌中的布拉底菌等。

6 在歐美有八〇%以上醫師會推薦益生菌，對益生菌越了解的醫生，推薦意願越高。台灣有九成醫護人員認為益生菌對便祕有效，西歐只有五成。醫生們重視功效，更重視安全性，企業須更嚴謹面對安全性問題，讓醫生們可以放心推薦。

7 益生元的定義為「能被宿主微生物選擇利用，因而有益健康的物質」，除了部分膳食纖維及功能性寡糖外，一些會改變腸道菌相的非醣類物質，如共軛亞油酸、多元不飽和脂肪酸、多酚等，也符合益生元定義。母乳寡糖是建立新生兒穩定腸道菌相的必要元素，直接參與腸道免疫系統的發育，是重要益生元。

8 類生元包括完整死細胞及不可溶成分；後生元則包括不含活細胞的發酵液，以及細胞打破後的可溶成分。後生元和類生元定義仍待釐清。

優化身體抵抗力和復原力就看它！

第 4 章

用益生菌為健康神助攻

近十年來，「免疫療法」是癌症研究的大熱門。
化療或放療都是直接攻擊癌細胞，
免疫療法卻是「調整」病患自身的免疫系統。
「免疫系統」和「腸道菌相」，
都是影響癌組織在體內增殖的重要因素。
免疫療法配合傳統的手術及化放療，
再加上調整腸道菌相，
效果更是相乘倍增。

泰國朋友桑烏（Songwut）博士，是泰國製藥企業Interpharma集團的總經理，看了我幾本《腸命百歲》著作的泰文版後，邀請我去泰國演講，還指定題目，希望我講益生菌在醫藥產業的最新發展。可惜演講因爲新冠疫情一延再延，也因此讓我有充分的時間，整理益生菌在各種疾病症狀的發展近況。

二〇一二年出版的《腸命百歲二：益生菌讓你不生病》中，我由大家最關心的便祕開始談，再談到腸道、過敏、感染、癌症、代謝、精神、口腔、皮膚，主要以人體臨床試驗爲論述基礎。現在這一章，我將以這五年來大家關注的議題爲核心，還是希望以人體臨床試驗爲基礎。我將重點放在大家關心的呼吸道、腸胃道、口腔、皮膚以及癌症。而近幾年有飛躍性進展的神經心理領域，獨立到第五章詳談。

在開始講疾病症狀前，我必須先強調：**益生菌的生理功效，絕對是非常菌株特異性的**，所以在寫各項研究時，我會盡量清楚寫出**菌株編號，意思是只有這株菌，才確定有這效果。請不要擅自衍生到同種但不同株的其他菌**。當然，如果是引用綜合多篇研究的統合分析註1論文，就無法標明特定菌株啦！還有，雖然很希望多討論我國的研究，但事不由人，結果多數還是國外的研究，特別是那幾株知名的菌株。特別要叮嚀的是：研究歸研究，由基礎研究落實到臨床試驗，再到產品上市，需要好幾年功夫，心急不得。本章介紹的菌株及研究很值得重視，因爲很多都已經走到臨床，甚至有了產品。

呼吸道疾病：「新冠肺炎+流感」，有多少人挺得住？

呼吸道疾病種類可多了，大家熟悉的有肺癌、氣管炎、氣喘、慢性阻塞性肺病、肺結核、流感，還有正在肆虐全球的新冠肺炎等。這些疾病或多或少都和免疫有關，也都和腸道菌多少有所牽連，**「腸肺軸」就是講腸道菌、肺部菌與免疫間的關係**。瑞典卡羅林斯卡學院的拉奧（Rao）教授，發表在《科學》期刊的論文題目，直接就是「肺部發炎源自腸道」[001]，爲腸肺軸做了絕佳的註解。令人振奮的還有，肺本身的菌相研究也越來越成氣候。這一節，我將聚焦在討論流感與新冠肺炎，這兩種病毒疾病，看來將長長久久與人類共存，若是無良政客再亂搞下去，眞會使人類平均壽命開始往下走。

益生菌對新冠肺炎有效嗎？

記得有一年H1N1流感流行期間，大女兒由醫院打電話來，語帶興奮地說：「爸，我得了H1N1，可以放七天假」，那時她還是小兒科住院醫生，天天面對幾十位H1N1小病患。她大包小包搬了許多要用的物品、要讀的書回家，一回家就拉著我看台語鄉土肥皀劇，一副撈到七天長

註1：統合分析研究（meta analysis）是將不同研究團隊針對同一個研究目標所做的研究，依照標準方法，詳細比較評判其研究方法後，再對各研究所得結果，進一步做統計分析。一般而言，統合分析後所得的結論，公信力較高。

假的輕鬆模樣。

這次的新冠肺炎就完全不同了，看她傳來在醫院全副武裝的相片，完全笑不出來。台灣算是最安全了，不敢想像如果我女兒是在紐約、在倫敦，我大概寢食難安，惶惶不可終日。

最近常被問的問題就是：「益生菌對預防新冠肺炎究竟有沒有效？」我總是爽快地回答：「新冠，不確定。但預防流感、減輕症狀，有效！」

益生菌的一貫風格，就是它們總是和你搏感情，喜歡像下圍棋般爲你的健康全面布陣，**益生菌的效果是預防性的，必須長期習慣性地攝取，不能臨時抱佛腳**。

我們要查研究論文，通常直接上Pubmed網站，功能齊全，方便好用，譬如說我要查新冠肺炎發表的論文數目，在這個網站打進Covid-19，竟然出現將近六萬篇論文，才九個月而已，眞是驚人。其中也有五十多篇和益生菌有關，例如：瑞士洛桑大學的吉安諾尼（Giannoni）教授，討論益生菌如何能壓平新冠肺炎的感染曲線[002]；羅馬大學的倫佐（Renzo）教授，談益生菌可否做新冠肺炎的輔助療法[003]。大家都是由益生菌的抗發炎及腸道菌調節功效切入，討論對新冠肺炎的症狀是否有舒緩作用，或預後可能有何幫助，都是想當然爾的推測，但要有實證研究出來，還有得等[註2]。

新冠肺炎患者的腸道菌呈現失衡

新冠病毒感染人體的細胞，是經由ＡＣＥ２接受器，而ＡＣＥ２不但存在鼻腔、支氣管和肺中，在腸上皮細胞也有[004]，所以，在肛門抹片、糞便、汙水系統中，都可以檢測到新冠病毒。新冠肺炎患者的腸道菌都有失衡現象，香港中文大學黃秀娟教授，追蹤分析十五位病患住院期間的腸道菌，觀察到：**腸道菌失衡程度，與糞便中病毒量及病情嚴重度有相關**[005]。

腸道菌失衡，也可能是免疫失衡所導致。以前ＳＡＲＳ期間，大家就經常聽到「細胞激素風暴」，應該保家衛國的免疫反應失去控制，把好好的一個肺，當成了殺戮戰場，很快就演變成急性呼吸窘迫症候群，淋巴細胞急遽減少[006]。

新冠肺炎患者的腸道菌和免疫都會失衡，但絕不宜因此就推論說益生菌有幫助，有一分證據，才能說一分話。**益生菌對流感的預防效果，已廣泛被民眾所認知**，因此新冠肺炎流行期間，益生菌銷售量也暴增。有網路傳言說，中國大陸的衛生健康委員會（簡稱「衛健委」）發布的新冠肺炎診療方案中，就有推薦使用益生菌，其實衛健委說的是：「可使用腸道微生態調節劑，維持腸道微生態平衡，預防繼發細菌感染」。**「微生態」就是指腸道菌相，益生菌算是一種「微生態調節劑」，不過是用來預防繼發的細菌感染，不是治療或預防新冠肺炎本身**。

註2：世界衛生組織將新冠肺炎疾病定名為COVID-19（2019冠狀病毒病）；新冠肺炎病毒則定名為SARS-CoV-2（嚴重急性呼吸綜合症冠狀病毒-2）。

可降低呼吸道感染的益生菌

日本東北大學的北澤教授最近發表一篇綜論，討論免疫益生菌（immunobiotics）對新冠肺炎是否有幫助，內容主要講阿根廷Cerela研究所研發的**鼠李醣乳桿菌CRL1505**對新冠肺炎的功效[007]。這株由羊奶分離的菌，十年前就開始圍繞著病毒、病菌的呼吸道感染主題，發表了三十餘篇論文，包括一篇隨機雙盲臨床試驗，讓二九八位二～五歲兒童飲用以該菌製作的發酵乳，在飲用的六個月期間內，罹患呼吸道感染的比例降了一半[008]。其實，這株菌所製成的發酵乳，自二〇〇八年就被納入阿根廷全國營養計畫，提供給數十萬兒童飲用。雖然只有一項臨床試驗，但數十篇動物試驗論文，將這株菌抗病毒的機制研究得夠深入，北澤教授講這株菌對新冠病毒的功效時，才能言之有據。

不過，該論文的第一作者比列納（Villena）博士，也是Cerela研究所的研究員，難免會特別鍾情於這株菌。最近，他又和北澤教授在《細胞》期刊發表**CRL1505死菌體**或其細胞壁肽聚醣成分，能調節新生小鼠的先天免疫反應，提升對呼吸道融合病毒的抵抗力，這種病毒是兩歲以下小孩最常見的下呼吸道感染病毒[009]。我認爲CRL1505這株菌，眞的是這一陣子最熱門的呼吸道益生菌。

接著談流感，益生菌對新冠肺炎的研究剛剛起步，但是對流感的研究，不論是動物或臨床都非常多，而且還繼續不斷發表，我只舉近幾年的臨床試驗。

二〇一八年，美國印第安那大學的丹妮莉（Dannelly）教授和北京團隊合作，在北京收了一三六位成人，服用科漢森公司的**乾酪乳桿菌431**及**發酵乳桿菌PCC**三個月，結果顯示可降低上呼吸道感染機率，而且增加血液IFN-γ 及糞便IgA濃度，顯示免疫力顯著提升[010]。二〇一九年，西班牙的Biosearch Life公司找了九十八位住在安養中心的老人，服用該公司的**棒狀乳桿菌K8**，結果也顯示可以降低呼吸道感染率、提升流感疫苗功效、降低止痛藥用量[011]。

益生菌可增強「疫苗效力」

現在注射流感疫苗非常普及，衛福部更是一再呼籲：年長者及幼童等務必要施打疫苗。一般而言，老人及幼兒對疫苗的反應較弱，保護效果經常不如預期，已經有非常多研究指出：**服用益生菌，有助於提升疫苗效力**。最近有幾篇很受重視的統合分析論文發表，顯示醫學界對這項議題已經逐漸形成共識。

新竹馬偕醫院的雷偉德、林千裕、葉姿麟等幾位醫師，在二〇一七年及二〇一八年發表兩篇探討「益生菌增強流感疫苗效果」的統合分析，分別分析九項及十二項隨機對照臨床試驗，結論也是益生菌輔助使用，可提升疫苗的保護效果[012 013]。墨爾本大學齊默曼（Zimmermann）教授發表在二〇一八年的統合分析，則是分析了二十六個臨床研究，這些研究分別探討了四十株益生菌對十七種不同疫苗效果的影響，當然，菌株、劑量、服用期間等的不同，效果會有所差異，不過整體看來，**益生菌確實能增強疫苗效果以及保護的期限，而且所需的費用算是最低廉的**[014]。

我的建議是：**到了秋冬流感季節，不論你身體多健壯，請務必記得撥個空打流感疫苗**。請警惕自己，新冠病毒潛伏在各個角落，伺機要與流感病毒攜手再來個大進襲！當然，流感疫苗不能預防新冠病毒，但得了流感，一定會削弱你對新冠病毒的抵抗力。所以，從前你不覺得要打，現在絕對輕忽不得，尤其是老人、兒童，還有身體狀況不佳的朋友。

「益生菌究竟能不能預防流感或新冠肺炎？」我的回答是：就目前的臨床研究結果分析，預防流感確實可以，新冠也有機會。**長期補充益生菌，可以讓你比較不容易感冒，即使感冒了，症狀也將明顯緩和，發燒咳嗽的天數與嚴重程度，都會大幅改善。更重要的是，讓你不需要吃太多抗生素！**少吃抗生素，不但對個人，對保護自然環境也非常重要。

我常被問到的另一個問題是：「爲什麼益生菌吃在肚子裡，卻能夠保護呼吸道，對抗病毒入侵呢？」這是有趣而且重要的問題。病毒或細菌入侵身體的主要通道，不是身體表面緻密堅實的皮膚，而是覆蓋身體「內表面」的黏膜組織。皮膚就像城牆，只要阻擋外敵入侵即可，可是黏膜組織就像城門，不但同時要防範外敵入侵，還要讓營養物質能夠進入。所以，負責防衛黏膜的黏膜免疫系統，當然就成了感染防禦的主角。而由免疫B細胞所製造的IgA（免疫球蛋白A），是黏膜免疫的主力戰將。

當益生菌被吃到「肚子」裡，引發一連串的免疫調節作用，「全身」的黏膜免疫力都因而提升，在呼吸道黏膜中，會幫我們對抗流感病毒；在泌尿生殖道黏膜中，也會幫助我們對抗各種病菌、病毒。

腸胃道疾病：腸治久安，全身才能平安

益生菌吃進腸道，在腸道增殖，由腸道排出，想當然地和腸胃道疾病最有關係。

這一節我先談談便祕與腹瀉，然後較詳細地談困難梭狀桿菌、幽門螺旋桿菌，以及急性腸胃炎、腸躁症。這裡將暫且跳過功能性腸胃疾病、發炎性腸道等疾病；至於胃癌、腸癌則併到「癌症：益生菌對免疫療法有加分效果」那一節詳談。

便祕與腹瀉：益生菌可預防腹瀉

便祕，最多人關心，卻最不容易得出定論。**副乾酪乳桿菌NTU101**[015]和**植物乳桿菌PS128**，都在便祕大鼠模式中表現出改善便祕的效果。人體臨床試驗效果很不一致，澳洲伍倫貢大學的菲芮拉（Ferreira）教授，二〇一九年在《美國臨床營養學》期刊的論文，下了個批判性的標題「低水準的統合分析誤導民眾」，他們的結論是：沒辦法判斷益生菌對便祕有沒有效[016]。澳洲墨爾本大學索斯威爾（Southwell）教授二〇二〇年論文的建議比較中肯：「益生菌可以增加孩童排便次數，但大型隨機對照試驗的數據不足」[017]。其實我也一再強調，**便祕改善靠的是基本功夫，不能只靠益生菌，要同時注意飲食、運動及紓壓。**

益生菌對腹瀉的預防效果就很清楚了，請注意是「預防」！不是治療！特別是急性腹瀉，如果

有發燒嘔吐，請立刻找醫生！二〇二〇年在荷蘭養護之家做的研究，就顯示益生菌可降低抗生素誘發的腹瀉，建議應該推廣，該研究做的益生菌是荷蘭Winclove公司含九株菌株的Ecologic® AAD產品[018]。益生菌預防腹瀉的機制，不只是間接維護腸道菌相平衡，有些特定菌株還會影響腸道電解質的平衡，直接改善腹瀉[019]。

旅行者腹瀉原因較複雜，多半還是病菌、病毒感染，益生菌預防效果就不如抗生素腹瀉清楚。國際旅行醫藥學會二〇一七年發布的指南，認爲目前沒有充分證據證明益生菌的效果；二〇一九年華盛頓大學麥可法蘭（McFarland）教授做的統合分析，也認爲難以確定[020]；但二〇一八年韓國濟州大學裴（Bae）教授的統合分析結論，卻是有顯著效果[021]。

亞洲乳酸菌聯盟每年在亞洲不同國家召開大會，二〇一三年在印度，台灣照例派出數十位產學專家參加，聲勢浩大，葡萄王公司和生合公司都派員參加，帶了很多益生菌產品給大家無限暢飲，大家大量吃，一路平安。我跟好友渡邊博士、學生秀慧博士，在會後去印度北邊的錫金拜訪，益生菌吃完了，沒兩天就開始腹瀉！由經驗論事，我眞心覺得益生菌可以預防旅行者腹瀉。

困難梭狀桿菌感染：益生菌介入越早越好

年紀大、健康差、住加護病房、長期使用抗生素，這種狀況最容易引發困難梭狀桿菌感染，又稱僞膜性結腸炎或抗生素相關結腸炎。

每每看到困難梭狀桿菌的論文，不經意都會多看兩眼，因爲我父親十年前就是因爲接受肺結核抗生素治療，引發困難梭狀桿菌感染，離世歸主。在感染發生初期，我爲他精心調配了一瓶自認最安全、最強效的益生菌組合，希望能夠壓制囂張的病菌，但最後還是沒敢拿出來給重病的父親救命使用。

困難梭狀桿菌平常潛伏在腸胃道中，健康的腸道菌群會抑制其生長。但年紀大或長期使用抗生素，**腸道菌相平衡被破壞，困難梭狀桿菌伺機增生，病人就會嚴重腹瀉、發燒、白血球數目升高，然後一發不可收拾**。用大腸鏡伸進去觀察，大腸黏膜上滿滿是黃色斑塊，所以稱爲「僞膜性結腸炎」，死亡率估計達到二〇～三〇%，在美國、歐洲，每年分別都有三、四萬人死亡，眞是濫用抗生素製造出的醫療夢魘。

益生菌有沒有效果？十年前，我在《腸命百歲二》中說：「雖然目前沒有足夠的臨床研究能證明，益生菌對困難梭狀桿菌感染是否有預防或治療等輔助效果，但**許多醫生還是贊成治療時，應該合併使用益生菌**。」

現在呢？也許因爲糞菌移植在治療這個病上的成功，帶動了益生菌預防效果的再認知，近幾年，相關研究非常多。二〇一七年，美國巴斯帝爾（Bastyr）大學郭德堡（Goldenberg）教授團隊，統合分析了三十九項臨床研究，結果發表在《考科藍實證醫學資料庫》，這是實證醫學的頂尖期刊，以系統性文獻綜論方式，回答臨床上的特定問題。這篇考科藍分析得到的結論是：**「使用益生**

菌可以降低困難梭狀桿菌感染發生率達六四%，諸如腹絞痛、噁心、發燒、脹氣，以及味覺障礙等抗生素治療副作用也有改善。」[022]不過，以色列魏茨曼研究所的埃利納夫教授團隊，二〇一九年在《自然醫學》期刊上發表的論文，對這篇分析論文提出頗多挑剔[023]。埃利納夫團隊最近發表了好幾篇對益生菌抱持負面的論文，我認爲有人批判，代表受到重視，有批判才能刺激進步，何況是來自一流研發團隊的批判。

不論如何，我確實認爲醫師團隊面對棘手的僞膜性結腸炎時，值得考慮以益生菌作爲正統療法的輔助手段。而且，許多研究都指出：**益生菌介入應越早越好，在剛開始使用抗生素治療時，就應該開始了**。

說到困難梭狀桿菌，還有一個跟菌株命名有關的小插曲，微生物分類學家在二〇一六年投出一個震撼彈，將困難梭狀桿菌（*Clostridium difficile*）改名爲*Clostridioides difficile*，簡稱還是*C. difficile*。命名委員會說本來應該分類進*Peptoclostridium*屬，簡稱變成*P. difficile*，但考慮到這株菌不但在學術界、醫學界，甚至一般民眾都很受關心重視，突然間改成P開頭的名字，怕大家混淆，所以最終定名爲*Clostridioides difficile*。

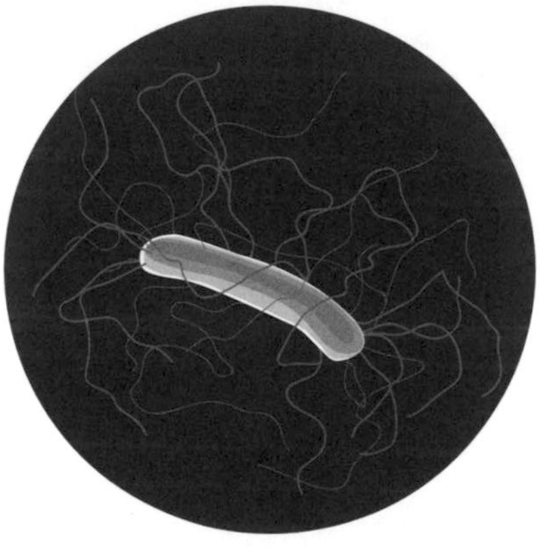

平常潛伏在腸胃道中的困難腸梭菌

幽門螺旋桿菌：是胃部共生菌，不是外來的感染菌

根據統計，**全球約五成的人體內有幽門螺旋桿菌存在**，台灣也差不多，其中約有一～一〇%會演變成消化性潰瘍，一～三%會演變成胃癌。所以，幽門桿菌被國際癌症研究機構列爲「第一級致癌物」。

幽門螺旋桿菌是高度進化的細菌，菌體的螺旋結構和鞭毛讓它可以輕易鑽入胃黏膜，會分泌大量尿素來中和胃酸，而且在胃壁上形成具保護作用、厚厚的生物膜，因此可以在強酸的胃環境中安居樂業。

大約八〇%有幽門桿菌的人，終其一生沒有明顯的症狀，頂多就是輕微的慢性胃炎，偶爾感到腹脹或腹痛；約有一五～二〇%會引發胃潰瘍或十二指腸潰瘍。請注意，我並沒有用被幽門桿菌「感染」的說法，因爲**幽門桿菌是我們胃部的共生菌，不是外來的感染菌**。

很多人都是在做胃鏡檢查時發現有潰瘍，切片檢查後才發現有幽門桿菌。目前的「三合一除菌療法」，可有效去除幽門桿菌，成功率達八成以上，而且安全性夠高。但爭議性問題來了，知道自己胃內有幽門螺旋桿菌時，需不需要立刻去做除菌治療？奇怪了，既然知道幽門桿菌有高機率會導致潰瘍，甚至胃癌，爲什麼不立刻除菌呢？政府不是應該推動全民除菌，讓幽門桿菌完全絕跡嗎？

我們由另一個角度思考，請問：一種微生物如果對宿主沒有好處，過去怎麼會如此普遍存在宿主體內？在二十世紀初期，幽門桿菌是大多數人胃內的優勢菌，到了二十一世紀，很多先進國家卻

僅有不到六%的孩童有這株菌，抗生素濫用絕對是重要因素。

現在知道，當幽門桿菌被殺滅後，胃分泌的飢餓素濃度大幅上升，會刺激進食慾望，增加脂肪儲存效率，結果就是體重上升。也有研究顯示：**體內沒有幽門桿菌的兒童，竟然有較多的過敏氣喘問題**。在紐約大學布雷瑟教授的暢銷書《不該被殺掉的微生物》中，把幽門桿菌列為應該被搶救的「消失的腸道大兵」（見第九五頁）。

根據歐洲幽門螺旋桿菌學會發布的「馬斯垂克共識報告」，如果有消化性潰瘍、胃（黏膜）淋巴瘤、慢性胃炎併發胃黏膜萎縮，以及一等親患有胃癌者，建議應該做「除菌治療」。意思是一般帶菌者並不一定要受這個罪——有不少人做三合一治療，會感覺到蠻難受的副作用。

台大醫院吳明賢副院長團隊，在知名的《刺胳針》（*Lancet*）系列期刊上，發表了一項一千兩百多位受測者的大型研究，探討三種不同抗生素除菌治療的效果，以及對腸道菌、抗生素耐性，和血脂、胰島素抗性等代謝指標的影響[024]。另外也在《癌症》（*Cancers*）期刊上發表綜論，正面肯定抗生素除菌治療的效果及安全性[025]。

益生菌對幽門桿菌防治的效果如何呢？最近好幾個團隊所做的統合分析都顯示：**三合一除菌療法併用益生菌時，可以提升除菌率，而且能減輕抗生素治療的副作用**[026 027]。單獨使用益生菌，不太可能成功除菌。不過，在以三合一療法成功除菌後，最好繼續補充益生菌，預防再度感染。一般帶菌者也應該多補充益生菌，可以相當程度地降低幽門桿菌的帶菌量，預防發病。

上述的「馬斯垂克共識報告」中，也有提到特定的益生菌可降低治療之副作用，因而整體提升了除菌成功率。意思是說，益生菌不是直接殺菌，而是降低副作用。共識報告能提出這項建議也值得叫好，畢竟醫生們總是不太站在輔助療法這邊。

我的結論是：益生菌是有幫助的，像統一AB優酪乳就通過衛生署健康食品認證，具有降低幽門桿菌數量的保健功效。

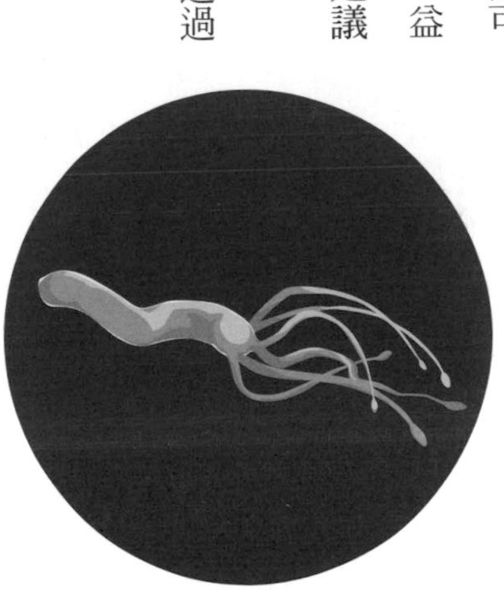

有許多鞭毛，可鑽入胃黏膜的幽門螺旋桿菌

急性腸胃炎：又痛又拉，照四季輪番攻擊

急性腸胃炎在許多國家是五歲以下兒童的主要死因，例如印度，幾乎每十名兒童就有一名死於感染性腸炎所引發的嚴重腹瀉。**在夏天以腸炎弧菌、沙門氏桿菌、金黃色葡萄球菌等之細菌性感染為主；冬天則以輪狀病毒、諾羅病毒等之病毒性感染為主。**至於在**三～六月流行的腸病毒**，確實是住在腸道，可是卻會將毒素釋放出去，引起和流感相似的呼吸道症狀，以及手足口病、皰疹性咽峽炎等。

加拿大兒科急診研究組織的腸胃炎研究小組，於二〇一四年啓動一項美加跨國合作的四年臨床試驗，探討益生菌對門診腸胃炎的輔助治療效果。二〇一八年底在頂尖的《新英格蘭醫學》期刊上，將美國[028]及加拿大[029]的結果分別發表論文，美國團隊在十個兒科急診，收了因急性腸胃炎來急診的九四三位病童，加拿大則是在六個兒科急診收了八八六位病童，將病童隨機分爲兩組，分別吃五天的安慰劑，或鼠李醣乳桿菌LGG（美國研究）、鼠李醣乳桿菌R0011及瑞士乳桿菌R0052（加拿大研究），然後觀察一個月的病情進展。

結果兩邊的結論都是：吃五天的益生菌，對急性腸胃炎病情並無明顯效果。雖然論文中有討論各種可能性，但無效就是無效。大規模的跨國研究案，發表在超一流的醫學期刊，當然受到注目，所以我說明得較詳細。

同一期的《新英格蘭醫學》期刊上，請了哈佛大學的拉蒙特（LaMont）教授寫了一篇評論[030]，他說已經有數以千計的益生菌研究結果，證明**益生菌對各種形式的急性、慢性腹瀉治療或預防確實有效**，但是這項無效的研究，還是有其參考價值；而且LGG或R0011、R0052無效，不能斷言別的菌株就無效。休士頓衛理公會醫院的奎格利（Quigley）教授就指出：美加這項研究，在腹瀉發生五十小時以後，才開始益生菌介入，太慢了，應該越早越好[031]。

二〇一七年，美國與印度的團隊合作，在印度收了四五五六位新生兒，做了六十天的臨床試驗，結果顯示：**服用植物乳桿菌ATCC202195的新生兒，敗血症及呼吸道感染都顯著降低**[032]。這個研究發表在《自然》期刊，學術地位完全不輸給《新英格蘭醫學》期刊，收案人數更是美加案的三倍。所以我認爲，《新英格蘭醫學》期刊這兩篇論文很有參考價值，但離蓋棺論定還差太遠。有許多高水準期刊論文討論益生菌，非常能夠帶動益生菌的深度研究。不過老實說，在台灣幾個月大的新生兒得了急性腸胃炎，還眞沒有醫生敢於建議輔助使用益生菌，甚至我也只敢建議六個月大開始吃副食品之後，再開始逐漸補充益生菌。不過，如果是在印度這種嬰兒腹瀉死亡率超高的地區，益生菌絕對是救命的選擇。

腸躁症：益生菌功效因人而異

在《腸命百歲二》中，我說益生菌對腸躁症的功效早就被證實了。好友兼研究夥伴台北榮總的盧俊良醫師，在最近的論文就整理出十九項益生菌對腸躁症的隨機雙盲臨床試驗[033]。盧醫師和我們最近發表一篇植物乳桿菌PS128對腸躁症老鼠的研究論文，動物試驗的價值雖然遠遠比不上臨床試驗，但可以深入探討一些人體試驗無法探討的生理機制，例如：我們就發現**PS128可以調控大腦內部與痛覺相關的基因表現等**[034]。

最近德國漢堡大學的萊爾（Layer）教授，在《刺胳針》系列期刊發表一項大型隨機雙盲臨床案，募集四四三位腸躁症患者，服用八週經加熱殺菌的「失活」[註3]**雙叉雙歧桿菌MIMBb75**或安慰劑，結果顯示：失活菌組有三四%受測者達到症狀改善三〇%，安慰劑組是一九%的受試者達到三〇%改善，統計上是顯著有效，而且沒有任何較顯著的副作用[035]。這項研究能發表在《刺胳針》系

註3：這種經殺菌處理後的死菌體稱為類生元，參見第一四三頁「益生菌家族好夥伴：益生元、合生元、後生元、類生元」一節。

列期刊，是因爲人數夠多，而且用的是雙歧桿菌的死菌，還有就是統計上結果夠顯著。

但是，容我提醒大家，即使如此，也只有三四%的人達到症狀改善三〇%。那麼著名的期刊論文說有效，爲什麼我吃了卻沒效？我只能說個體差異太大了，效果不同，也許是因爲腸道菌相不同，或腸躁症病因不同，或精神壓力狀況不同，太多可能性，臨床試驗太難做了，尤其是腸躁症的試驗更是難做。

雙叉雙歧桿菌MIMBb75早在二〇一一年，米蘭大學團隊就完成了一項一二二人、吃四週的隨機雙盲臨床試驗，效果相當好，不過當時做的是活菌型[036]。

另一株針對腸躁症更有名的菌是**嬰兒雙歧桿菌35624**，愛爾蘭科克大學的貴格立（Quigley）教授在二〇〇五年就發表隨機雙盲臨床試驗，效果非常好，稱得上一炮而紅[037]。二〇〇六年又和英國曼徹斯特大學合作，讓三六二位腸躁症女性吃35624或安慰劑四週，腸躁症狀也顯著改善[038]。

最近，北卡羅來納大學的林格·庫卡（Ringel-Kulka）教授募集二七五位有腹脹腹痛問題、但還不到腸躁症的亞健康受測者，吃一個月35624後，結果卻沒顯著效果[039]。「健康人」或「亞健康人」的臨床試驗真的不好表現出效益，只可惜益生菌產品若要以食品上市，就被要求要在健康人身上看到某些效果。

無論如何，嬰兒雙歧桿菌35624目前以Align®品名在美加販售，以Alflorex®品名在歐洲販售，已經是有臨床數據支持的知名益生菌。

口腔保健：十八歲以上台灣人「牙癌」罹患率高達八成！

我國的口腔保健，在全球排名是後段班，WHO建議五歲兒童無蛀牙率應該保持在九成以上，**我們卻只有兩成不到，和近視一樣稱霸全球。成人的牙周病比例也同樣將近九成，更糟的是，一半以上的人毫無自覺。**

WHO在二〇〇一年提出「八〇二〇」計畫，目標是在八十歲時，至少保有二十顆自然牙齒。日本的八〇二〇達成率，已經由一九九三年的八％，上升到二〇一六年的五一．二％，八十歲以上的老人，已經有一半以上，擁有超過二十顆的牙齒。目前台灣八十歲以上的民眾，平均只有十五至十六顆自然牙齒，顯然我們的口腔衛教仍有努力的空間。

牙齦和牙齒一樣都要保養

需要拔牙的兩大主因是牙周病及蛀牙，都和病菌作怪有關。有人說容易蛀牙就不容易得牙周病，因爲造成蛀牙與牙周病的細菌不同，難以在口腔共存。也許臨床統計有這種傾向，但別忘了第二章講過：口腔是全身微生物生態最複雜的部位，牙齒、牙齦差個幾毫米，菌相就大不相同，千萬不要自認蛀牙少，就忽略牙齦保養。

過去很長一段時間，醫學界認爲會產酸的乳酸桿菌是造成蛀牙的主因，所以才有吃益生菌會造成蛀牙的迷思，其實，乳酸桿菌在牙菌斑中含量很少。後來變異鏈球菌的出現，才洗刷了乳酸桿菌的汙名。當糖吃多了，**變異鏈球菌等類的細菌會生成黏性多醣，附著在牙齒上，形成「生物膜」（牙菌斑），招來更多細菌落腳，代謝更多的糖，產生更多腐蝕牙齒的酸，這就是蛀牙的成因**。

近幾年的研究開始認爲：生物膜的生態穩定性比變異鏈球菌多寡更重要[040]，生物膜的形成不是三兩天的事，牙被蛀掉，是長時間不重視刷牙、天天吃甜食的惡果，特別是蔗糖，蛀牙效果最「傑出」。變異鏈球菌確實是關鍵，特別是在生物膜形成初期，但是如果口腔保健做得好，變異鏈球菌的影響性就會降低。

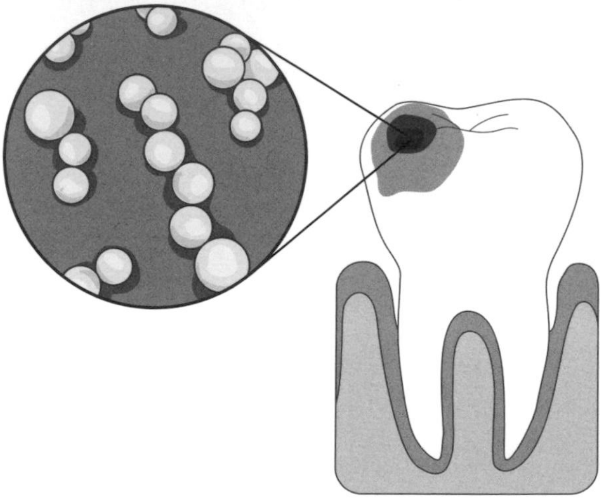

變異鏈球菌在牙齒上形成牙菌斑

牙周病跟心臟病、糖尿病都有關

接著談我國成年人盛行率高達八成、被稱爲「牙癌」的牙周病。約四成多牙周病患者不自覺有牙周病，確實是衛教做得不夠，大多數人對於牙周病都認識不足。也難怪，牙周病經常要等到照了X光才會發現，只有早期診斷、早期治療，才能成功地預防控制。

牙周病是牙菌斑起的頭，牙菌斑如果不適時清除，很快就形成牙結石。牙菌斑裡的細菌會感染牙齦，造成紅腫發炎，甚至侵蝕支持牙齒的骨頭，經常毫不客氣地同時打擊多顆牙齒。先是刷牙容易出血、牙齦紅腫退縮、牙縫變大、最後就是牙齒脫落，真是八〇二〇計畫的頭號大敵。

牙周病不只是影響口腔健康，很多人不知道的是，它居然也和心臟病、心肌梗塞、動脈硬化、糖尿病等都有關聯。牙周病菌會釋放大量發炎因子，使糖尿病更惡化；禮尚往來，糖尿病也會回頭使牙周病惡化，這些都是「發炎」在中間牽的線。

益生菌能用來保健口腔嗎？

益生菌口腔保健產品，除了一般常見的粉劑、錠劑、口含片、漱口水、牙膏，還有優酪乳、口香糖、起司、乳酪、霜淇淋等，包羅萬象，很多都是死菌型產品。最近中山醫學大學與豐華生技公司發表了**唾液乳桿菌AP-32**等幾株菌，活菌死菌都可抗口腔病菌，不過只做了體外的抗菌試驗[041]。陽明大學的洪善鈴教授，也發表了兩篇**養樂多代田菌**抑制蛀牙菌變異鏈球菌的生物膜形成，不過也是體外試驗，如果能走到動物或人體試驗，參考價值就更大了[042 043]。

益生菌對蛀牙、牙周病有什麼效果？相關研究確實很多。哥本哈根大學的推特曼（Twetman）教授早在二〇一二年就寫了一篇論文，問我們到底準備好推廣益生菌來預防蛀牙了嗎？[044]到了二〇一九年，他又寫了一篇評價用益生菌及益生元來預防和治療蛀牙的效果[045]。兩篇論文的結論都是：

雖然有正面研究不斷出現，但是還需要更多更大規模的臨床研究。我不能說不同意他的結論，但是當學界該給正面評價而猶豫著不給的時候，反而助長沒有研究深度的產品橫行。我覺得柏林夏里特醫學院施韋迪奇（Schwendicke）教授的評價很中肯，他認爲**益生菌預防蛀牙，確實數據仍不踏實；但預防牙齦炎或牙周炎的數據，卻足夠推薦給大家了**[046]。

瑞典延雪平大學的史坦森（Stensson）教授發表了一個長期預防研究，找了二八二位懷孕的母親，在預定生產前一個月，開始服用**羅伊氏乳桿菌ATCC55730**，嬰兒出生後就開始給予，一直到一歲停止，然後到九歲時才來觀察，總共試驗組有六十位，安慰劑組有五十三位孩童完成全程試驗。結果發現有八二%益生菌組孩童沒有蛀牙，牙齦炎較少；安慰劑組則只有三一%孩童沒有蛀牙。八二%對上三一%，這個效果夠明顯了。請注意，這個臨床試驗是母親在懷孕後期就開始吃益生菌，嬰兒繼續吃到一歲，然後九歲才來看結果，那麼難做的臨床試驗，還得到這麼顯著的結果，是非常值得大家重視的研究[047]。

整體而言，就功能而言，**益生菌降低口腔病菌、減緩生物膜形成、降低發炎等的效果無庸置疑**。口腔菌相最爲複雜，蛀牙與牙周病都與菌相有絕對的關係，影響層面遍及全身，理應是益生菌的最佳戰場。之所以還未能打下江山，應該是現有菌株還未優化，在口腔戰略位置的吸附黏著力、對生物膜的破壞清除力，以及對關鍵病菌的殺傷力都還不夠強。八〇二〇計畫成功的關鍵，也許眞是在我們這些菌株開發專家的手上。**益生菌對口腔保健目前還只能算是跑龍套的配角，主要方式還**

是：每天正確地刷牙數次，少吃零食點心、少吃甜食，以及定期找牙醫保養。

皮膚保健：對抗老化、異位性皮膚炎、皮膚癌

皮膚是身體最大的器官，重量占體重的一六%左右，分為表皮和真皮。一般認為表皮就像磚塊堆疊起來的城牆，其實，表皮層內還是有不少免疫細胞，甚至像磚塊般的角質細胞本身，也會分泌細胞激素，都是皮膚免疫系統的成員；真皮層的免疫系統，更不用說有多麼強大了。

皮膚菌非常複雜，甚至可以當作個人指紋般辨識個人的身分，這些皮膚菌占滿了地盤，分泌多種抗菌物質，對抗外來潛在的病原菌，也和皮膚強大的免疫系統攜手合作，構成嚴密的防衛陣線。皮膚受傷時，皮膚菌一方面能夠快速動員免疫大軍，攻擊入侵壞菌；一方面又必須嚴防發炎反應暴走。以上對皮膚共生菌與免疫攜手合作的敘述，同樣可以適用在身體的其他部位，如口腔、泌尿生殖道、呼吸道、腸道。身體各部位的免疫系統都相互連結，隨時支援互補，身體各部位的共生菌想當然也互通聲息。但它們究竟是如何互通的機制，目前還未能清楚掌握。

淡化皺紋、提升皮膚保水度

皮膚有免疫，有菌相，自然就是益生菌發揮的絕佳舞台。早在益生菌概念還剛剛在歐洲醞釀的

一九三〇年，提出「腦腸皮膚軸」假說的美國賓州大學斯托克斯（Stokes）教授，就大力建議要經常補充發酵乳。當腸道菌相失調，腸道通透性增加，毒素、病菌、食物過敏原也會蓄積到皮膚，因而誘發皮膚發炎。例如：苯酚和對甲酚等毒素蓄積到皮膚，會使皮膚角質細胞的角蛋白表現降低。養樂多中央研究所的飯塚（Iizuka）博士，讓健康婦女喝**短雙歧桿菌**Yakult發酵乳，發現能降低血液苯酚濃度，而且提升皮膚保水度[048]。韓國養樂多公司的安（Ahn）博士，讓一一〇位四十一~五十九歲婦女服用**植物乳桿菌HY7714**三個月，臉及手部皮膚的保水度、光澤、彈性、皺紋深度都顯著改善[049]。

腦腸皮膚軸

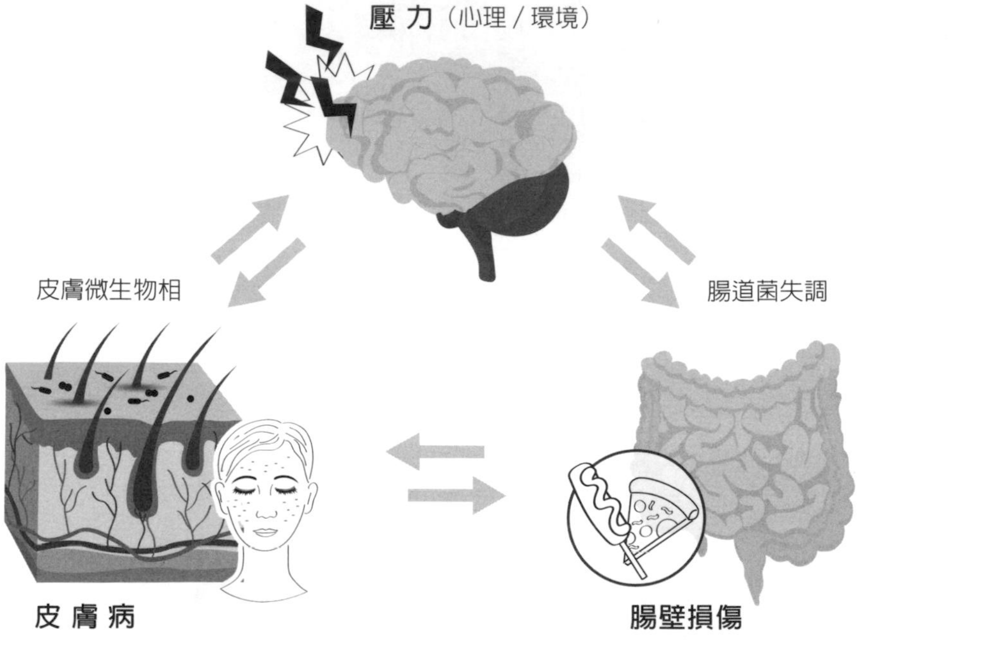

異位性皮膚炎減輕，發病率降五成

異位性皮膚炎的益生菌臨床研究非常多，二〇〇一年芬蘭土庫大學的研究，被譽爲開創益生菌對免疫過敏的新世紀。一三二位母親，生產前一個月就吃**鼠李醣乳桿菌LGG**，生產後六個月，哺乳期母親吃，斷奶後孩子吃。孩子到四歲時，異位性皮膚炎發病率降到一半，效果非常顯著[050]。進一步又發現，幼時有吃益生菌的孩子，到七歲時竟然肥胖比率較低[051]。類似的臨床試驗，過去十餘年不下數十項，有的菌有效，有的菌無效，即使同樣做LGG試驗，也有研究做起來就是無效。統計分析起來，預防效果較清楚，治療效果就存疑。

二〇一七年，中山醫學大學的呂克桓校長團隊，讓六十七位已經有異位性皮膚炎、四～四十八個月大的孩子吃**鼠李醣乳桿菌MP108**八週，皮膚炎指數顯著降低，這樣的實驗設計算是治療了[052]。日本協同乳業公司，二〇一四年則是找了四十四位中重度異位性皮膚炎、三十餘歲的病人，服用**乳雙歧桿菌LKM512**八週，結果搔癢及各種皮膚相關生活品質指標都有改善，而且糞便中的腸道毒素犬尿酸濃度降低，同一篇論文也證明：注射犬尿酸會讓老鼠搔癢行爲上升。我做生化研究，所以對生化指標（犬尿酸）的改變特別有信心，這篇論文也類似治療，至少是讓症狀減輕[053]。

皮膚菌移植與客製化保養品

近年的一項重要發展方向——皮膚菌移植，就是用「皮膚共生菌」對付「皮膚病菌」。**金黃色葡**

萄球菌是重要的皮膚病菌，加州大學的加洛教授，由皮膚菌中挑選能對付這株皮膚病菌的潛力菌株，結果厲害的高手都屬於**表皮葡萄球菌**。將這些菌株導入異位性皮膚炎病人的皮膚時，確實可以降低皮膚病菌數目[054]。接著他們還進一步找出一株表皮葡萄球菌，能分泌特殊抗癌物質6-HTP，將這株菌種到老鼠的皮膚，會抑制ＵＶ誘發皮膚癌。這株菌在很多健康人的皮膚上都有，意思是，加洛教授證明了正常的皮膚菌能抑制皮膚癌生成[055]。

近幾年「糞菌移植」超級熱門，加洛教授的做法近似於「皮膚菌移植」。日本長崎大學的野嶽（Nodake）教授由二十一位受測者的皮膚，分別分離出個人特有的**表皮葡萄球菌**，將這些菌大量培養，配製成乳霜，讓受測者天天使用。這個「客製化保養品」的概念，效果果然不錯，不但皮膚病菌減少，皮膚的膚質、保水度也同步改善了[056]。客製化當然好，可惜無法量產，只能賣給金字塔頂端的客戶，希望不久能進一步開發適合多數人使用的通用菌株。

韓國忠南大學的徐（Seo）教授，讓二十八位平均十四歲的異位性皮膚炎學生，半邊皮膚擦含**沙克乳桿菌Probio65**的乳霜，另半邊則擦安慰劑乳霜，共使用四週。結果皮膚表面濕度、保水力、疼痛感等指標都明顯改善[057]。這篇論文共同作者嶺南大學的朴教授是我東京大學學弟，數十年好友。他二〇〇〇年就成立ProBionic公司，跨足益生菌產業，這株沙克乳桿菌proBio65就是他團隊花了許多心血開發，在老鼠試驗[058]、臨床試驗[059]都顯示能改善異位性皮膚炎指標，效果極佳，累積好幾篇論文，也開發了保健產品及肌膚護理產品，還拿到韓國ＦＤＡ保健機能認證，開始準備進軍國際市場。

骨頭保健：停經婦女最重要的健康課題

依照衛福部統計，我國六十歲以上的人口中，一六%患有骨質疏鬆症，其中八〇%是女性，所以談到骨質疏鬆，第一印象就是「停經女性」。隨著壽命延長，骨質疏鬆已經成爲停經婦女最重要的健康課題，骨質疏鬆只能預防，目前並沒有有效的治療方法。

益生菌可促進維生素D合成

提到骨質保健，想到的就是鈣、維生素D、運動、曬太陽。最近瑞士日內瓦大學的瑞卓利（Rizzoli）教授寫了篇有趣的文章：「益生菌是不是骨頭保健的下一個鈣與維生素D？」[090]，由現在的研究熱潮看來，答案呼之欲出。

「腸骨軸」以及更新的「菌骨軸」的研究，勾勒出腸道菌、免疫系統與骨質代謝間緊密複雜的關係，我再次提醒一個重要概念：「有腸道菌，有免疫的參與，就有益生菌發揮的大舞台」。益生菌與骨質疏鬆（以下簡稱爲骨鬆）的動物研究太多了，我直接來介紹幾個臨床試驗，由動物試驗大致可以歸納出**益生菌對骨骼的作用：促進維生素D合成、抗發炎、降低蝕骨細胞分化、提升成骨細胞**

新生等註4。

益生菌有助於改善高熟齡與停經婦女的骨鬆

瑞典哥德堡大學的羅倫佐（Lorentzon）教授，讓九十位有骨鬆症狀、七十五～八十歲婦女，補充**羅伊氏乳桿菌6475**或安慰劑十二個月後，骨密度、骨結構、發炎指標、骨代謝轉換指標等，與安慰劑組比較起來都有改善[061]。

同一大學的歐爾森（Ohlsson）教授，則是讓二三四位有骨鬆症狀，停經二～十二年，四十五～七十歲的婦女，服用含一株**副乾酪乳桿菌**及兩株**植物乳桿菌的產品「ProBone16」**或安慰劑十二個月後，骨密度也是明顯改善，特別是對停經未滿六年的婦女改善較明顯，腰椎部位改善遠比臀部明顯。益生菌對骨質的作用，竟然也有身體部位上的特異性[062]。同一大學，不同團隊，做不同產品，也許是互相商議要有所區隔，於是一個做高齡，一個做熟齡，效果都很好。

對於骨折與關節炎也有效果

再來是骨折的研究，河北醫科大學第三醫院的雷敏教授與養樂多公司合作，連續做了四項隨機對照臨床試驗，二〇一六年發表的是讓四一七位遠端橈骨骨折的六十歲以上長者，益生菌組每天喝兩瓶含養樂多代田菌之脫脂奶，安慰劑組則喝普通脫脂奶，益生菌組痊癒速度快了兩個月[063]；二〇一七年發表的是五三七位膝骨關節炎患者喝六個月，關節炎症狀明顯改善，血液發炎指標也降低[064]；二〇一八年發表的是二八三位骨折患者喝一個月，疼痛感降低，肺活量上升[065]。該醫院以骨科知名，病患數目多，配合度高，做起臨床試驗得心應手，研究品質自然高。

益生菌對骨質的保健，由「腸道菌相」及「免疫發炎」切入解釋最順，不過，有些功效還很難解釋，例如：特定的菌株會提升血液維生素D濃度，但不會提升其他脂溶性維生素，對妊娠糖尿病婦女或做了減肥手術的病人，也都看到維生素D提升的效果。這種效果顯著、機制卻不詳的案例還多得很，所以我們這些科學家真是挑戰不斷啊。我國的健康食品功效中，也有骨質保健功效一項，益生菌相關的產品，只有福樂鈣多多低脂優酪乳及景岳生技的GM-BMD益生菌膠囊拿到這項認證。

癌症：益生菌對免疫療法有加分效果

近十年來，癌症研究最熱門的就屬「免疫療法」。化療或放療都是霸道地直接攻擊癌細胞，副作用讓病患痛不欲生；但是，免疫療法的原理，卻是「調整」病患自身的免疫系統。

註4：「蝕骨細胞」會吞噬消化骨質，而「成骨細胞」則會合成補足骨質。

腸道菌相決定了免疫療法的效果

免疫療法的開山鼻祖，首推京都大學的本庶（Honjo）教授及德州大學的艾利森（Allison）教授，他們分別研究PD-1及CTLA-4——這兩種是會使病患的T細胞無法認識出癌細胞的「免疫檢查點」，或者說是「免疫剎車」系統。

兩位大師開發出能抑制這兩種免疫檢查點的抗體，破壞剎車系統，讓T細胞能重新認識癌細胞，進而啓動攻擊模式，保護人體。基礎研究做得差不多時，立刻和製藥企業合作，對多種癌症做了許多臨床研究，開發成藥品上市，幫助無數癌症病患。二〇一三年被《科學》期刊選爲最重要的醫學突破，一路獲獎，到二〇一八年終於獲頒諾貝爾醫學獎。我國企業家尹衍樑先生成立的唐獎[註5]別具慧眼，早早在二〇一四年就將首屆生技醫藥獎頒給兩位教授。

「免疫系統」和「腸道菌相」，都是影響癌組織在體內增殖的重要因素。**免疫療法配合傳統的手術及化放療，再加上調整腸道菌相，效果更是相乘倍增**。二〇一八年一月的《科學》期刊，一連刊了三篇論文，講腸道菌如何影響癌症免疫療法，再加上其他許多重量級研究，結論都指向：免疫療法的治療效果決定於腸道菌相。癌症免疫療法已經紅遍半邊天，現在，腸道菌相則補滿了另一半邊的天。

癌症的治療及預後都和腸道菌有關

除了腸道菌之外，最近發現各種癌組織也有各自獨特的菌相，稱爲「癌微生物體」。這些「癌菌」不但影響癌的性狀，而且會干擾藥物或免疫治療。加州大學知名的奈特教授在二〇二〇年《自然》期刊上的論文，就比較分析了三十三種癌組織菌相，以及同一病人的血液菌相，並指出分析癌病人的血液菌相，有助於判斷病患的癌症狀況[066]。

德州大學的麥卡利斯特（McAllister）教授團隊二〇一九年發表在《細胞》期刊的研究，指出胰臟癌免疫治療效果以及預後狀況，和癌組織菌相及腸道菌相密切相關，如果將「治療效果好的病患腸道菌」，導入胰臟癌無菌鼠腸道內，則癌的體積，會比導入「治療效果差的患者腸道菌」的無菌鼠縮小許多[067]。胰臟癌常被稱作名人殺手，先不提賈伯斯，時尚老佛爺拉格斐、男高音帕華洛帝等人，還有以前和我多次一起上節目的名嘴劉駿耀，最近才得知竟然也是敗在胰臟癌。

胰臟癌所以被稱爲「癌王」，是因爲五年存活率不到五%。我一直很納悶，爲什麼九五%的人撐不過，可是有五%的人就是撐得過五年，是基因、體力，還是天命？過去一直認爲免疫力是重點，現在知道「養好腸道菌」更是重要，不但是因爲腸道菌好，免疫力就強，而且還是因爲腸道菌直接和癌的進展、治療及預後都有關。紐約斯隆凱特琳癌症中心的沃查克（Wolchok）教授，二〇

註5：唐獎是尹衍樑先生個人捐助成立，發揚盛唐精神。設置四大獎項，包括永續發展、生技醫藥、漢學及法治，每兩年一屆。

二〇年發表在《細胞研究》期刊上的論文，認為癌症免疫療法未來發展的重點是：**改變癌細胞在體內立足增殖的微環境，包括免疫微環境與菌相微環境**[068]。

癌症病患可以吃益生菌嗎？

癌症免疫療法太重要了，堪稱是近年來最重要的醫學突破，已經有幾種可靠的單株抗體產品上市，例如Nivolumab（商品名Opdivo，保疾伏）、Pembrolizumab（商品名keytruda®，吉舒達）等。單株抗體產品是直接干擾單一個點，但是菌相比免疫複雜許多，更難掌控，要走到有效改變癌症菌相微環境，開發出能通過政府新藥查驗的產品，還有漫長的路要走。

我認為應該改變一心想開發新藥的思維模式，現階段應該鼓勵大家**多利用補充益生菌、調整飲食等簡單的手段，改變腸道菌環境，整頓免疫環境，降低罹癌的機率；即使不幸罹患了癌症，也有助於提升包括免疫療法在內的各種療法的成功率**。

經常有朋友問我：「癌症病患可不可以吃益生菌？化放療期間可不可以吃？對癌症的治療有沒有幫助？」我的回答總是：**重症病患或還在急性發炎期不建議吃**。沒錯，治療必須交給醫生，但另一方面我也覺得，益生菌對預防癌症或預防復發，研究數據確實不少，已有很多研究肯定益生菌輔助癌症治療所發揮的加分作用。

益生菌不但能壓制壞菌，降低有害物質生成，也可直接分解或轉化有害物質。特定的益生菌會活化免疫系統，特別是負責清除癌細胞的「自然殺手細胞」；有些益生菌能鞏固腸壁完整性，降低腸道毒素進入體內，還會促進腸壁黏蛋白的生成，形成短鏈脂肪酸維護腸道環境。以上各點都是綜合陳述益生菌可能有的功能，不同菌株當然表現不同的功能。在動物試驗中較容易探討可能機制，但是在臨床試驗中，通常是最終效果很清楚，但作用機制還眞如同瞎子摸象。

以下我選擇幾種現代人常見的癌症，介紹相應特定益生菌的研究。

◆腸癌：益生菌有助降低復發率、術後併發症與感染率

益生菌直接作用在腸道，對大腸直腸癌的臨床研究還是最豐富的[069]。我最常舉的例子是二〇〇五年日本兵庫醫學院石川教授，他對三九八位腸癌手術患者，比較燕麥與養樂多代田菌的效果，追蹤長達四年，代田菌組的復發率，遠低於燕麥組及安慰劑組[070]。上海交大的秦（Qin）教授針對一百位腸癌病人，讓他們在術前吃含三株菌的益生菌產品六天，術後再吃十天，結果益生菌確實使術後感染率降低、腸道通透性改善[071]。馬來西亞大學的金（Chin）教授，讓四十位腸癌患者在手術前吃益生菌產品Hexibio（六株菌）或安慰劑七天，吃益生菌組的術後腸道消化功能，恢復時間是一〇八小時，比安慰劑組快了四十八小時，平均住院時間六．五天，也比安慰劑組的十三天少很多[072]。希臘亞里斯多德大學的柯札拜西（Kotzampassi）教授，讓一六四位腸癌患者在手術前一天及術後十五天，吃益生菌產品LactoLevure（含四株菌）或安慰劑，吃益生菌組發生併發症比安慰劑組降低許

多，如肺炎由一一・三%降到二・四%；傷口感染由二〇%降到七・一%[073]。

我舉了四個在不同國家做的臨床案例，看不同益生菌對腸癌的好處，復發率、術後併發症及感染率等，請特別注意上海及希臘的臨床案例，在手術前後都吃益生菌，過去我強烈認定，手術後，特別是動了腹部手術，最好先不要吃益生菌，但這兩項研究都是術前、術後都吃，來看併發症、感染率結果，都屬正向。我也許是多慮了，不過，我還是不敢改變我的建議：急重症別吃！急性期先別吃！

◆乳癌：優酪乳、養樂多、豆製品是婦女三寶

一九八九年在荷蘭調查一三三名乳癌與二八九位健康婦女[074]，以及一九八六年在法國調查一〇一〇名乳癌與一九五〇位健康婦女，都顯示**多喝優酪乳可以降低乳癌罹患率**[075]。東京大學中野（Ohashi）教授二〇一三年發表的研究非常有趣[076]，對年紀在四十～五十五歲之間，一年內罹患初期乳癌且做了切除手術的三〇六位婦女，以及另外六六二位健康婦女進行電話及問卷調查，請她們回憶在十～十二歲、二十歲左右，以及十～十五年前的三段期間，養樂多發酵乳及豆製品的攝取量，發現都和乳癌罹患率呈反比，亦即**從青春期就開始多喝養樂多、多攝取豆製品的婦女，比較不會罹患乳癌**。養樂多在台灣也扎根將近六十年，所以台灣也可以做這種回溯數十年的研究，養樂多公司本來也規劃在台灣做類似的研究，幾年前還請我去了一趟東京討論可行性，只是後來沒有執行

下去。

◆子宮頸癌：養樂多對子宮頸低度病變有效果

比利時安特衛普大學的范霍文（Verhoeven）教授，找了五十四位做子宮頸抹片發現有低度病變的婦女，試驗組每天喝一瓶養樂多，六個月後，子宮頸抹片恢復正常的有六〇%，對照組只有三一%，看來效果是不錯[077]。子宮頸癌另外有幾篇論文，是做益生菌對放射治療所引發的急性腹瀉。瑞典卡羅林斯卡學院團隊，發表了一篇考科藍系統分析研究認爲：對放療腹瀉，益生菌無明顯預防或治療效果[078]。但是，馬來西亞農業大學團隊的系統分析論文卻認爲有效[079]。

◆膀胱癌：常喝發酵乳可降低發病率

有兩項早期做的調查研究值得參考，二〇〇二年東京大學調查一八〇位膀胱癌患者，以及四四五位健康人，發現在過去十～十五年間**常喝發酵乳的人，膀胱癌發病率降低約五成**[080]；二〇〇八年，瑞典卡羅林斯卡學院的拉森（Larsson）教授，調查八十二萬名瑞典居民飲食與膀胱癌的發病率，發現在一九九八～二〇〇七的十年間，共有四八五人罹患膀胱癌，而在調查的九十六種食物中，只有發酵乳攝取量與膀胱癌罹患率呈現高度負相關，而且每天吃兩份（約四〇〇毫升）以上的人，罹患率更是大幅下降[081]。說實話，看了瑞典這項調查，我覺得我還要喝更多發酵乳才是，一天一瓶看樣子還不太夠。

代謝症候群：腸道菌失衡，導致百病叢生

二〇一〇年出版的《腸命百歲》，主軸就是講腸道菌與代謝症候群的因果關係，腸道菌失衡，腸道毒素激增，就會引起全身慢性發炎，然後導致疾病種類龐大的「代謝症候群」。這個論證當時還非常新，當時我說：「肥胖是發炎疾病，腸道菌失調導致肥胖」時，大家還摸不著頭腦，現在這個道理終於成為一般大眾的通識了。過去十餘年，代謝症候群始終是益生菌的重要應用領域，多少產學研發資源投進去，產出數千篇的研究論文，但是，很可惜的是在實際產品開發上，真的是乏善可陳，還發展不出效果令人眼睛大亮的菌株。

以下要分別談談代謝症候群的四大區塊：肥胖與三高（血糖、血壓、血脂）。要提醒大家：這些代謝問題是一整串，互相連動的！做肥胖研究，一定會同時看三高；做糖尿病研究，其他三項也會變動。

肥胖：台灣人是亞洲最胖！

「每個胖男人的身體中，都囚禁著一個瘋狂發出求救信號的瘦男人」註6，這是英國作家康諾利

的名言。**我國成年人的肥胖盛行率為四五・四%，居然是亞洲之冠**。肥胖被認爲是僅次於吸菸成年人早逝的主因。

「肥胖」和「三高」與「腸道菌」的關係緊密，一直是研究大熱門，益生菌控制體重的動物試驗多如牛毛，只提我國的研究就有以下幾項：海洋大學蔡國珍教授的**植物乳桿菌FBS2520**發酵豆奶[082]，台大潘子明教授的**副乾酪乳桿菌NTU101**發酵豆奶[083]，我們陽明團隊的**植物乳桿菌K68**[084]與**K21**[085]，台灣大學陳明汝教授的**馬來乳桿菌APS1**[086]，葡萄王公司的**植物乳桿菌GKM3**[087]，這些菌株多數已經市場化。這些研究幾乎都同時有分析血脂、血糖等代謝相關的指標，只要能夠「控制體重」，通常對這些代謝指標也都有改善效果。

二〇一二年的《腸命百歲二》中，我說：「益生菌減肥尚在動物實驗階段」。還沒過幾年，市場帶動研究，益生菌的人體臨床試驗就已經多得令人眼花撩亂。台大醫院倪衍玄院長發表在二〇一九年的論文，就列舉出十餘項益生菌對兒童肥胖及脂肪肝的臨床研究，有不少研究效果頗爲正面[088]。倪院長是小兒科名醫，所以他的論文聚焦兒童。其他相關的統合分析研究也非常多，我就只談法國索邦大學克萊蒙（Clément）教授的論文[089]，他們統合分析了一〇五項隨機雙盲臨床研究，結果是**特定的益生菌，對ＢＭＩ介於二十五到三十間的過重族群，有助於改善體重、ＢＭＩ、腰圍、內臟**

註6：原文為「Imprisoned in every fat man, a thin man is wildly signaling to be let out」。

脂肪等；對ＢＭＩ三十以上的肥胖族群，效果就沒那麼顯著。

作者的總結是：益生菌有輕度但一致的效果。作者的用詞是「minor but consistent」，我喜歡這種表現方式，不過還是叮嚀，別過度解讀所謂的「一致」，統合分析有制式的一套統計方式，雖然統計起來對多項指標有改善效果，但是，其實一〇五項研究中，有正面有負面，在每一項試驗中，有人有效，有人沒效。以體重為例，一〇五項研究中，五十八項有探討體重，平均只降低了〇．三九公斤，其中一定有人是減重好幾公斤，也可能有人反而體重上升，平均下來就是這麼一個令人失望的〇．三九公斤，但是統計上也就叫做「有效」了。所以，如果你吃了研究說有效的同一個產品，卻發現怎麼沒效！不相信，再加重劑量，再吃幾個月，還是沒效。這時請別怨天尤人，也許換換產品，或是耐著性子，由生活及飲食先改造自己的腸道菌相，效果可能就出來了。最後還是沒效的話，我也只能兩手一攤對你說，也許要怪罪你的腸道菌太頑固了。

以色列的貝瑞（Berry）教授寫了一篇有趣的論文[090]，討論政府、食品產業、學校、醫療、公衛、父母、個人等，究竟誰該為全球肥胖大流行負責？當然都有責任，論文還列出大家該採取的行動，如政府應優先考量弱勢群體的問題；在學校禁止垃圾食品廣告等；學校應加強營養和生活教育，充實運動設施，監測學童體重和飲食失調問題等。

作者特別強調父母的責任，父母養育兒女，讓兒女達到身心最佳成長，不但是父母愛兒女的天性，也是父母應盡的責任。法律應該像強制父母要幫兒童綁安全帶、使用兒童座椅一般，也強制父母必須每天給兒童優質食物、適當運動的機會，若不盡力做到，法律就應該處罰父母。這想法夠激進了吧！作者強調如果父母把兒女養太胖，會影響孩子終身的健康，法律就應該介入。雖然知道現實辦不到，但是我由衷贊同父母必須對孩子體重負責，這也代表母親必須注意自己在懷孕期間的飲食控制，至少六個月的母乳哺育，以及孩子的營養、運動，限制3C使用，注意父母身教言教等。

具有健康體重的孩子，在學校的表現會好一三%，就衝著這點，好好控制孩子的體重吧！回過頭來問，把正確知識灌輸給父母的責任在誰身上呢？

糖尿病：益生菌介入可改善血糖

糖尿病死亡率始終排名前五，與心血管疾病和癌症並列世界三大疾病。我舉幾個WHO發表的數據：一九八〇年到二〇一四年間，全球糖尿病患數目由一億上升到四・二億，成人盛行率由四・七%上升到八・五%，中低收入國家增加速度高於高收入國家；二〇一六年有一千六百萬人直接死於糖尿病，排名前七，另外，有兩千兩百萬人死因與高血糖間接有關。糖尿病是失明、腎衰竭、心臟病、中風和截肢的主要原因。

糖尿病分為兩種類型：

第一型糖尿病：因為遺傳因素，造成胰島細胞破壞，無法分泌足量的胰島素所致，好發於兒童或青少年期。

第二型糖尿病：又稱成人型糖尿病，好吃精緻碳水化合物及容易產生大量糖分的食物，再加上缺乏運動、肥胖、老化，就是第二型糖尿病的高風險族群。你相信嗎？現代孩童和青少年的第二型糖尿病比例，已高於第一型糖尿病。

糖尿病和肥胖一樣，都和腸道菌密切相關[091]，甚至過去認爲與遺傳較爲相關的第一型糖尿病，也和腸道菌有關[092]。只要和腸道菌有關係，益生菌就有發揮的空間。果然近幾年，臨床試驗逐漸多起來。二〇一八年，中山醫學大學張文瑋教授與中國醫藥大學附設醫院謝明家主任合作，募集七十四位第二型糖尿病患者，分三組，分別攝取**羅伊氏乳桿菌ADR-1活菌**、**ADR-3死菌**，以及安慰劑三個月，攝取**ADR-1**活菌的這組，糖化血色素及血清膽固醇都有明顯降低，稱得上是一個相當成功的臨床試驗[093]。澳洲格里菲斯大學的寇爾森（Colson）教授統合分析十四項研究，結論是益生菌介入，對飯後血糖值較高的病患有顯著改善效果[094]。法國索邦大學克萊蒙教授的統合研究，探討益生菌對第二型糖尿病患者的效果，結論也是有助於改善空腹血糖、糖化血色素、胰島素抗性[095]。

另外還有一種「妊娠糖尿病」，則是指懷孕前沒有糖尿病病史，但在懷孕時卻出現高血糖的現象，發生率約一～三%。妊娠糖尿病不容忽視，母親血糖高，胎兒當然也高血糖，而且母親及嬰兒將來發生糖尿病、肥胖等代謝問題的機率，更是大大提高。慈濟醫院趙有誠教授在二〇一八年統合分析了十二項隨機雙盲研究，結論是益生菌能顯著降低懷孕婦女的空腹血糖、胰島素濃度、胰島素抗性指數等[096]。但長沙中南大學譚紅專教授，統合分析十一項針對妊娠糖尿病婦女所做的臨床試驗，結論卻是效果不明顯[097]。其實，我始終強調：從想要懷孕開始，女士們就應該積極保養自己的腸道菌，不要讓孩子輸在起跑點。不論如何，我絕對支持**在懷孕期要多補充益生菌**。

糖尿病防治最大的問題，在於初期症狀非常不明顯，以至於民眾普遍忽視這個疾病的嚴重性，即使知道血糖超標也無動於衷。澳洲墨爾本醫院曾經統計，接受採血篩檢的民眾，有三六％被列爲疑似糖尿病，結果居然多數選擇忽視醫院的警告，不願回去複檢，少數回去複檢的民眾，有將近四成確診患有糖尿病。

高血壓：十八歲以上台灣人高血壓比例高達四分之一

高血壓在全球疾病負擔（global burden of disease）排行榜上高居首位。我國十大死因中，心臟病、腦血管疾病及高血壓性的疾病，都和血壓過高有關，目前十八歲以上的國人高血壓盛行率已高達二五％。美國心臟協會於二〇一七年重新定義：高血壓爲血壓達一三〇／八〇毫米汞柱，WHO則仍維持一四〇／九〇。我自己近幾年天天定時量血壓，都在一三〇～一三五附近徘徊，雖然太太說以年紀來說還好，不過總是要時時警惕。

提到降血壓，馬上想到可爾必思公司的降血壓發酵乳，他們的**瑞士乳桿菌**在發酵過程中，會產生具有降血壓功效的胜肽，這項產品拿到日本的降血壓健康食品認證。益生菌降血壓功效的臨床研究很多，北京朝陽醫院張建軍教授，在二〇二〇年統合分析二十三項隨機雙盲臨床研究，益生菌介入後，高血壓病患收縮壓及舒張壓，分別可降低三．三及二．○毫米汞柱。還是老話，降幅不多，但統計上相當顯著，所以，結論是**益生菌對高血壓有中度改善效果**[098]。

高血脂：體檢時要留意四項指標

高血脂就是血液中的膽固醇及三酸甘油脂增加，「血脂」的控制，是預防及治療心血管疾病的重要課題，降低一個百分比的膽固醇濃度，就可降低冠狀動脈心臟病死亡率二%。看體檢報告時，很多民眾只重視膽固醇數值，其實**總膽固醇，高、低密度脂蛋白，以及三酸甘油脂，四項指標都要看**，才能綜合評估心血管疾病的風險。

京都大學的清水（Shimizu）教授，統合分析三十三項益生菌介入高膽固醇血症的臨床試驗，益生菌介入可以降低總膽固醇、低密度脂蛋白膽固醇，但血脂及高密度脂蛋白膽固醇沒差異，結論是**益生菌可預防高膽固醇，以及接踵而來的心血管疾病**[099]。吉林大學崔巍巍教授，在二○一九年分析十二項益生菌對肥胖的臨床試驗[100]；還有伊朗醫科大學的希德法（Shidfar）教授，在二○二○年分析七項益生菌優酪乳對中輕度高膽固醇血症的臨床試驗[101]，都得到同樣的結論。

以上我都引用統合分析的論文，來討論益生菌對代謝症候群的預防或改善效果，讀起來非常搔不到癢處。我來舉一個義大利波隆那大學西塞羅（Cicero）教授的單一臨床研究，讓六十位平均年齡七十一歲的老人，分兩組分別服用含三株菌的益生菌產品或安慰劑八週，包括腰圍、總膽固醇、三酸甘油脂、高低密度脂蛋白、內臟脂肪、血清發炎指標等，大多數的代謝相關指標都有顯著改善，只有空腹血糖及血壓改善較不顯著[102]。西班牙格拉納達大學的戈梅茲．洛藍迪（Gómez-Llorente）教授，募集五十七位剛被診斷有代謝症候群的成人，分爲兩組，分別服用**羅伊氏乳桿菌V3401**或安慰劑三個月，而且接受營養及運動指導，結果各項代謝相關指標，兩組間都沒有顯著差異，但是血清中的細胞激素-6及VCAM-1，兩項發炎指標顯著降低[103]。這個結果說明了：在重視營養及運動雙管齊下時，益生菌的效果就突顯不出來。不錯，我也非常同意，營養和運動絕對比益生菌重要。可是，**即使在有營養、有運動的狀況下，益生菌還是能更加降低發炎**。

益生菌在大多數代謝相關的動物試驗中，或多或少都有效果。人體實驗變數就太多了，經常效果不明顯，而且**依照菌株、症狀、病情輕重、受測者個體差異，特別是腸道菌相的差異，都會影響效果**。但是，血液的發炎或免疫指標，往往能更敏銳地感知到益生菌的作用。

益生菌對代謝症候群有沒有預防或改善效果？我會說，依個人體況、菌株，而有極大的差別。不過，選擇經過詳細的細胞及動物研究，證明是不錯的抗發炎效果的菌株，再配合正確的飲食、運動、紓壓及生活規律，才是王道。

對於三高，只要好好聽醫生的指示，早早開始控制，應該就能輕鬆愉快地生活，更何況，健保幫我們支付了大部分，益生菌只是輔助。

泌尿生殖道：益生菌有助於預防泌尿道感染

泌尿道感染是許多女性關心的議題，盛行率高達二～五％，超過六十歲以後逐漸增加，八十歲提高到二〇％。至於男性的話，六十歲以前小於一％，但八十歲時會提高到五～一〇％。對男性而言，攝護腺肥大更加麻煩，五十歲以上的男性五〇％有攝護腺肥大的現象，七十歲以上是七〇％，到了八十歲，幾乎九〇％以上的男性都難以倖免。

談到益生菌與女性泌尿生殖道感染，一定會提到加拿大西安大略大學的瑞德（Reid）教授，他是ISAPP前會長、國際益生菌學界大老，除了做基礎及臨床研究外，最爲人稱道的是：他在非洲、南美等地推動了多項帶有公益性質的臨床試驗，例如二〇〇六年與奈及利亞貝寧大學團隊合作，做一二五位陰道感染者**鼠李醣乳桿菌GR-1**和**羅伊氏乳桿菌RC-14**配合抗生素的效果，治癒率高達八八％。單用抗生素時，治癒率只有四〇％[104]。這兩株菌現在是丹麥的科漢森公司在經銷，中國醫藥大學邱燦宏教授，也發表一項九十九位經陰道及肛門抹片確認有B群鏈球菌感染、懷孕三十五～三十七週的婦女，每天服用含這兩株菌的膠囊或安慰劑，到臨產前再做陰道及肛門抹片，結果在四十九位益生菌組中有二十一位（四三％），五十位安慰劑組有九位（一八％），已經測不到有B群鏈球菌感染，益生菌降低鏈球菌感染的效果優於安慰劑[105]。

英國利物浦大學的佛維斯（Verwijs）教授，綜合評估三十四項探討各種**乳酸桿菌栓劑**，對細菌性或念珠菌陰道感染效果的臨床研究，結論是：不論是預防或治療，對細菌性感染的效果都優於對念珠菌感染的效果[106]。

有些民眾對口服益生菌有助於預防泌尿道感染，還是有些疑慮，且容我不厭其煩地再說明一次。口服益生菌會經由腸道出肛門，再進入泌尿道發揮作用，而且也會提升整體黏膜免疫力，有助於在泌尿生殖道中對抗病菌感染。所以，不要懷疑，栓劑當然直接在局部作用，口服同樣也可以作用到泌尿生殖道。

關鍵訊息（Take Home Messages）

1. 新冠肺炎患者腸道菌和免疫都會失衡，但不能因此推論說益生菌有幫助。益生菌有助預防流感、減輕症狀、提升流感疫苗效力。
2. 便祕改善不能只靠益生菌，要同時注意飲食及運動。益生菌對腹瀉的症狀改善或預防有幫助。益生菌與抗生素治療併用，可以降低困難梭狀桿菌感染率，提升幽門螺旋桿菌除菌率，減輕抗生素治療副作用。益生菌對腸躁症效果的個體差異極大。
3. 我國五歲兒童無蛀牙率不到兩成，成人牙周病比例將近九成。益生菌能降低口腔病菌，改善發炎，預防牙齦炎或牙周炎效果優於預防蛀牙。

4 益生菌對異位性皮膚炎預防效果較清楚，治療效果仍存疑。用皮膚共生菌對付皮膚病菌是重要發展方向，以個人特有的表皮葡萄球菌配製客製化保養品的概念逐漸興起。

5 菌骨軸研究勾勒出腸道菌、免疫與骨質代謝間的關係，益生菌可能是骨頭保健的下一個鈣與維生素D。

6 癌症免疫療法未來發展的重點，是改變癌細胞在體內增殖的免疫及共生菌微環境。免疫療法配合手術及化放療，再加上調整腸道菌相，效果倍增。特定的益生菌對腸癌、乳癌等之術後併發症及復發率效果正面。發酵乳的攝取量，與乳癌及膀胱癌罹患率皆呈高度負相關。

7 肥胖與三高等代謝問題互相連動，益生菌有輕度但一致的效果，但依個體及菌株有極大的差異，須配合良好的飲食及生活型態。益生菌對降低總膽固醇及低密度脂蛋白效果較佳，對降低血脂及高密度脂蛋白，效果較不顯著。

8 泌尿道感染女性盛行率達二～五%。口服益生菌會經由肛門進入泌尿道發揮作用，而且也會提升整體黏膜免疫力，有助於在泌尿生殖道中對抗病菌感染。抗生素配合特定益生菌，治癒率極高。

第5章
精神益生菌帶給身心正能量

精神益生菌不容易開發，就像大海撈針，
必須有系統、循序漸進地篩選，
才能找到有臨床價值的菌株。
「菌腦腸軸」理論提出將近十年，
由動物試驗到臨床試驗，
近年總算開始看到一些可靠的突破。

一百多年前的一九○九年，倫敦的心理醫生諾曼（Norman）給憂鬱症病人喝乳酸菌發酵乳，認爲效果不錯，建議其他醫生何妨一試[001]。科技作家羅根（Logan）博士二○○五年在《醫學假說》（*Medical Hypotheses*）期刊上，也提出益生菌可做憂鬱症輔助治療的想法[002]，這本期刊就是喜歡刊登天馬行空、但有相當依據的創見。二○一一年，加拿大麥克馬斯特大學的貝希克（Bercik）教授，首先提出「菌腦腸軸」的名詞，他說：「可喜可賀，腸胃病學家終於知道腸道菌不只作用在腸道」[003]。我們台灣的陽明團隊，也差不多那時候在經濟部計畫支持下開始衝刺。我們提出的計畫目標是開發對憂鬱症、自閉症、妥瑞症、腸躁症有幫助的益生菌，那時甚至還沒有精神益生菌（psychobiotics）這個名詞。

「精神益生菌」，是愛爾蘭科克大學的戴南（Dinan）與克萊恩（Cyran）兩位教授在二○一三年提出的名詞，他們最初下的定義是：「一種活的微生物，適量攝取時，對有精神心理疾病的病患會有精神益處」[004]註1。很明顯，這是從醫藥角度下的定義。二○一六年，牛津大學的柏內（Burnet）教授再和他們一起將定義修改爲「能影響菌腦關係的有益微生物（益生菌），或有助這些微生物生長的物質（益生元）」註2，居然把益生元也包了進來[005]。這兩個定義我都不太欣賞，第一個太偏醫藥角度，第二個又包山包海。能影響菌腦關係的菌或物質太多了，如果照這個定義，我眞不知道psychobiotics要如何翻譯，總之就不能譯成精神益生菌了。

二○一六年十二月，第一屆菌腦腸軸國際研討會在荷蘭阿姆斯特丹舉辦，主題是「心智、心情與微生物：架橋基礎研究與醫療應用」，會議最後的小組圓桌討論主題是「自閉症、憂鬱症及巴金森氏症」。幾乎沒有宣傳，就聚集超過三百多位專家學者，精神益生菌原本鴨子划水的研究競爭，一下子浮上檯面，距今還不到五年。

精神益生菌在近三年來快速擴展市場，全球權威的市場調查機構Future Market Insight於二〇二〇年發布「精神益生菌營養補充品市場：全球產業分析及未來十年機會」的評估報告中，列舉出全球十大精神益生菌關鍵企業，包括：益生菌老牌企業Lallemand、BioGaia、杜邦，還有我們台灣的益福生醫，都列名十大。但是其他六家卻都是市場行銷企業，連益福生醫在歐洲代理商之一的Neuraxpharm，居然也列名十大。而我評價很高的愛爾蘭Alimentary及荷蘭Winclove公司，反而沒有列名。

這份名單在我看來，是市場行銷占比遠高於技術研發，也意味著曾幾何時，精神益生菌戰場已經跳脫研發，進入市場行銷競爭了。我在這章要先闡述精神益生菌最重要的市場——微鬱世代的壓力紓解，然後列舉我心目中的精神益生菌關鍵企業和他們的王牌菌株，最後才深入討論精神益生菌

註1：原文為「a live organism that, when ingested in adequate amounts, produces a health benefit in patients suffering from psychiatric illness」。

註2：原文為「Psychobiotics are beneficial bacteria（probiotics）or support for such bacteria（prebiotics）that influence bacteria-brain relationships」。

在各種精神心理疾病中扮演的角色。

你是「微鬱一族」嗎？

大家都由憂鬱老鼠模式著手開發精神益生菌，我們團隊也是先由憂鬱切入，然後向自閉症、巴金森氏症等疾病拓展。雖然能夠幫助各種憂鬱、躁鬱、自閉、巴金森氏症等病友，我非常感恩，但我開發精神益生菌的初衷，其實是希望幫助那些始終處於慢性壓力、心情鬱悶的民眾，讓他們能夠自在地與壓力共處，降低壓力對身心的戕害。這種人還眞不少，我稱之爲「微鬱族」，不能稱爲輕鬱，因爲輕鬱症和重鬱症一樣，都是醫學上的正式病名[註3]。

中研院的鄭泰安博士用「華人健康量表」，在一九九〇年到二〇一〇年間，調查九千多位民眾的一般精神障礙（common mental disorders）比例，結果發現台灣人居然有二三·八%是一般精神障礙[006]。這個健康量表只有十二項問題，前五項問最近有否有「經常頭痛、心悸、胸悶、手腳發麻、睡不好」等症狀，後七項問「是否重擔壓心、對自己沒信心、神經緊張、與親友相處、前途茫茫、生活無望、擔憂親友」等心理問題，只要勾選三項以上，就算是有一般精神障礙。這標準會不會太低？但是這項研究是發表在超一流的《刺胳針》期刊，研究品質掛了保證。所以，別懷疑，你勾了三項以上，就是精神健康不達標，就是微鬱一族成員了，甚至我認爲只要前五項及後七項中，各有一項就是微鬱了。

上述量表是從負面症狀，評估我們的負面情緒；國際上訂定精神健康標準時，卻是由正面積極的角度來思考。WHO認爲：精神健康的人，要「能應付正常生活壓力，能有效率地工作，能對社會有貢獻」。加拿大成癮與精神健康中心（CAMH）則認爲：精神健康指「能應付挑戰、享受生活的能力、面對困難的態度」，是不是很積極陽光？精神健康不是消極地不生病，而是能夠積極地享受生活，努力工作。WHO推動精神健康有一句標語：「補起破口，勇於關懷」，就是呼籲我們改正不重視精神健康的態度，勇於關懷「自己」的精神狀況。所以由正面的角度看，如果你達不到WHO或CAMH的標準，當然就是微鬱族成員。

影響精神健康的最大因素是長期慢性壓力。其實，壓力並不一定是反派，我做了三十幾年大學教授，不管現代教育理論怎麼說，我總認爲做老師的就是要給學生適當的壓力，誘發學生的動力及潛能。其實陽明大學的學生多數從小就是在壓力中走過來，未來還要在更大的壓力環境中奮鬥。適當的短期壓力能刺激交感神經，激發戰鬥或逃跑機制，心跳加速，血壓升高，幫助我們奮起作戰，擺脫危險。有學者甚至認爲：小朋友接種疫苗前緊張哭鬧，對疫苗效果都有加強作用。

史丹佛大學的麥高尼格（McGonigal）教授，在她著名的Ted Talk演說中談：「如何讓壓力成爲

註3：輕鬱（Dysthymia）症狀較重鬱症輕微，但持續性較長，患者反覆地出現沮喪情緒，對日常活動失去興趣、缺乏動力、整體情緒低落。

你的朋友」，瀏覽人數超過兩千萬。她的演說教導我們注目壓力的光明面，她說：**「過去一年裡承受相當大壓力的人，死亡風險增加了四三%，但如果他們認為壓力是有益無害的，則死亡風險甚至還低於那些低壓力的人」**。

慢性壓力會促使腎上腺持續分泌壓力荷爾蒙——皮質醇（cortisol）。皮質醇被稱爲「公共衛生頭號大敵」，長期偏高，會降低免疫，促進慢性發炎，牽動一連串的代謝疾病，以及憂鬱、失眠等一連串的精神症狀。

健康人的血液皮質醇濃度，呈現如下圖黑色實線般的晝夜起伏，早上起床最高，然後慢慢下降。灰色虛線就是壓力過高的人，皮質醇經常維持偏高水準。情緒高亢，不斷趕進度，睡眠不足，再繼續緊繃下去，就會落到

皮質醇晝夜節奏

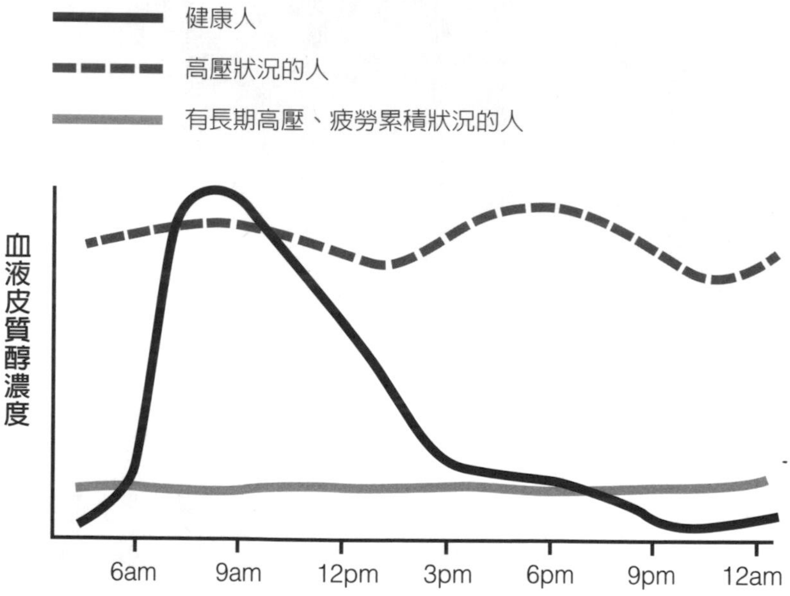

灰色實線的光景，腎上腺衰竭，皮質醇拉不上來，精疲力竭。就是因爲**我們不容易覺察到慢性壓力一直在傷害自己，皮質醇一直偏高，以至於壓力帶來的慢性代謝及精神疾病越演越烈**。

重鬱症及輕鬱症至少還有明顯的症狀，但是微鬱卻只能靠自己的警覺。我們團隊積極進行好幾項精神益生菌對亞健康人的影響，除了用各種量表評估壓力、憂鬱、焦慮程度外，也會分析唾液的皮質醇濃度、血液中的發炎指標、糞便中的腸道通透性指標。很多人要看到這些量表及生化分析數據，才知道自己早就是微鬱一族。我在序章中說：益生菌2.0的新思維，就是「不再順著感覺走，相信科學數據怎麼講」，如果你是微鬱一族，我希望我們在精神益生菌投入的研究，能夠協助你接受「精神益生菌對舒緩壓力有幫助」的新思維。

記得多年前看過一篇文章，講一個人被老虎追趕，跌落懸崖，攀在崖壁，下面還有獅子等著，這時候居然還能夠去欣賞山壁上的小花。我覺得，精神益生菌就是讓我們在高速轉動的生活工作中，能夠從腸道中多少去壓低不斷飆高的壓力荷爾蒙（皮質醇）及發炎反應，幫助我們多少保有享受生活的一點玩心。「而今識盡愁滋味，卻道天涼好個秋」，辛棄疾這兩句著名的詞，蠻可以傳神地呈現我這個意念。精神益生菌幫助我們在識盡愁滋味時，還能以略帶落寞但輕鬆的心情，去欣賞天涼秋景。

最振奮人心的「精神益生菌」與關鍵大廠

由研發角度來看精神益生菌產業的發展，多數都是由憂鬱動物試驗來著手，開發對壓力症狀有幫助的精神益生菌菌株。但也有大企業，如養樂多、森永、朝日、杜邦丹尼斯克，對他們原本用在食品的菌株，做一些壓力相關的臨床試驗，將其健康功效加值擴大到精神領域。以下介紹我選出來的幾家重要企業，同時介紹他們的王牌菌株和產品。

加拿大Lallemand

【重要菌株】鼠李醣乳桿菌R0011、瑞士乳桿菌R0052、長雙崎桿菌Rosell-175

加拿大的這家公司，是由酵母發酵起家的百年企業，知名益生菌產品非常多，一九九五年就上市的Lacidofil®，含**鼠李醣乳桿菌R0011**及**瑞士乳桿菌R0052**，共計發表了腹瀉、幽門桿菌、腸躁症、過敏等二十六項臨床試驗。

成功大學許桂森教授最近利用母子分離憂鬱的老鼠模式，發現小鼠在幼時與母親分離期間餵食Lacidofil，到成年後，恐懼記憶保留、焦慮行為、腦部BDNF等都有顯著改善[007]。

CEREBIOME®是Lallemand公司的精神益生菌品牌，由**瑞士乳桿菌Rosell-52**（和R0052為同一菌株）及**長雙崎桿菌Rosell-175**組成，舊名是Probio-Stick。這是第一個獲得加拿大衛生部許可，可舒緩焦慮、促進情緒平衡、降低壓力引起的腸胃不適等的益生菌產品。CEREBIOME®的動物試驗做得夠深入，不過臨床試驗一直不順，二〇〇八年發表的七十五位高生活壓力的健康人試驗，除了腹痛及噁心有改善外，其他生理心理症狀都沒效[008]；二〇一一年做的五十五位健康人試驗，確實看到憂鬱及憤怒指標有改善[009]；但是，二〇一七年在紐西蘭做的七十九位高壓力健康人試驗時，又無法得到正面結果[010]。

健康人或亞健康人的臨床試驗真是不好做，不幸的是，益生菌產品若要以「食品」名目上市，就是被要求要在健康的人身上看到一定的效果。

愛爾蘭Alimentary Health

【重要菌株】嬰兒雙歧桿菌35624、長雙歧桿菌1714、鼠李醣乳桿菌JB-1

愛爾蘭科克大學的益生菌研究團隊，實力可說是全球數一數二，在一九九九年技轉衍生成立Alimentary Health公司，現在販售該團隊菌株的PrecisionBiotics（PB）公司也在同一年成立，中間的關係不清楚，應該是研究和市場分工。

該團隊二〇〇三年在政府科技基金支持下，組成Alimentary醫藥益生菌中心（APC），整合資源，推動醫藥益生菌研發，現在正式名稱叫做「APC微生物體愛爾蘭科技基金研究中心」。有百餘位研究員，由菌株分離發酵、臨床試驗、市場策畫等，每一個環節都完備。大學裡有這樣的支援體系，研究如魚得水，快速有效，看在眼裡無限羨慕。二〇二〇年全球最大的酵素生技公司Novozyme，以九千萬美金併購了僅僅十多位員工的PB公司。

APC開發的**嬰兒雙歧桿菌35624**很早就被選出來，做了許多如潰瘍性腸炎、腸躁症的動物試驗[011]，還分別在科克大學及曼徹斯特大學做了兩項腸躁症臨床試驗，效果都不錯[012,013]。不過，二〇一七年美國北卡羅來納大學，在十家醫學中心募集二七五位有腹脹、腹痛問題，但還不到腸躁症的亞健康受測者，吃一個月35624或安慰劑，結果卻看不到顯著效果[014]。我還是抱持同樣的感想：健康人或亞健康人的臨床試驗真是不好做。

APC最初主推的精神菌是**鼠李醣乳桿菌JB-1**，第一篇論文就發表在知名的《美國國家科學院院刊》，會改善各種因壓力導致之老鼠行爲異常，但如果切斷迷走神經，效果就沒了，證明精神菌的效果是經由迷走神經傳到大腦[015]。很可惜，二〇一七年對二十七位男性做的隨機雙盲臨床試驗，卻對情緒、壓力、焦慮、睡眠都沒明顯效果[016]。APC當機立斷，市場開發馬上轉到**長雙歧桿菌1714**上，二〇一六年及二〇一九年發表了二十二位及四十位健康人的臨床試驗，確實能改善壓力、認知、記憶等[017,018]。兩項臨床研究的人數都不多，很好奇，如果放大人數，不知會不會又重蹈JB-1之覆轍。

荷蘭Winclove Probiotics

【重要複合菌株】Ecologic Barrier

一九九一年成立的荷蘭Winclove是我很欣賞的公司，認眞投入益生菌研發。他們的精神益生菌產品叫Ecologic Barrier，是六株**乳酸桿菌**和兩株**雙歧桿菌**的組合，命名爲barrier（屛障），意思是說：只要顧好腸道屛障，就有益精神健康。

Ecologic Barrier這項產品，在二〇一五年發表了讓四十位大學生吃四週的隨機雙盲試驗，情緒確實有改善[019]；還有對二十七位偏頭痛患者的開放試驗，吃三個月，偏頭痛發作次數顯著減少[020]；二〇一八年和荷蘭拉德堡德大學的研究更是有趣，募集五十八位健康人，吃四週該產品或安慰劑，運用多種心理學手法，看在壓力下情緒的變化，以及使用功能性磁振造影探討腦部變化，設計很複雜，結果是：這個產品必須在有壓力的狀況下，對記憶表現的效果特別良好，試驗結果才會顯著優於安慰劑[021]。

台灣益福生醫（Bened Biomedical）

【重要菌株】植物乳桿菌PS128、副乾酪乳桿菌PS23、發酵乳桿菌PS150

益福生醫的創立，是陽明大學執行經濟部科專計畫研究成果時，所衍生成立的新創公司，剛滿五年。陽明大學雖然全力支持，但卻沒有科克大學般完備的技術支援平台，一路走來，充滿艱辛。益福生醫研發的精神菌，已經有論文發表的是**植物乳桿菌PS128**、**副乾酪乳桿菌PS23**，以及**發酵乳**

桿菌PS150。PS是精神（psycho-）的縮寫，也是基督教聖經詩篇（Psalm）的縮寫，詩篇一二八篇講祝福，二十三篇講平安，一五〇篇講讚美。

植物乳桿菌PS128動物實驗已經發表的有：憂鬱症[022]、腸躁症[023]、妥瑞症[024]，以及最近被報導罹患人口激增的巴金森氏症[025]；還在投稿中的研究案除了便祕，還有與師範大學謝秀梅教授合作的阿茲海默症，以及與台大獸醫學院王儷蒨教授合作的家犬分離焦慮。

臨床試驗已經發表的是：七～十五歲兒童自閉症[026]及鐵人三項運動[027][028]。已經完成，正在準備發表的研究有：與美國麻州總醫院孔學君教授合作的自閉症，與馬偕醫院陳慧如醫師、黃郁心醫師合作的自閉症，與馬偕醫院吳書儀醫師合作的高科技公司高壓力員工，與陸清松醫師合作的巴金森氏症開放試驗，與高雄凱旋醫院林清華主任合作的重度憂鬱症住院病患，與陽明大學楊靜修教授合作的睡眠障礙，以及與台大兒童醫院李旺祚主任合作的妥瑞症及蕾特氏症等。還在進行中的有：與馬偕醫院吳書儀醫師合作的輕度知能障礙和護理師壓力舒緩，以及陸清松醫師的巴金森氏症隨機雙盲案。

夠多了，多到令我想到唐伯虎的「別人笑我太瘋癲，我笑他人看不穿」，不過就是有些瘋勁，才會努力想用十多個臨床研究將PS128拱上國際戰場。論文目前已經發表十二篇，希望不久後可以達到二十篇。

植物乳桿菌PS128這株菌，二〇一八年在新加坡舉辦的Nutra Ingredients亞洲大賽中，獲得「年度最佳益生菌產品」首獎；二〇二〇年的歐洲大賽也入圍前三，產品已經在將近三十國上市。

因爲是我們陽明團隊自己的研究成果，不好意思講太多讚美的話，但說已經是國際知名的精神益生菌，一點也不爲過。我自己嚴格批判地說，還缺少兩、三個更高水準的臨床試驗，菌株的作用機制和活性因子，也還需要更深入挖掘。

副乾酪乳桿菌PS23，也是由憂鬱動物模式所開發的精神益生菌[029 030]。最特別的是在三種老化老鼠模式中，都看到有延緩老化的效果[031 032]。我還爲了這株菌結合老化學（GEROscience）及益生菌（proBIOTICS），創了個新名詞Gerobiotics，和新加坡大學李元昆教授一起發表了一篇論文[033]。PS23也有與馬偕醫院吳書儀醫師合作，針對護理師壓力舒緩及老人輕度失智的臨床案正在進行中。

瑞典Probi，丹麥丹尼斯克（Danisco）

【重要菌株】鼠李醣乳桿菌HN001、植物乳桿菌299v

歐洲是益生菌的發源地，瑞典的Probi、Biogaia，丹麥的科漢森、丹尼斯克等，都是益生菌老牌企業。丹尼斯克在二〇一一年被杜邦收購，成爲杜邦的營養與健康部門，依然維持高速成長，最近在紐西蘭募集四二三位孕婦，自懷孕中期到產後六個月，服用丹尼斯克的**鼠李醣乳桿菌HN001**，產後憂鬱及焦慮發生比例明顯降低[034]。

植物乳桿菌299v則是瑞典Probi公司的廣效菌株，最近也發表改善重度憂鬱症患者認知功能的臨床試驗[035]。

日本養樂多、森永、朝日

【重要菌株】副乾酪乳桿菌代田株、長雙歧桿菌BB536、短雙歧桿菌A1、瑞士乳桿菌MCC1848、加氏乳桿菌CP2305

日本也有好幾家食品企業，針對自家的王牌菌株，快速地推動了幾項健康人紓壓的臨床試驗。益生菌霸主養樂多公司爲了踏進精神領域，和德島大學醫學院合作，研究對醫學生考試壓力的紓解，讓國考前的學生喝含有**副乾酪乳桿菌代田株**的養樂多發酵乳，結果確實可降低自覺壓力[036]，而且有助於改善睡眠品質[037]。

養樂多公司對他們的代田菌發酵乳，做了許多關於睡眠、便祕、腸胃不適、感冒頻率等生活品質之臨床試驗，全都是日常困擾民眾的小問題。在日本，發酵乳本來就融入日常生活，學生的壓力研究，又爲養樂多的健康功效補上重要的一角。

森永公司採取不同的策略，勤於開發新菌株，且在全球各地販售凍乾菌粉。森永的**長雙歧桿菌BB536**本來就以安定性聞名，還做了如降脂、過敏、排便、呼吸道感染等許多機能性的研究，市場價值極高。**短雙歧桿菌A1**是森永新開發的精神菌，主攻老人失智症，最近與北海道大學合作，讓二十九位思覺失調的病人服用四週，有十二位憂鬱、焦慮指數改善，十九位無效[038]。

另一株也很有發展潛力的是**瑞士乳桿菌MCC1848**，其熱殺菌體在壓力小鼠模式中，能舒緩憂鬱及焦慮症狀[039]。

日本朝日集團二〇一六年發表的**加氏乳桿菌CP2305**也值得一提。研究者將CP2305製造成可爾必思飲料，給一一八位有便祕問題的受測者連喝三週，除了便祕改善外，副交感神經活性也較高，心情比較輕鬆[040]。更有趣的試驗是：讓德島醫學院正在修大體解剖的三十二位二年級學生，喝CP2305飲料五週，結果是女同學壓力症狀改善，男同學睡眠改善。這種男女有別的現象，其實並不罕見[041]。二〇一九年又同樣找德島大學六年級準備國考的六十位學生，這次吃的是**CP2305死菌體**半年，結果是焦慮降低、睡眠改善[042]。CP2305就以這幾項臨床研究成果，積極地進攻睡眠市場，在台灣也大打廣告。

益生菌帶來精神疾病防治新契機

我們團隊的鄭力豪、劉燕雯等幾位博士，二〇一九年聯手發表了一篇精神益生菌的總說[043]，分別由以下三大類型的精障疾病，分析討論精神益生菌相應的研發現況。

一般精神障礙——憂鬱、躁鬱、慢性疲勞、失眠、食慾異常等問題

神經退化性疾病——巴金森氏症、失智症（阿茲海默症）

神經發育性疾病——自閉症、過動症、妥瑞症、蕾特氏症

這些症狀的共通關鍵詞是：**免疫**、**發炎**、**腸道菌**。由這三個關鍵詞判斷，益生菌確實都有介入

的機會，只是還需要投入更多功夫研究[044][045]。

一般精神障礙（精神官能症）

◆憂鬱症、焦慮症、躁鬱症

憂鬱症和焦慮症是最常見的一般精神障礙。WHO估計全球憂鬱症人口約有三億人，盛行率達四．四%；焦慮症則有三．六%，都是女性高於男性。

精神益生菌對於憂鬱老鼠試驗上有很好的效果，多項益生菌對憂鬱、躁鬱臨床試驗的統合分析也頗爲正面。由壓力引發的憂鬱症狀，確實是益生菌的拿手強項。台北醫學大學陳俊興醫師分析了十九項隨機雙盲試驗[046]，美國布朗大學的劉（Liu）教授分析三十四項試驗，結論都是如此[047]。

台灣大學公衛所郭柏秀教授二〇一九年的一篇綜論，題目下得太好了：〈情緒微生物體：挑戰與機會〉，她對益生菌的評語充滿肯定：最近的臨床實驗，都支持益生菌可舒緩憂鬱症狀，而且能增進身心整體健康[048]。

益生菌對焦慮症狀的效果，就沒有對憂鬱的意見一致了，例如：長沙湘雅醫院的李凌江教授[049]，堪薩斯大學的瑞斯（Reis）教授[050]，華南農業大學的郭世寧教授[051]，分別發表的幾個統合分析研究，結論都是沒有統計意義，需要更多研究。但是，有幫助的個別研究也是不少，以我們自己的經驗，服用**植物乳桿菌PS128**，對高工作壓力的科技公司員工，在憂鬱及焦慮指數都有改善。

◆睡眠障礙

談到睡眠品質改善，前面提到的日本朝日集團**加氏乳桿菌CP2305**、養樂多的**代田菌發酵乳**，對考試壓力高的學生睡眠品質都有幫助。不過，正式去找失眠患者來做的益生菌臨床研究，還眞是沒有。

如果是動物試驗，最近就有幾株菌株效果不錯：江南大學陳衛校長，最近開發一株會分泌GABA（γ-胺基丁酸）的**短乳桿菌DL1-11**，GABA是大腦中的一種神經傳導物質，能抑制腦部神經活動，因而有放鬆及助眠效果。陳校長用這株菌製作發酵乳，在睡眠老鼠模式中果然發揮很好的助眠效果[052]。我們的**發酵乳桿菌PS150**同樣也效果不錯，可以縮短入睡時間，延長睡眠時間[053]，而且促進非快速動眼期睡眠[註4]，有助改善因爲認床而睡不好的現象。

◆慢性疲勞症候群

慢性疲勞是難病，沒有原因的累，休息也沒用，記憶力、專注力大減，頭痛、肌肉、關節痛持續半年以上，也許就是「慢性疲勞症候群」。另外，內分泌異常、免疫傾向Th2型、小腸細菌增生、

註4：在非快速動眼期睡眠期間，大腦活動降到最低，進入深度睡眠，身體可以進行修復作用。

氧化壓力高，還有就是腸道菌相失調導致慢性發炎、腸道通透性異常、細菌入侵等，綜合這些因因果果，看起來益生菌應該是有幫助，不過目前相關研究非常的少。

加拿大多倫多大學的拉歐（Rao）教授，讓三十九位慢性疲勞患者，服用**養樂多代田菌**或安慰劑兩個月，結果焦慮指數改善[054]；澳洲維多利亞大學瓦歷斯（Wallis）教授募集四十四位慢性疲勞患者，服用**Pro4-50膠囊**（主要是**鼠李醣乳桿菌**和**乳酸雙歧桿菌**的澳洲產品），也看到一些疲勞、睡眠、認知的症狀有改善[055]。慢性疲勞的盛行率將近一%，不算少，也許眞是臨床試驗不好做吧。

◆厭食症

厭食症和慢性疲勞一樣，盛行率約一%，有的研究認爲成年女性更是高達一三%。很難想像，**厭食症竟然是死亡率最高的精神疾病**。根據美國厭食症學會的統計，在美國每六十二分鐘，就有一人直接死於厭食症；而且每五位厭食症病患，有一位是死於自殺。

和慢性疲勞一樣，**厭食症也是免疫失調、腸道菌失調、腸道通透性異常**[056]，再加上**與食慾相關的荷爾蒙（瘦體素、食慾素、飢餓素等）都失調**[057]，這個疾病同樣讓我深深認爲：正確的益生菌菌株絕對有幫助，但是目前同樣找不到相關的動物或臨床試驗。

神經退化性疾病

神經退化性疾病很多，排首位的是失智症，其次是巴金森氏症，其他如漸凍症、舞蹈症、小腦萎縮症、脊髓性肌肉萎縮症等罕見疾病，與腸道菌相的相關研究雖然也開始多起來，但是益生菌介入的研究幾乎空白。

◆失智症（阿茲海默症、血管性失智症）

根據「二〇一九年全球失智症報告」，估計全球有超過五千萬名失智者；到了二〇五〇年，失智症預計將成長至一・五億人。該報告調查發現：全球有七八％的民眾擔憂自己會罹患失智症，七〇％認爲失智症是正常老化的結果。錯了！**失智症是疾病，老化會增加罹病機率**。另外，有三〇％的人認爲我們對失智症無計可施。這也錯了！**盡早治療，可減緩病情的進展**。

台灣六十五歲民眾的失智症盛行率是一・二％，每多五歲加一倍；七十歲爲二・二％；七十五歲增至四・三％；八十歲達八・四％；九十歲就高達三七％。

失智症大致有兩種成因：

1 失智症六成以上是「**阿茲海默症**」，女性多於男性。

2 腦血管疾病導致的「**血管性失智症**」，男性多於女性。

益生菌對阿茲海默症的動物試驗不少，效果都還不錯，例如：森永公司最近發表的**短雙歧桿菌A1**稱得上大亮點，這株菌對於阿茲海默症動物能改善認知行爲、抑制腦部發炎[058]。我們和師範大

失智症現狀

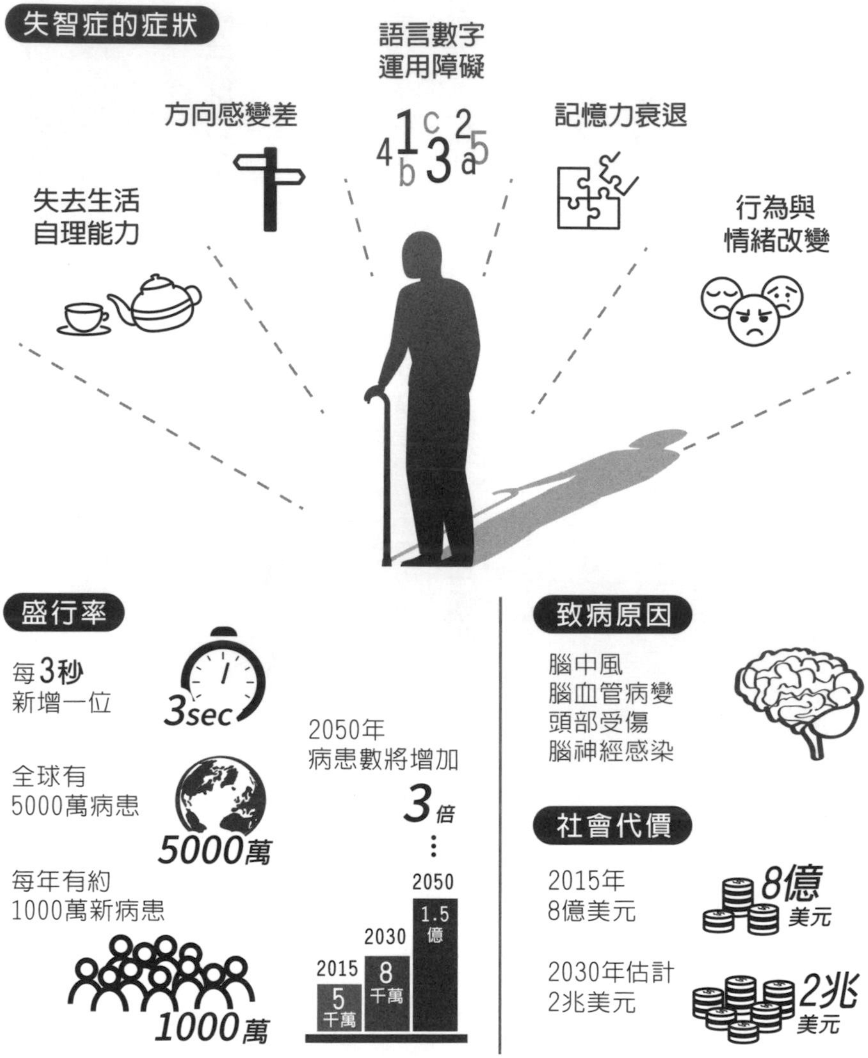
失智症的症狀
語言數字
運用障礙
方向感變差
記憶力衰退
失去生活
自理能力
行為與
情緒改變
盛行率
每3秒
新增一位
3sec
全球有
5000萬病患
5000萬
每年有約
1000萬新病患
1000萬
2050年
病患數將增加
3倍
2015
5
千萬
2030
8
千萬
2050
1.5
億
致病原因
腦中風
腦血管病變
頭部受傷
腦神經感染
社會代價
2015年
8億美元
8億
美元
2030年估計
2兆美元
2兆
美元

學生科院謝秀梅副院長合作，也以幾種阿茲海默症的老鼠模式，探討PS128、PS23等幾株精神益生菌的作用機制，已經在投稿，但還是慢了森永好幾步。

短雙歧桿菌A1更乘勢完成了兩項臨床試驗，先是十九位有輕度認知障礙的八十餘歲長者，服用半年後，認知、情緒及生活品質評估皆有改善[059]。接著是隨機雙盲試驗，人數增加到一一七位，吃短雙歧桿菌A1三個月，只看到短期記憶有顯著改善[060]。帶領森永研發團隊的肖金忠博士是我多年好友，在各國參加益生菌學會時，總會相邀聚餐小酌，互相砥礪也好，消解壓力也好。二〇二一年的亞洲乳酸菌大會將在日本金澤市舉辦，肖博士負責重要的籌備工作，想必充滿壓力。

澳洲因斯布魯克醫科大學的福斯（Fuchs）教授，配製了含六株乳酸桿菌、三株雙歧桿菌的益生菌混合製劑，給二十位病人吃了一個月後，也只看到腸道菌相、腸道通透性有改變[061]。伊朗卡山醫科大學的薩拉米（Salami）教授，讓一二〇位病人吃當地含四株菌的益生菌產品，三個月後認知狀況有顯著改善，其他血液指標則沒有改善[062]。

看來益生菌對阿茲海默症的臨床症狀還眞不容易做。伊朗的益生菌水準相當不錯，亞洲乳酸菌聯盟二〇一五年大會在德黑蘭舉辦，台灣也去了十多位，其他各國參加者很少，因爲去了伊朗，以後辦美國簽證都會被百般刁難。

失智症比我們想像的還要普遍，台灣失智症協會調查國人最害怕罹患的疾病，失智症高居第二位（二三%），僅次於癌症。台灣失智症協會提出了一套「預防失智祕訣」[註5]，基本上就是趨吉

（做對的事）與避凶（少做有害的事）。

依據近年來歐美的幾個長期追蹤研究，**阿茲海默症可能早在患者出現症狀的二十年前，大腦即已開始產生病變**。因此，預防失智行動要盡早開始。

我們與馬偕醫院精神科吳書儀醫師合作，已經開始**副乾酪乳桿菌PS23**改善輕度認知障礙的臨床試驗。台灣六十五歲以上輕度認知障礙盛行率為一六％，因為益生菌始終還是預防養生，所以我認為與其做失智症，不如拚下去做還有逆轉改善可能性的「輕度認知障礙」，更符合益生菌的預防養生形象。吳醫師行動力超強，我們希望二〇二一年中旬能夠完成這項研究。

◆巴金森氏症

巴金森氏症在六十五歲以上的發生率約一～二％，其中有一成是四十歲之前就發病的「早發性巴金森氏症」。巴金森氏症最常見的症狀就是：手頭嘴不自主地顫抖、臉部表情僵硬（撲克臉）、肌肉僵直、運動緩慢、步伐短促、喪失平衡感、容易跌倒。除了這些動作障礙外，還常常有憂鬱、焦慮、便祕、夜尿、睡眠障礙等非運動障礙的症狀。巴金森氏症被視為僅次於癌症與心血管疾病，威脅中老年人健康和生命的「第三殺手」。

我們大腦深處稱為「黑質」的區域內，有數十萬個會分泌多巴胺的神經元，當這些神經元受損，無法分泌足量的多巴胺時，就好像沒了塔台的國際機場，各個參與運動控制的腦區，無法協調同步運作，表現出來的，就是巴金森氏症的動作障礙了。最近一項有趣的研究顯示：結構異常的 α-突觸核蛋白，會先在腸道神經細胞內堆積，然後慢慢地經由迷走神經移動至腦部，累積在多巴胺神經元，這被認爲是罹患巴金森氏症的關鍵成因之一[063]。

記得多年前，我們與長庚神經內科開始討論進行益生菌對巴金森的臨床試驗，有一位資深的醫師建議，應該以腸道功能爲主要目標。不錯，**巴金森氏症的病人，腸道菌一定有問題，例如：腸桿菌科菌數特別高，普氏菌特別少**。加州理工大學的馬茲馬尼恩（Mazmanian）教授，二〇一六年在《細胞》期刊的論文，用精巧的設計，證明腸道菌失調，與巴金森氏症的動作障礙及神經發炎密切相關[064]。這篇論文發表時，我正在荷蘭開會，還記得媒體都大幅報導：「大腦疾病（巴金森氏症）源自腸道，菌相混亂造成行動障礙」。

我們研究室建立了好幾種巴金森老鼠模式，注射幾種神經毒素，殺掉大腦黑質內的多巴胺神經細胞，老鼠果然就呈現四肢僵硬、走路顛簸的典型巴金森氏症狀，但是在餵食**植物乳桿菌PS128**後，不但動作改善，大腦多巴胺神經元數目增加，腦內多巴胺及神經滋養物質BDNF明顯上升，神經發炎改善。更有趣的是，大腦內的異常 α-突觸核蛋白累積量也大幅減少，還有腸道中常被認爲是巴金森氏症特徵的壞菌——腸桿菌科，也顯著減少[025]。

註5：「活到老，學到老，老友老伴不可少；多動腦，控體重，天天運動不會老；深海魚，橄欖油，蔬果豆穀來顧腦；保護頭，顧聽力，血壓血糖控制好；不抽菸，不鬱卒，年老失智不來找」。

巴金森氏症大腦多巴胺量減少

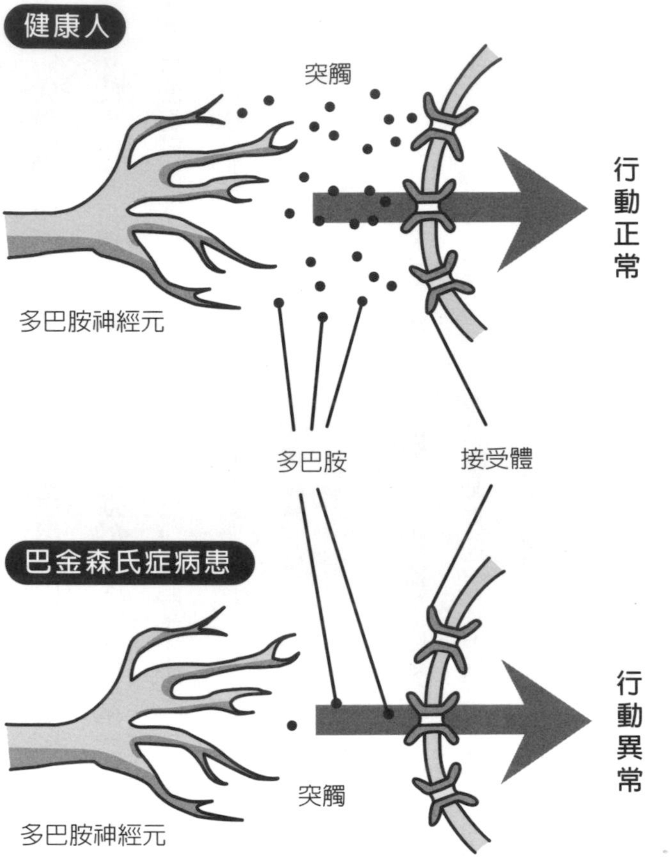

長庚大學的陳信壅教授團隊，在二〇二〇年也發表他們以巴金森氏症基因改造老鼠的模式，研究包含**植物乳桿菌LP28、鼠李醣乳桿菌LGG**在內的六株菌組合的功效，也得到相似的結果[065]。

巴金森氏症的人體臨床試驗，和阿茲海默症一樣乏善可陳，幾項研究都只聚焦腸胃道功能的改善，這本來就是益生菌的強項，不值得特別介紹。伊朗阿紮德大學的阿塞米（Asemi）教授，對六十位巴金森氏症患者做的隨機雙盲試驗，吃當地含四株菌的益生菌產品三個月，「巴金森氏症評定量表」（UPDRS）的分數，血液中的發炎指標、抗氧化指標，以及胰島素阻抗性等都有顯著改善[066]。這個研究做的益生菌產品，就是上述卡山醫科大學做阿茲海默症的同一個產品。

我們團隊與陸清松醫師合作，進行PS128巴金森氏症臨床研究已經有一陣子了，有台灣「帕金森之父」尊稱的陸醫師，曾經是林口長庚神經科學研究中心的主任，現在開設陸教授神經科診所，他說他的病人病情都控制得極好，我一聽有些緊張，臨床試驗的前提是：試驗期間不能改變原有用藥，如果病情控制得很好，豈不是表示益生菌效果更不容易彰顯。

不過，要做就要找第一流醫師合作，我們先設計比較簡單的開放性試驗（沒有安慰劑組），參加的病人平均都已經接受陸醫師十年治療，先請病人記錄三天的藥效日記，記錄每天藥效持續狀況，選擇每天「斷電」三小時以上的病人加入試驗。所謂的「斷電」，是指在兩次服藥之間，或者是藥效不佳時，會突然活動能力降低的情況。這些人服用PS128兩個月，結果顯示：最重要的巴金森氏症評定量表總分明顯改善，尤其是僵硬和運動能力改善最顯著。

「巴金森氏症生活品質量表」（PDQ-39）同樣顯示綜合生活品質顯著改善，每天「斷電」時間也顯著縮短，還有血液中與α-突觸核蛋白病變有關的骨髓過氧化酶活性，更是顯著降低。整體而言，結果令幾位第一線的研究員非常興奮。下一個隨機雙盲臨床試驗已經開始收案，希望加速在二〇二一年完成。如果正在規畫中的「早發型病患」以及「初期病患」兩項試驗，也能如期完成，我們與陸醫師的團隊，將在益生菌防治巴金森氏症上領先國際一大步。

巴金森氏症絕對要早期發現，早期治療。很多醫學中心都有巴金森氏症特別門診，水準都極高，像台大醫院的巴金森氏症暨動作障礙中心，就屢獲國際優良巴金森氏症中心認證。

神經退化性疾病沒有仙丹妙藥，對巴金森氏症的病友來說，最有幫助的就是：**相信醫師，規則服藥，保持身體活動度以及愉悅的心情**。

神經發育性疾病

神經發育性疾病，顧名思義，影響的是孩童。重要的有：自閉症、注意力不足過動症、妥瑞症、蕾特氏症、學習障礙、閱讀障礙、發展協調障礙等，目前腸道菌及益生菌研究較多的就只有自閉症了。

◆ 自閉症

依照美國疾病管制局最新數據，在美國每五十九位八歲兒童，就有一位罹患自閉症。幾乎每個國家盛行率都超過一%，全世界患者超過七千萬，眞是可怕。依照我國衛福部統計數字，我國僅爲一萬三千多，這是嚴重低估。

自閉症和巴金森氏症一樣，**自閉症孩子多數有腸道問題**，所以腸道菌相研究相對需要深入，醫師們也早早就接受使用益生菌改善孩子的腸道問題。自閉症的動物模式不容易建立，研究做得不多，加州大學的蕭夷年教授是其中翹楚[067]。目前臨床研究也很少，二〇一〇年英國雷丁大學進行的隨機雙盲試驗，收了六十二位病童，可惜只有十七位完成試驗，確實有幾項自閉症行爲改善，但人數少，可信度就差些[068]。埃及團隊二〇一七年發表三十位病童的開放試驗（無安慰對照組），對自閉症症狀、腸道症狀皆有顯著改善，雖然是開放試驗，也還是有價值[069]。加州大學的安庫絲芮（Angkustsiri）教授，二〇一九年發表**嬰兒雙歧桿菌**與**牛初乳**對自閉症兒童的腸道及免疫功能影響，乍看之下很有期待，結果完全沒去評估症狀改善，令人大失所望[070]。俄亥俄大學的阿諾德（Arnold）教授，二〇一九年則發表含八株菌的產品——VISBIOME[註6]對十三位病童腸道症狀的改善效果[071]。

我們陽明大學團隊開發的**精神菌PS128**，在自閉症臨床研究上確實是領先一小步，二〇一九年

註6：VISBIOME就是發表數百篇論文的VSL#3，因為著作權問題在美洲改名為Visbiome，在歐洲則改稱Vivomixx。

發表的研究，稱得上是第一個人數還算夠多的隨機雙盲試驗。這項研究是與知名的吳佑佑醫師合作進行，募集七十一位七~十四歲的自閉症兒童，服用PS128或安慰劑四週，結果顯示孩子的過動衝動及對立反抗情況有顯著改善[026]。能踏出這樣的一小步，我們已經很滿意，可惜沒能採集血尿及糞便樣本，否則更能發揮我們生化分析的本領，更能回答免疫或腸道菌相關的問題。

我說一步一腳印，確實如此，接著我們立刻開始與馬偕醫院兒童神經科陳慧如醫師、精神科的黃郁心醫師、王加恩臨床心理師組成團隊，開始進行PS128對學齡前兒童的隨機雙盲試驗。另外，我們還與美國麻州總醫院及哈佛大學的孔學君教授團隊合作，進行PS128與鼻噴型催產素[註7]併用的效果，和馬偕案同樣正在等待分析結果。

多數學者醫師都認爲：**益生菌對自閉症腸道症狀絕對有幫助**，立基於「腦腸軸」的理論，相信也可以找到特定的益生菌菌株，能夠對自閉症的核心症狀有所幫助。最近，另一株分離自母乳的**羅伊氏乳桿菌MM4-1A**備受矚目，二〇一六年美國貝勒醫學院的柯斯塔·馬提歐力（Costa-Mattioli）教授發表在《細胞》期刊的研究[072]，探討自閉症老鼠模式中，母鼠吃高脂飲食，不但影響小鼠腸道菌，還會影響小鼠的社會行爲。這些小鼠腸道中的羅伊氏乳桿菌特別少，而這種菌已知能提升催產素濃度，給小鼠餵食羅伊氏乳桿菌MM4-1A時，偏差的社會行爲會改善，而且這株母乳菌的效果不是因爲調節腸道菌，而是透過迷走神經去影響大腦[073]，太有趣了。我們的研究室也自華人幾百份的母乳中，分離到幾百株的母乳菌[074]，也有不少羅伊氏乳桿菌，趕快來研究研究，看可不可以找到一株來和PS128搭配。

各個國際臨床試驗登錄網站上，總共登錄了近十項益生菌對自閉症的臨床試驗，例如美國德州大學做**乳酸雙歧桿菌BB12**和**鼠李醣乳桿菌LGG**合併使用，英國倫敦大學學院做瑞士Mendes公司的Vivomixx（舊稱Vsl#3，見第一三三頁），義大利的Stella Maris基金會也做Vivomixx，羅馬第二大學做**羅伊氏乳桿菌DSM17938**，很熱鬧，希望大家都能有好結果，家長有更多比較選擇。

我總是認爲，沒有一株菌能適合每一位自閉兒童。PS128的第一位愛用者多倫多的義松[註8]，使用PS128已經七、八年，以前被認爲是智力不足，最近居然已經開始在哈佛大學修課。

◆注意力不足過動症（ADHD）

注意力不足過動症簡稱「過動症」，是兒童心理衛生門診最常見的疾病，全球盛行率兒童約五%，成人約二．五%，男女的比例約爲二～三比一，主要症狀爲注意力不集中、好動、衝動。青春期以後，好動和衝動或許會逐漸減輕，但是注意力不集中也許反而更嚴重，而且男女比例會逐漸拉近。

益生菌對過動症效果的研究非常少，最近瑞典卡羅林斯卡學院的史考特（Skott）教授發表了一

註7：催產素被稱作愛情荷爾蒙，擁抱時濃度會提升。
註8：在《腸命百歲三》的附錄，有義松母親寫的見證。

個隨機雙盲研究，受測者是六十八位十～十四歲兒童、一一四位二十九～四十二歲成人，皆確診是過動症，不是自閉症，部分已開始接受過動症藥物治療。此研究隨機分兩組，分別吃安慰劑或科漢森公司含三株菌的益生菌產品Synbiotic 2000。九週後，過動症症狀並無改善。

但深入分析後，發現對原本血液VCAM-1濃度較高的三十九位兒童及三十七位成人，服用益生菌組的刻板重複行爲、情緒控制指標皆有改善。VCAM-1較高，代表可能有代謝疾病或其他發炎現象，至於爲什麼對VCAM-1較高的受測者比較有效，生理意義是什麼，目前還無法解釋[075]。

卡羅林斯卡學院的這項研究，幾乎是過動症第一個有點正面結果的研究，因此能夠發表在一流的期刊。許多家長問我爲什麼不做過動症試驗，因爲實在不太好做。不過，我們在進行PS128自閉症試驗時，使用的「SNAP量表」就是評估對立、藐視、好動、衝動，以及不專注等過動症的症狀，PS128確實效果非常顯著[026]。所以，史考特教授這篇過動症論文的序言中，也介紹了我們PS128自閉症研究SNAP量表的結果，而且介紹說是唯一有正面效果的研究。以色列的Tel Hai學院，也正在進行一個四十五位過動症受測者的小型隨機雙盲試驗，可能很快就會發表，看來我們也差不多應該積極來加入戰局了。

◆ 妥瑞症

妥瑞症不會傳染，也不影響患者的情商、智商，只是會讓患者不由自主地抽動，如擠眉弄眼、搖頭晃腦、做鬼臉，有的還伴隨不自主地清喉嚨、大叫、說髒話等，在中國大陸叫做「穢語症」。發生率約〇．五％，男女比例約四比一。好發的年齡約五至八歲，多數到青春期症狀會緩解，但有三成到成年還是經常發作，特別是緊張有壓力時。

腸道菌研究如此盛行，妥瑞症如此普遍，但居然還沒有關於妥瑞症的腸道菌研究。益生菌對妥瑞症的功效研究，不要說臨床研究了，連動物試驗都只有我們團隊二〇一九年發表的一篇而已[024]。該論文發表PS128緩解妥瑞症模式大鼠的抽動行爲，穩定大腦多巴胺代謝，改善腸道菌相。最近，我們與台大兒童醫院小兒神經科李旺祚主任合作，完成了PS128對妥瑞症病童的隨機雙盲試驗，還在等待統計分析結果，可是不管結果好不好，統計分析的結果不容置疑，能做的就是一次又一次地吸取經驗，持續努力。

◆蕾特氏症

我們與李旺祚主任合作多年，頗有默契，幾年前他建議來做PS128對蕾特氏症的功效，他覺得應該會有效，當時我連什麼是蕾特氏症都搞不清楚，但因爲對李主任絕對信任，當然就開始了。一年多來，募集了近三十位病童，吃PS128和安慰劑六個月，已經解盲，效果看來相當不錯，已經在撰寫論文了。

蕾特氏症是一種只發生在女性身上的神經系統罕見疾病，盛行率約一萬兩千分之一，李主任說保守估計，台灣至少應該要有五〇〇～六〇〇名，但是現在確診的病友卻不到百位，可能不少被誤診為自閉症。如果PS128確實能對蕾特氏症的病人有些微的幫助，那眞是萬幸，對研究者而言，再沒有比這更大的回報了。

菌腦腸軸：通往人類新希望的祕徑

「精神益生菌」命名者，是愛爾蘭科克大學的戴南和克萊恩教授，他們在二〇一八年發表一篇題為〈在稻草堆裡找繡花針：精神益生菌的系統性開發〉[076]的論文，意思是精神益生菌不容易開發，就像大海撈針，必須有系統、循序漸進地篩選，才能找到有臨床價值的菌株。已有命名編號的益生菌菌株成千上百，但是拿得上檯面的精神益生菌，卻是十個手指數得出來。

戴南和克萊恩兩位大師繼二〇一八年的論文之後，接著又在二〇一九年發表〈腸道菌與憂鬱：還在等待果陀〉[077]，文章重點在探討腸道菌如何影響神經心理。「菌腦腸軸」[078]理論提出將近十年，由動物試驗到臨床試驗，近年總算開始看到一些可靠的突破，例如：比利時魯汶大學的雷斯（Raes）教授，分析了千餘人的腸道菌相與生活品質及憂鬱之間的關係，發現如**普拉梭菌**等丁酸生產菌，與生活品質有明確的正相關；**小桿菌**與**副鏈球菌**在憂鬱病患腸道中，不管有否服用抗憂鬱藥，都明顯較少[079]。

雷斯教授的研究因爲人數破千，所以被充分認同，不過如果再深入追問，爲什麼這種菌多、那種菌低，就會憂鬱，就會發炎？眞的只是因爲腸道菌相改變，使得腸道通透性上升[080]，導致一些腸道毒素進入體內，誘發發炎反應嗎？戴南和克萊恩兩位大師說：「這問題再簡單不過，答案就是兩手一攤，不知道」。所以，等待果陀吧！

等待果陀，有時解義成：「無可奈何地等待，漫長而毫無意義，並且最終徒勞無獲」（《等待果陀》劇中的對話），其實，兩位大師論文中散發的，卻是更多挑戰謎題的興奮。

精神益生菌！精彩的，還在後頭。

關鍵訊息（Take Home Messages）

1 「微鬱族」指經常處於慢性壓力，心情鬱悶的民眾，精神益生菌幫助他們能夠自在地與壓力共處，降低壓力對身心的戕害。

2 加拿大的Lallemand，愛爾蘭的Alimentary，荷蘭的Winclove，以及台灣的益福生醫，為精神益生菌關鍵企業。瑞典的Probi，丹麥的丹尼斯克，日本的養樂多、森永、朝日等公司也各有精神益生菌菌株。

3 益生菌對憂鬱臨床試驗的統合分析頗為正面，失眠、慢性疲勞、厭食症臨床試驗不多。

4 台灣八十歲以上民眾失智症盛行率是八·四%，最多是阿茲海默症，益生菌對阿茲海默症的動物試驗效果都不錯，但臨床試驗剛起步。巴金森氏症在六十五歲以上的發生率約一~二%。植物乳桿菌PS128的動物及臨床試驗，效果皆佳。

5 自閉症盛行率超過一%，動物及臨床試驗皆不多，PS128對七~十二歲兒童的過動衝動及對立反抗有顯著改善。過動症的全球盛行率在兒童約五%，妥瑞症盛行率約〇·五%，動物及臨床試驗皆乏善可陳。

破解錯誤迷思與網路謠言，買對產品，吃出健康

第6章 益生菌使用的關鍵Q&A

益生菌會被胃酸殺滅，吃了等於白吃？
其實好的菌株通常耐酸，
在生產加工時，也會經過相當的「包埋」保護。
產品放許多濫竽充數的菌株，不如放少數幾株，
確實有研究數據支持其保健功效、
安全性的好菌株。

這一章我將提綱挈領地說明益生菌的應用知識，主要是針對一般民眾，對於益生菌社群其他成員同樣也有幫助。所談的項目，都是益生菌的必備知識，以及大家經常提問的問題，包括十六個益生菌產品選購、使用等重要知識，還有坊間和網路流傳的十二項迷思與誤解。

發酵乳怎麼挑？破解含菌量的迷思

市面上常見的發酵乳，有像養樂多的「稀釋發酵乳」，大家習慣稱為優酪乳的「濃稠發酵乳」，以及名為優格的「凝態發酵乳」。法規規定濃稠發酵乳與凝態發酵乳，每毫升必須含有一千萬個以上的活性乳酸菌；稀釋發酵乳只需要百萬個即可。

不過，不需要管法規如何規定，目前市面上大品牌的稀釋發酵乳，所含的活菌數量，每毫升都在億個以上！以養樂多產品為例：紅色蓋的，每瓶一百毫升有百億個活菌；金色及藍色瓶蓋的，有高達三百億個活菌。有關益生菌發酵乳的相關產品，以下是消費者最感疑惑和時有爭議的幾個問題，我細加說明，讓大家了解如何正確選購、飲用和妥善保存。

Q1：「稀釋」發酵乳的活菌數比較少嗎？

A：稀釋發酵乳在發酵後，會經過稀釋調整，所以蛋白質濃度較低，大約在每毫升一・二克左右；優酪乳及優格大約在三・三克。請注意，被稀釋的主要是乳成分（如蛋白質），**稀釋發酵乳所含的菌數，完全不輸給優酪乳或優格**，不要被「稀釋」這兩個字給誤導了。

我國的發酵乳產業水準，絕對不輸給歐美日，發酵乳對健康的好處，更是無庸置疑，希望大家不要被似是而非的報導影響。如果沒有特殊體況問題，**多喝發酵乳吧！發酵乳有牛乳原本的優質營養，再加上益生菌的健康加持**。

嗜熱鏈球菌與**保加利亞乳桿菌**，是最常用來製造優酪乳的菌種，能夠讓優酪乳擁有較豐富的風味，彼此間也有共生的關係：發酵剛開始時，嗜熱鏈球菌長得較快，並產生酸、二氧化碳等物質，這些物質會促進保加利亞乳桿菌生長，把牛乳中的蛋白質分解成胜肽與胺基酸，供給嗜熱鏈球菌利用，當pH值下降到一定的程度時，乳酪蛋白開始凝集，形成優酪乳的濃稠質地。

有些「功能性優酪乳」除了這兩株菌外，會再添加其他具特殊功能的菌株，例如：

統一AB優酪乳——添加**乳酸雙歧桿菌Bb-12（雷特氏菌）**和**嗜酸乳桿菌La-5**。

味全林鳳營優酪乳——添加**嗜酸乳桿菌**和**長雙歧桿菌（龍根菌）**。

福樂優酪乳——添加**嗜熱鏈球菌**、**德式乳桿菌**和**長雙歧桿菌**。

至於稀釋發酵乳用的發酵菌株完全不同於優酪乳，養樂多用乾酪乳桿菌代田株，統一多多則用副乾酪乳桿菌YB100，味全的活菌發酵乳用副乾酪乳桿菌LCA506。

Q2：如何正確選擇發酵乳？

A：能夠在超級市場或便利商店上架販賣的發酵乳，一般都是水準以上了。在各種通路平台選購時，請注意以下幾個重點：

產品型態——首先決定要買哪一種類型的產品，是稀釋發酵乳、濃稠的優酪乳或是優格。

品牌選擇——接著挑選自己喜歡的品牌。

冷藏狀況——觀察店家冷藏櫃保冷情況。

標示說明——仔細看包裝上的標示，包括：有效日期、用什麼菌株、全脂或低脂、無糖或低糖、有沒有健康食品認證，被認證的是什麼健康功效等資訊。

包裝檢查——外包裝乾不乾淨，有沒有破損。

有效日期——在確認有效日期時，如果產品一直保存在低溫、未開封，即使過了有效日期幾天，還是可以飲用。不過，因為是活菌產品，還是選擇越新鮮的越好。

Q3：保存和飲用要注意哪些事項？

A：產品購買回家，保存和飲用上有些細節必須注意：

保持冷藏——發酵乳必須始終冷藏，購買後離開冷藏時間不要太久，回家立即放冰箱。

避免汙染——除非可以一次喝完，否則請倒入杯子內分次飲用。

飲用時機——不需要執著於飯後才飲用，飯前或用餐時喝，有助於減少食量，隨時都可以飲用。

回溫技巧——如果怕冰涼感，飲用前可先放在室溫片刻，讓產品略為回溫，但勿加熱超過體溫（約攝氏三十六～三十七度C），回溫後盡快飲用。

Q4：「自製優酪乳」比較健康嗎？

A：坊間流行自己製作優酪乳，若使用「市售優酪乳」作為菌母時，發酵菌（嗜熱鏈球菌與保加利亞乳桿菌）會優先生長，但「功效菌株」難以生長。一般市售的「DIY專用菌粉」，也多半不含功效益生菌。

所以**DIY優酪乳，喝不到最重要的「功效益生菌」**。如果使用低品質或由親友分讓來路不明的菌母，也可能發酵力太弱，**萬一「雜菌」長出來就麻煩了**，所以我不推薦DIY優酪乳。

益生菌「粉粒、錠劑、膠囊」比一比

除了含有益生菌的飲料或食品以外，另一種類型是「益生菌營養補充品」，常見有粉粒、膠囊、錠劑等劑型，種類極多，品質良莠不齊，廣告宣傳常有誇大之嫌，網路流言黑白難分，令消費者無所適從。但這些產品使用方便，沒有糖分過多的問題，配方設計靈活，因此市占率不斷提升。

台灣的益生菌發酵產業水準極高，任何公司甚至個人，只要想好洗腦消費者的行銷策略，由配方設計到生產，都可以找到一條龍服務，即使只有五百、一千盒也可以代工生產，實在方便，門檻實在夠低，這就是益生菌營養補充品市場如此混亂的主要原因。當然，優質的產品也不少，需要的是消費者明察秋毫，以下為菌株、菌量等問題的釐清。

Q5：產品「菌株種類」越多越好嗎？

A：益生菌產品如果標榜使用了很多元化的菌株，是否意味著就是好產品呢？菌種太多會互相排斥嗎？在網路上有人提出「益生菌產品若含有太多菌株種類，會導致菌種間互相排斥」。基本上，產品該放多少種菌是見仁見智的。沒有研究證明不同菌種會互相排斥；也沒有研究證明菌種多，產品功效就好。**放許多濫竽充數的菌株，倒不如放少數幾株，但確實有研究數據支持其保健功效、安全性的好菌株**。

許多國際大品牌也經常使用複合菌株，如義大利的德．西蒙（De Simone）教授二十年前所研發，稱為De Simone Formulation的配方，就含有八株菌。為什麼是八株？又為什麼是這八株？相信西蒙教授也講不清楚。我看應該是依照他當時對乳酸菌的知識，適當調配而得。不過這二十年，他們確實投入龐大的資源，用層層疊疊的動物試驗、臨床試驗，證明這個配方的功效及安全性，成功建立起這個配方的地位。

如果由我來設計產品，我會怎麼做呢？我頂多選用六、七株。現在各國食品管理單位，對益生菌產品所用菌株的管理越來越嚴，必須能夠證明產品中確實有所標示之菌株，甚至要證明添加的菌數及比例。這對我們而言不算難事，但對很多企業而言就不太容易了。選用的菌株來源非常重要，**每一株菌是否有清楚的履歷，機能功效、安全性與基因是否都有可靠的研究報告**，這些都是非常高標準的品管要求。

Q6：產品的「活菌數量」越高越好嗎？

A：以前益生菌產品主要講腸道功能，菌數可能只有幾十億，消費者也就滿意了。現在的產品，幾乎都是百億起跳。上述的De Simone Formulation，產品規格就是千億。網路上有專家說：「腸道內所能定殖的益生菌數量有限，菌數超量反而造成菌株相互卡位，若超過一千億菌株的產品，菌株定殖率有疑慮」，這個說法，句句都無所根據，似是而非。

理論上，做動物試驗可以大略探討出較佳的劑量，然後可以非常粗略地據以換算出人體的適合劑量，但這種做法也只是大略估算而已。國際上知名的產品，劑量由數億到數千億都有，重要的是能夠提出動物或臨床功效研究數據，支持適當的有效劑量大約是多少。

Q7：如何選擇益生菌產品？

A：這個問題不像發酵乳產品般可以清楚回答，通常我只能模糊地說：「要看**生產廠商**可不可以信任，有沒有可靠的**研發團隊**支持，產品用什麼**菌株**，有多少**科學數據**佐證，**活菌數目**夠不夠，產品的**保存狀況**好不好，**成分標示**是否清楚，看**產品網站上揭露的訊息**如何，以及看宣傳是否天花亂墜，所謂的專家是否真的是專家等等」。

不過，我也心知肚明，要注意這麼多面向，一般人不太容易判斷得出來。在做科普演講時，有時被聽眾問急了，我會說：「那你把產品資訊傳來給我吧！」，還真的有聽眾朋友會傳過來，可見大家都很迫切想知道這方面的資訊。

Q8：益生菌該放常溫或低溫保存？

A：產品保存的安定性，和菌株特性、加工技術有關，最重要的是產品的水分活性，越低越安定。台灣濕度、氣溫都高，所生產的益生菌產品水分活性總是偏高，非常不利長期保存。我的建議是：不論廠商怎麼強調他們的菌多麼棒，多麼耐溫，**益生菌產品還是盡量冷藏保存，但是不要冷凍**，特別應該避免的是在冷凍庫拿進拿出。

Q9：「專利」菌株就是好產品？

A：**有專利並不等同菌株功能好**，專利也有不同等級，例如申請新型專利，連審都不必審，簡簡單單就能拿到證書，有時拿出來的專利，可能和產品所宣稱的功能特性毫不相干。

吃益生菌的最佳時機

益生菌產品該怎麼吃才有效？究竟要飯前吃還是飯後吃？該吃一包還是兩包？這些是大家最想知道的問題。

Q10：飯前吃，還是飯後再吃？

A：我建議每個人選定自己最自在、最不容易忘記的時間來服用益生菌，然後每天吃。

至於飯前吃或飯後吃比較好？我們先來看看胃部的運作狀況：飯前的胃酸分泌量少，胃排空時間較短；而飯後胃酸被食物稀釋，胃排空的時間較長。所以，到底飯前或飯後吃好呢？坦白說差不多。不過，有一次參加衛福部的健康食品審查，有委員要求廠商，一定要在產品外盒上清楚寫出應該飯前或飯後吃，理由是要讓消費者有所遵循，我啞然以對，不過也並非完全無理。一定要我提出建議的話，**請選定自己比較方便，比較不會忘記吃的時間，每天定時吃**。

Q11：每天該吃多少益生菌量呢？

A：每家產品的外盒一定有寫一天建議吃幾包，以及如何吃的說明。我的建議是要視自己的身體狀況來調節，不論是要吃便祕改善，或吃壓力紓解都一樣。原則上，**症狀嚴重時，多吃一些**，如果包裝盒上的建議量是一天兩包，那你就吃三或四包；**等到症狀緩解了，再回到日常保養量**。

Q12：不小心忘了吃怎麼辦？

A：一般化學藥物在血液中的半衰期是以「小時」估計的，所以醫師會建議病患一天服藥三次或四次，長效型的藥物也許一天只須吃一次。

益生菌在腸內的半衰期，通常是以「天」為單位，所以確實不需要拘泥一天要吃幾次。不過，就算是再好的益生菌，在腸道內也會在一、二週後隨著排便逐漸被洗出體外（wash out），所以，**最好還是每天補充**。「每天吃」的意思，是希望你保持天天服用益生菌的好習慣，**偶爾忘了吃，也不必太在意，隔天記得繼續服用即可**。

Q13：哪些人吃益生菌要特別注意？

A：益生菌是營養補充品，聽起來溫和無害，但是畢竟菌株也是具有「功能性」的，對人體有一定的影響力，在身體情況極為特殊、不穩定的期間，還是保守為宜，可諮詢醫師謹慎評估。

重病或急症——重病患者，特別是還在急性期時，一定要請醫生評估繼續使用或先暫停。

嬰幼兒期——建議在吃副食品後才開始酌量給予，同時要觀察有否腹瀉等狀況。

懷孕期間——有醫生建議懷孕初期避免補充益生菌，不過只要懷孕情況穩定了，我是大力鼓勵多吃益生菌。已經有許多研究指出：**懷孕期多補充益生菌，對胎兒未來的健康有全面性的好處**。

年長的人——**老人家要多吃「各種功效」的益生菌**，根據研究了解，年長者多少都會有憂鬱的傾向，因此特別建議要補充「**精神益生菌**」；當然「**腸胃型益生菌**」也很重要，年長者排便一般都不太順暢。

Q14：「自律神經失調」引起的腸胃不適，吃益生菌有用嗎？

A：益生菌的相關研究，對自律神經失調引起腸胃不適的症狀，目前並沒有獲得改善的臨床試驗結果。不過，一般「腸胃型益生菌」對腸胃症狀的改善，效果是相當確定的。如果只是**就治標的立場而言，益生菌對自律神經失調引發的胃腸不適，應該是有幫助的**。另外，能舒緩「壓力」反應的特定精神益生菌，也能有助於舒緩自律神經失調的症狀。

益生菌的「定殖」與「依賴性」

益生菌究竟能停留在人體多少時間？人體會越來越依賴「外來軍隊」，而失去自身的免疫能力嗎？這些繪聲繪影的猜測與擔憂，並無學理根據。

Q15：益生菌必須「定殖腸道」才有效嗎？

A：網路上流傳的一種說法是：每種益生菌都有一定的「腸道定殖率」，定殖率高，代表可以在腸道待比較久，所以用「菌數×定殖率」，可算出能夠生存在腸道內的有益菌數。我要說的是：沒有所謂「各菌株自己的腸道定殖率」，不要去自尋煩惱。即使專家來研究估算某株菌能在腸道滯留幾天，都要大費周章，何況要算出所謂的定殖率。即使算得出來，**每一株菌在不同的人身上，定殖率都不同**。我在第一一六頁「益生菌為什麼有益健康？」一節中已有詳細說明，該段結論是：益生菌在人體定殖與否，視菌株特性和使用者腸道菌相的需要而定。**多數的菌能夠滯留在腸道中數週，這段時間，已經足夠讓該菌在腸道內發揮生理作用了**。

Q16：人體會產生「益生菌依賴性」嗎？

A：所謂「益生菌依賴性」也是網路的熱門話題：「長期服用益生菌，人體會產生依賴性，而人體一旦患上益生菌依賴症，終身都將依靠益生菌產品，來維持生命的健康狀態」，「長期吃人工培養的益生菌，腸道會喪失自己繁殖天然益菌的能力」，這類論述說得義正詞嚴，好像真有這回事。

相信我，**目前完全沒有科學證據顯示有所謂「益生菌依賴症」之現象**，由我對益生菌的知識判斷，發生的機率極低。而且，沒有科學家願意投注心力，去探討這種即使有、發生率也是微乎其微，而且即使發生，症狀也不會造成太大麻煩的問題。

若是有人平常大量吃益生菌，希望幫助順暢，一停止吃就破功，怪罪是益生菌依賴症。在我看來，這不能稱作依賴症，如果這位朋友**不積極改正自己的生活習慣、飲食習慣，想單靠益生菌來改善便祕狀況，就是大錯特錯**。這不是益生菌的問題，是當事人自己的問題。

坊間&網路十二項迷思，一次釐清

迷思1：多吃發酵食品，就能攝取到益生菌。

A：泡菜等發酵食品中，確實有不少「乳酸菌」，但那不叫「益生菌」。乳酸菌的生理功效、安全性及穩定性等，都未經研究和臨床試驗，無法保證其效益。想獲得足量和安全的益生菌，**建議還是必須由「發酵乳」或「益生菌營養補充品」來獲取**。

迷思2：聽說吃活菌會引起身體感染，或產生有害的代謝物質。

A：有人說：「吃菌不如養菌好，因為補充外來活菌，可能會轉移引起局部感染，還可能會產生有害的代謝物質。」以上這個疑慮，在做益生菌的安全性研究時，一定會被排除。過去對重症病患，確實有引起局部感染的案例，所以**重症病患是否適合補充益生菌，須諮詢醫生的意見**。

迷思3：如果體內益菌已經足夠，就可以停止攝取。

A：首先，根本無法知道體內益菌是否已經足夠，而且，**益生菌無法長期定殖在人體內，所以必須持續補充**。

迷思4：聽說「病快好」的時候，再開始吃益生菌會更有效。

A：有一種說法是：要趁著病快好的時候吃益生菌，可以快速把腸道表面積占滿，益生菌比較容易定殖。這個迷思誤以為生病時吃太多抗生素，腸道菌數目大減，表面積空出來，益生菌就比較容易占住。其實這是無稽之談，益生菌定殖不是玩占地盤遊戲，而是會受到許多生理因素所影響。**應該在平常健康的時候，就持續補充益生菌。**

迷思5：聽說吃「抗生素」治療時，最好不要補充益生菌。

A：我的意見完全相反，因為罹患疾病，不得不服用抗生素治療時，**腸道菌大亂，此時更應該加倍補充益生菌，不過，必須和抗生素錯開時間來吃。**

迷思6：好的益生菌除了要能夠抗酸外，也要能夠抗抗生素，才能在腸道生存。

A：食品益生菌絕對不能對常用抗生素有抵抗性，因為食品和藥品不同，是日常大量食用，如果食品益生菌帶有抗生素耐性基因的話，就可能傳給其他病菌，使更多病菌變成抗生素耐性，會使抗生素濫用問題更加嚴重。

迷思7：益生菌會被胃酸殺滅，吃了等於白吃。

A：許多人對胃酸有極大的顧慮，這幾乎是最常被問到的問題。請別擔心，**好的菌株通常都蠻耐酸的**，而且在生產加工時，還會經過相當的「包埋」保護，耐酸性都不錯。所以我常說不要擔心胃酸問題，要擔心的是溫度。

迷思8：聽說用益生菌防治異位性皮膚炎，反而會引起氣喘或鼻過敏。

A：有人說：「益生菌用來預防或治療異位性皮膚炎可能有效，但是卻反而增加了氣喘及鼻過敏的風險。」這說法源自二〇〇一年，芬蘭土庫大學做鼠李醣乳桿菌LGG的臨床研究，當時確實有氣喘增加的案例。但是近二十年來，許多其他的研究都得到正面的結果。不同菌株，不同實驗設計，效果都會有所不同。絕大多數**能通過重重檢驗而上市的產品，都具有裨益人體的作用**，不至於對健康形成威脅。

迷思9：拉肚子、腸胃炎時，應該要加倍補充益生菌。

A：網路上有人說：「腸胃發炎、食物中毒、拉肚子時，要加倍補充益生菌，多喝發酵乳，因為益生菌會對抗壞菌，讓肚子趕快恢復健康。」我不同意這種講法，益生菌的確會增加腸道益菌、對抗壞菌，幫助腸道菌相快速恢復正常。但是當你食物中毒了，病菌毒素侵犯，腸道急性發炎，問題就不只是腸道菌失衡了。所以，嚴重拉肚子，甚至便血時，你應該做的是緊急看病服藥，殺滅病菌、對付毒素，等急性期過去後，再讓益生菌去做後續的修復保養工作。另一方面，如果是**「功能性的慢性腹瀉」，特定益生菌對腸躁症的研究頗多，確實會有幫助**。

迷思10：人體共生菌有人種差異，所以吃「本土開發」的益生菌比較好。

A：理論上，人體內的共生菌相確實有人種差異，依照我們二〇一七年發表的〈亞洲人腸道菌研究〉，確實和歐美人差異極大。但是，歐美開發的益生菌對台灣人的效果，是否就真的比較差？台灣開發的菌株就比較適合台灣人？目前並沒有試驗數據支持這種論調。挑選益生菌產品時，還是**以菌株功能和含菌數為主，各國出產的優質益生菌都可以嘗試看看。**

迷思11：吃了「很貴」的抗敏益生菌，竟然效果不明顯。

A：我的意見是：**「效果」與「價格」風馬牛不相及**，不要以為買越貴的益生菌產品，效果就會更快速有效。而且，人體過敏的原因很複雜，**沒有一株菌對所有人都有效，吃某品牌的產品，幾個月下來若感受不到效果，就換個品牌、換些菌株種類吃看看。**

迷思12：網路上有人說：「多喝發酵乳反而會使腸相變壞」。

A：坊間類似這樣的言論不少，像是：「大量攝取益生菌是違背自然原則，會破壞腸道菌相平衡」，「特殊的嗜脂乳酸菌，可以分解腸道中的脂肪，瘦身減肥效果迅速」，對於這些說法，我的回答是：無稽之談，這種網路流言就別相信了吧！

結語／不重感覺，相信數據

本書每一章的最後都整理出該章的關鍵訊息，這一章我選出四點作爲總結全書的關鍵訊息，其中特別選出序章關鍵訊息的第三點，益生菌「不重感覺，相信數據」的新思維，作爲全書的核心訊息，另外三點，則是在書中談得不夠盡興的重要訊息。

益生菌思維模式不斷轉換

「在後新冠疫情的新常態下，益生菌的新思維是『**不再順著感覺走，相信科學數據怎麼講**』，以正確方式補充正確的益生菌，再配搭正確的飲食及生活型態，能加強壓力韌性」。

「**益生菌思維模式轉換**」，是本書最重要的核心關鍵訊息。

我在這本書舉出好幾個重要的思維模式轉換。第一章討論的「**由乳酸菌到益生菌**」，就是梅契尼科夫百年前激發出來的一大思維轉換。乳酸菌產生乳酸，有助食物保存，是人類文明發展的重要助力，因爲梅契尼科夫的一個信念：「發酵乳可以預防腸內腐敗，延緩老化」，奠定了乳酸菌的健康益生形象，觸發益生菌的百年發展。

「由病原菌到微生物體」是第二章講述的重大思維模式轉換。鼠疫、瘧疾、天花、流感，一直到現在的新冠肺炎，這些動輒殺死數百萬人的瘟疫，都是由單一病菌病毒所造成，過去微生物被認爲是疾病與死亡的象徵，現在微生物體研究竟然說：**我們身體的百兆共生菌，不但與我們攜手對抗外在的病菌病毒，而且還全面調控人體健康**，確實是人類文明史上的重大思維轉換。

「抗老於未老，未病先養生」則是預防醫學革命性的思維模式轉換，觸發點是因爲「老化科學」研究發現：多項老化指標，其實在三十餘歲的青年期已經悄悄在體內進行，所以，保健養生必須由青年期就開始重視（見第二一頁）。預防醫學的舊思維是三高、癌症、失智等老化相關慢性疾病，都有各自的發病軌跡，需要做不同的預防及治療努力；預防醫學的新思維則是「上醫治未病」，如果能由三、四十歲，還在青壯年的未病狀態下，就做足養生保健功夫，別說延緩老化了，連逆轉回春都有可能。

益生菌「不重感覺，相信數據」的新思維，和上述「抗老於未老，未病先養生」的預防醫學新思維相得益彰。後者是立基於老化科學假說的新思維，前者則是立基於對益生菌每年好幾千篇科學論文上的信心。基本上，都是要請你相信我們這些科學家說的話，我們不是先知先覺，只是天天浸在實驗室，陪著學生與老鼠爲伍。

就如同我由第四章的呼吸、腸胃、口腔、皮膚、代謝、癌症，一直講到第五章的神經心理疾病，益生菌的生理功效研究，已經涵蓋了我們一生可能面對的健康問題，以前我們補充益生菌僅爲了改善便祕腹瀉，幫助消化，提到改善免疫過敏，都還不斷有專家學者提出質疑，更遑論代謝調節、憂鬱焦慮或是癌症預防了。現在呢？你仔細去讀第四章、第五章，應該可以感受到情況正在快速改變，益生菌的管轄範圍早就跳脫腸道的限制，有人說益生菌連大腦都管到了，還有什麼管不著的。如果你還在「順著感覺走」補充益生菌，會把自己限制在便祕消化等較低階的益生菌保健功能，仔細地讀這本書，能夠建立你對益生菌科學研究的信心。

我經常講的一句話是：我們對益生菌「**期待可以更高，檢視必須更嚴**」。意思是益生菌早就非吳下阿蒙，你對益生菌的期待眞的可以拉得很高很高，希望孩子過敏改善、讀書專心些，希望老公血壓血糖降低、疲勞感減輕一些，老婆憂鬱舒緩、睡得好些，父母親更有精神、食慾旺盛、排便順暢，都値得你來問問是否有好的益生菌菌株，可以回應你的期待。

期待不斷拉高的同時，我們對益生菌的檢視必須同步更加嚴格，這不是說政府要管得更嚴，而是希望一般民眾更知道如何正確審視益生菌產品的品質，理解產品背後的研發，理解什麼叫做菌株特異性，什麼叫做經得起考驗的產品品質，不要一昧地只接受銷售語言洗腦。檢視更嚴的挑戰，同時也拋給所有的益生菌相關業者，生產的、銷售的，甚至政府各級管理單位，益生菌已經是攸關全民健康的一項重要產業，請認眞一點吧！

再來強調一次我在序章中說過的話，太重要了：

「益生菌的新思維，簡單來說是『看長不看短』，『不再順著感覺走，而是相信科學數據怎麼講』。不再順著吃了幾天、幾個月的感覺，去決定要不要繼續吃，吃益生菌，是因爲每年好幾千篇的微生物體以及益生菌的基礎及臨床研究論文，告訴我們，以正確方式補充正確的益生菌，再配搭正確的飲食及生活型態，對我們的健康有不可忽視的益處，能加強韌性，在物競天擇中得以存活」。

思維模式的轉換談何容易，在「不重感覺，相信數據」的新思維還沒充分滲透民心之前，我會建議在設計益生菌產品時，還是繼續將能夠讓消費者有「體感」的元素加進產品，例如：開發舒緩壓力的益生菌微鬱產品時，同時也兼顧順暢功能，添加足量的益生元。

益生菌個人化處方，是必然趨勢

這個觀念在本書中並未深入琢磨，但卻是益生菌2.0發展的重要趨勢。

第四章講癌症時，提到近年好幾個重要研究都指出：癌症免疫療法的治療效果受腸道菌相所影響。紐約斯隆凱特琳癌症中心的沃查克教授，認爲癌症免疫療法未來發展的重點是：「改變癌細胞在體內立足增殖的免疫微環境與菌相微環境」（見第一八七頁），免疫療法配合傳統的手術及化放療，再加上調整腸道菌相，效果將更相乘倍增。

我常說：只要和免疫以及腸道菌相有關，益生菌就會有發揮本領的空間。益生菌爲什麼有效？我會簡要地回答：「抑制壞菌，促進好菌，調節免疫，降低發炎」，前兩句就是指腸道菌相，後兩句指免疫調節。第三章講益生菌爲什麼有益健康時，我說：「免疫太複雜了，層層疊疊，每株益生菌都會誘發不同組合的免疫發炎反應；甚至同一菌株，不同人、不同時候吃，免疫反應也會大大不同，有時提高促進發炎的Th1活性，有時反而提高抗發炎的Th2反應」。所以，益生菌的免疫調節效果不但是菌株特異性，更是宿主特異性，也就是說：和吃的人身體的免疫及腸道菌相狀況有關。

益生菌被歸入「微生物體療法」，意思是說：益生菌是經由調節腸道菌相，發揮生理功能。講起來看似順理成章，其實我們對腸道菌和宿主的共生關係，眞的了解還不夠，特定的益生菌菌株能不能夠調節腸道菌相，如何調控，眞的還有深入研究的空間。現狀是我們連特定益生菌在腸道內定殖與否，那麼受關注的基本問題，都還講不清楚。

同樣在第三章，介紹以色列魏茨曼研究所埃利納夫教授在二〇一八年發表於《細胞》期刊的研究，讓十一位受測者吃益生菌，然後用內視鏡進去腸道各處採樣，發現十一位受測者中，有四位的腸道中完全測不到有益生菌滯留，這又是標準的宿主特異性現象了（見第一一七頁）。有些學者認爲在腸道菌相還未穩定的嬰兒時期，就開始補充特定益生菌，會比較容易定殖；或者使用抗生素後，腸道菌傷亡累累時，服用益生菌會比較容易定殖，對不起，都不一定，還是要看菌株特異性，還是要看宿主特異性。美國內布拉斯加大學的瓦特（Walter）教授認爲：**一株菌容不容易滯留、滯留多久，和這株菌的天性有關，也和那個人原本的腸道菌相對該株菌的需求強度有關**（見第一一七頁）。

再說一次，只要和免疫以及腸道菌相有關，益生菌就會有發揮本領的空間，說得沒錯，不過每個人的免疫及腸道菌微環境都大不相同，對不同益生菌菌株的反應自然大不相同，所以，益生菌未來勢必走向「個人化」發展，會依照個人的免疫及腸道菌相狀況，設計調配適合的益生菌配方。我在第三章說「這談何容易啊！」（見第一一七頁）其實心裡想的是「就是不容易，才值得挑戰」，而且，心裡也知道「就是不容易，競爭才激烈」。

「地球益生菌」帶來永續未來

愛爾蘭科克大學的希爾（Hill）教授，在新冠疫情還未惡化前的二〇二〇年一月，在國際益生菌與益生元科學協會網站上，寫了一篇很有啓發性的文章，我簡單摘述評論，對原文有興趣的讀者，可以Google查Globobiotics。

希爾教授先描繪了一個無望的未來，「由二〇二〇年看未來，似乎快要世界末日了，氣候變遷、人口老化、資源枯竭、海洋污染，看來我們眞的要留給下一代一個沒有希望的未來了。」

這番描述像極了瑞典環保少女桑柏格，在聯合國氣候高峰會上對各國領袖的斥責，「How dare you」！人們正在垂死邊緣掙扎，整個生態系統正在崩潰，全球正處於大規模滅絕的開始，你們好大膽子，竟敢無所作爲，偷走下一代的童年與夢想！

接著，希爾教授說「微生物是我們的希望所繫，我預測到了二〇五〇年，我們將利用微生物來恢復污染受損的土地，我們將利用微生物來清除海洋中的塑膠廢物，微生物將讓我們能提高糧食產量，減少糧食浪費，透過改造反芻動物瘤胃微生物相，我們將減少甲烷排放，我們將開發有助解決代謝性疾病的新型益生菌，精神益生菌將幫助我們預防老化引起的腦功能退化」。

因此，他玩笑似地提出「地球益生菌」（globobiotics）這個名詞，將之定義為「對地球永續性有益的活的微生物、微生物代謝物，或能被微生物選擇性利用的物質」註1。

最後，希爾教授說：「我們經歷過石器時代、鐵器時代、石油時代、原子時代和資訊時代，現在歡迎來到**微生物時代**」！

知識放大鏡，幫你嚴格檢視益生菌產品

希爾教授的文章，讓我想到美國二〇一六年推動的白宮微生物體計畫，除了闡釋微生物體如何影響各種人類健康問題外，還將目標擴及農業生產、氣候變遷、全球暖化、環境污染等地球永續問題，而且還規劃加強推廣公民科學、公眾參與，擴大微生物體的社會影響力。

保加利亞的佩特洛瓦（Petrova）博士在ＩＳＡＰＰ網站上，談二〇一九年益生菌面對的挑戰是：如何將越來越豐富的科研成果，正確有效地傳遞給民眾。他舉出了幾點對策，如把菌株生理機制做清楚、資訊透明化等，最令我有感的是：對民眾的「教育教育再教育」。在微生物體研究帶動

註1：原文為「live microorganisms, microbial products or substrates selectively utilized by microorganisms, that are used in a manner that contributes to the sustainability of our planet」。

下，益生菌的研發進展飛快，知識日新月異，我認爲需要教育再教育的不僅是民眾，還包括整個益生菌社群的成員，生產的、行銷的、媒體的、醫護營養、研發教育、各級監管官員，都需要教育教育再教育。

台灣乳酸菌協會二〇〇二年剛成立時，理監事們一致認爲：益生菌知識進展如此快速，大力推動公眾教育，讓民眾有更多吸收益生菌知識的機會，必須是協會的重要使命，所以從二〇〇五年開始推動「腸道健康公益宣導活動」，充分運用媒體造勢，舉辦無數場科普演講，與近萬家便利商店合作，張貼海報，發放傳單，鼓勵民眾關心自己的腸道。爲了完整地傳達腸道健康精義內涵，更出版了《你不能沒腸識：頑固教授的二十四個腸道保健祕訣》。

教育教育再教育，十五年前益生菌的保健機能還侷限在腸道時，大家就已經認知公眾教育的重要性，現在知識更是爆炸增長，不要說民眾跟不上去，許多醫護科研專業人士同樣無法全面跟上。第三章介紹阿姆斯特丹大學紀斯教授團隊，調查一三一八名家醫科醫生對益生菌的認知程度，許多醫生提到：現在益生菌菌株繁多，功效研究進展太快，他們需要吸收更多的正確知識，否則不知道該如何推薦給病人（見第一四一頁）。

「不重感覺，相信數據」

「期待可以更高，檢視必須更嚴」

這兩句標語可以作為本書的總結，而「教育教育再教育」更是這兩句標語的支撐，我希望這本書可以有效傳達正確知識，幫助你比較容易不再順著感覺走，而是相信科學數據怎麼講。我希望這本書可以做你的放大鏡，讓你知道如何去嚴格檢視益生菌產品。

最後再提醒大家，益生菌保健必須建立在健康生活型態的基礎上，多一點運動，多一點睡眠，多一點五穀蔬果，多一點笑容讚美。用心一點，積極一點，找出一條適合自己的養生大道。簡單的事情重複做，向著標竿直跑，步履輕快，充滿喜樂感恩。

關鍵訊息（Take Home Messages）

1 益生菌新思維「不重感覺，相信數據」，與預防醫學新思維「抗老於未老，未病先養生」相得益彰。後者是立基於老化科學假說的新思維，前者則是立基於對益生菌每年好幾千篇科學論文上的信心。

2 每個人的免疫及腸道菌微環境都大不相同，對不同益生菌菌株的反應自然大不相同，所以，益生菌未來勢必走向「個人化」發展，依照個人的免疫及腸道菌相狀況，設計適合的益生菌配方。

3 未來是微生物的時代，微生物是我們的希望所繫，「地球益生菌」指對地球永續性有益的微生物。

4 「不重感覺，相信數據」，「期待更高，檢視更嚴」這兩句標語是本書的總結，而「教育教育再教育」更是這兩句標語的支撐。這本書傳達正確知識，幫助大家不再順著感覺走，而是相信科學數據怎麼講，同時也是有助於嚴格檢視益生菌產品的放大鏡。

〔專家建言〕

啓動益生元最佳食癒力

吳映蓉
營養學博士

我從小是個過敏兒，小學起床時，第一件事可能先打一百個噴嚏，再用一堆衛生紙擤著鼻涕，這是我起床的儀式。那時，我不知道自己可能是腸道的菌相已經不平衡了，因爲那時的我一點都不喜歡吃有纖維的蔬菜、水果，喜歡的是精緻的麵包、巧克力，幾乎都是導致身體發炎的食物。就這樣，過敏性鼻炎伴隨著我，一直到大學唸北醫保健營養系，開始有概念，知道要多吃一些蔬菜、水果，才不會枉費我念這科系的形象。或許，是我腸道中的好菌開始有「食物」可以吃了，腸道的菌相開始變成好的組成，我的過敏性鼻炎漸漸消失。其實那時的我並不知道：**原來食物、腸道菌、過敏之間存在著密不可分的微妙關係**。

隨著益生菌的研究越來越深入，我越來越清楚，飲食與腸道菌相的關係是如此密切，我們吃進去的每一口食物中含的「益生元」多寡，都會影響到駐足在我們腸道中數以「兆」計的細菌。**我們吃下去的食物，除了要滋養身體外，還要讓共生在腸道中的細菌喜歡才行**。「它們」吃完後開心了，會發揮影響力，讓我們更健康。關於「益生元」，除了母乳中的「母乳寡糖」，是特別給新生兒的禮物外，我想分幾個方向跟大家介紹一下，要如何從飲食中得到「益生元」？

可發酵「膳食纖維」才算是益生元

以往我們定義膳食纖維，就是不能被人體消化吸收的醣類，大致可以分為「可溶性膳食纖維」與「不可溶性膳食纖維」。但是，可以獲選為「益生元」的膳食纖維，則有更嚴格的標準，必須是在我們的腸道中可以被細菌發酵，並產生一些活性物質如短鏈脂肪酸等。這些活性物質不但對腸道本身有助益，對全身也有健康上的幫助，如果只是留在腸道擔任「清道夫」角色，在這波選角過程中註定被淘汰[001]。而這些可以當作「益生元」的膳食纖維，有些是可溶性的纖維，有些則是不可溶的纖維，所以，要獲得這一類益生元，我們必須廣泛地吃「植物性」來源的原態食物，如全穀類（糙米、五穀米、玉米等）、根莖類（地瓜、馬鈴薯、南瓜等）、豆類（黃豆、毛豆、黑豆等），還有各種菇類、藻類、蔬菜、水果類，都可以提供可發酵膳食纖維。

乳製品、水果中含有「寡醣類」益生元

寡醣類有時也會被歸類在「可發酵膳食纖維」。寡醣類的益生元可以透過生物科技的方式生產，因此，我們也可以購買這一類的保健食品來補充。不過，我也想跟大家聊聊，如何從天然食物獲得有「益生元」效果的寡糖，如「果寡糖」（FOS）可以從蜂蜜、大蒜、黑麥、黑糖、香蕉、

洋蔥、番茄、大麥中獲得；「半乳糖寡糖」（GOS）則可以從乳製品中獲得，如牛乳、羊乳、優格等；「甘露寡糖」（MOS）主要存在於酵母的細胞壁，所以，也可以從市面上賣的酵母產品獲得甘露寡糖 002。

多吃不同顏色食材，補充「植化素」益生元

提到植化素，大家最熟悉的、成員最多的一個分類應該就是多酚類，而它們最有名的貢獻就是「抗氧化力」。但是，植化素可以當作「益生元」倒是非常新穎。有些不能被吸收的的植化素，可以在腸道被代謝成許多活性物質，這些活性物質被吸收後，可以促進身體健康，如抑制食慾、降低發炎反應、減少胰島素抗性等 003。說到植化素作為「益生元」，是最近才開始被注意的領域，但在我們尚未清楚植化素如何產生活性物質之前，從飲食中獲取足量的植化素，絕對是對身體有益的。其實，植化素就是植物的「色素」，我們可以利用「顏色」作為指標，每天吃不同顏色的植物性食材。我常在演講時跟大家說：「記得王力宏是白馬王子」，其實我想讓大家記住：「黃」「綠」「紅」是「白」馬王「紫」，只要掌握食材的顏色，就可以吃到絕大部分不同的植化素。

多吃「亞油酸」，可抗癌、減少動脈硬化

很多研究發現，多元不飽和脂肪酸可以影響腸道菌相的生長，但是，這些影響對人體的健康是

好還是壞，有些尚未被深入探討。而其中一種多元不飽和脂肪酸——亞油酸（Linoleic acid）值得在此介紹。爲何要介紹亞油酸？它是一種人體一定要攝取的必需脂肪酸，經過微生物的發酵，會產生共軛亞油酸（conjugated linoleic acid, CLA）。共軛亞油酸已經紅好一陣子了，暴紅的原因是研究發現有減少脂肪的效果，當然，還有研究發現它其他的生理活性，如抗癌、減少動脈硬化等。基本上，共軛亞油酸最先是在反芻類動物的肉和乳汁被發現，而最近發現：人類腸道中的雙歧桿菌，竟然也有產生共軛亞油酸的功能[004]，也就是說，如果我們多吃一點含亞油酸的食材，人體其實可以自己產生共軛亞油酸，而在腸道產生的共軛亞油酸可以被人體吸收，進而發揮健康效益。而一般常用的烹調植物油，如紅花籽油、葡萄籽油、葵花籽油、玉米油、大豆油等，也富含亞油酸，在烹調時可以適量使用。

四等份餐盤，輕鬆攝取益生元

綜合上述，如何從飲食中得到較多的「益生元」呢？在這裡給大家一個最有效、最簡單的飲食建議，就是每一餐確保有四分之三以上的食物來自植物性的食材，請將餐盤大致分成四等份，四分之一是全穀根莖雜糧類，四分之一來自蔬菜、菇類及藻類、四分之一來自水果類，最後四分之一是蛋白質食物，如豆魚蛋肉，這裡也是以植物性的黃豆、毛豆、黑豆爲優先。記住！要把「王力宏是白馬王子」放在心裡，讓我們的餐盤盡量色彩繽紛。此外，「每日飲食指南」建議每天喝一．五～

兩杯的乳品，我推薦飲用優酪乳，不但可以補充益生元，還可以補充益生菌。若每天照著這樣吃，一定可以啓動最大的益生元食癒力。

〔專家建言〕

人體微生物：治癒疾病的新曙光

——宋晏仁
書田診所家醫科主任

二次大戰後迄今，地球經歷了自從誕生以來最多的變化：很多國家從農業社會進入工業化，再到現在的高科技環境。經濟活動也從小規模的內部經濟，進入國際貿易，最後演進到全球化的大繁榮景象。環境方面，從工業污染到全球暖化，造成的各種生態與極端氣候問題，大家正在見證中。國際地緣政治的多邊衝突局勢，更是快速地變化中。

代謝疾病比傳染病更具威脅性

而在醫藥衛生領域，過去七十年一樣令人目不暇給。戰後各國經歷復甦期，公共衛生的重點在傳染病防治，進入各種環境消毒劑、疫苗的開發與各種抗生素的發明，到一九七〇年代中葉，人類利用這些衛生醫藥技術，幾乎把「萬惡的致病菌」全部殺光，或是以產生免疫力的方法，讓人類遠離「病菌」，乃至於醫學界一度以爲：傳染病專科在一九八〇年代以後，不再有單獨存在的價值。誰知道「新興或再現傳染病」就在人類這樣的自信之中，一個接著一個出現，從結核病、百日咳的再度流行，愛滋病的出現，到近二十年來SARS、MERS、伊波拉，乃至於大家正在經歷的COVID-19，新興疾病的出現，將是人類作爲「生物界」的一員，必須深刻體認的新常態：或許這一切的發生並非偶然，人類的行爲，也許正是過去六、七十年來地球上各種劇烈變化的主要原因。其實人類在自己創造的世界中，已經嘗到了苦果。

即便新興傳染病將成爲新常態，但現在最重大的全球性流行病，並不是這些病毒或細菌所造成的疾病，而是人類生活環境與型態，以及食物生產與供應方式「改良」，造成全世界的人類（甚至被人類飼養的寵物）罹患肥胖、糖尿病、高血壓等代謝性疾病，情況之嚴重，讓戰後嬰兒潮這個世代的人，居然要面對下一代的人「因爲代謝性疾病，平均餘命可能將短於自己這一代」的命運，全球醫學界也正在苦思對策，企圖扭轉人類的厄運。

基因科技加速了微生物體研究的進展

說得這麼悲觀，好像人類是犯了錯的亞當夏娃，其實人類在過去六、七年也創造了許多科技奇蹟，與生命科學方面的重大發現，對地球的所有生命都有很大貢獻。其中，基因科技、細胞生物學、生物化學等方面的進展，無疑是重大推手。跨國合作的「人類基因體定序計畫」，被比擬爲人類登月計畫，該計畫在一九九〇年正式啓動，預計十五年內完成，但由於定序技術的快速進步，完整而精確的基因組在二〇〇三年提前完成，但是其結果卻令科學界愕然：複雜而聰慧的智人

（Homesapiens）基因數量居然不到三萬個，比只有一千多個細胞的秀麗隱桿線蟲（*Caenorhabditis elegans*）多不了幾個。

但是，科學家立刻轉進了更新的研究陣地，其中兩項與基因科技的發達有關，值得一提：

1 表觀遺傳學（epigenetics）：人類的基因組雖然只有兩萬多個，但是占基因體更大比例的非基因序列部分，並有極精密複雜的調節功能，使得基因的表現多樣而繁複，正可反應人類各種功能的複雜性。

2 微生物體學（microbiome）：主要指的是人類腸胃道的細菌基因體，也是本書談的重點。

微生物基因體之所以能夠有此進展，也是高速精準的基因定序科技所賜。過去人類的腸胃道（糞便）細菌，培養不易，培養出來的也大多是致病菌，所以過去都認爲糞便是髒的、壞的、碰不得的。只有在基因定序科技的偵測之下，「糞便」內豐富多彩的生命體才能呈現出來。這橫空出世的「糞便世界」，令生物醫學界大爲驚艷！

如本書所言，現在我們已經知道，人體不只腸道充滿細菌，我們的皮膚、口鼻腔、生殖泌尿道也布滿了細菌。任何一個時刻，在我們身上或體內的「菌口」總數接近人體細胞總數，而其基因總數則是人體基因數（不到三萬）的一百倍，普林斯頓大學的微生物學家邦妮·芭斯勒（Bonnie Bassler）曾開玩笑說：「一個人其實是一%的人類與九九%的細菌」。

大部分醫學家在二〇〇六年之前，對人體體表或口鼻腔的細菌有所謂「正常菌群」（normal

flora）的觀念，但肯定不會相信：腸道內的細菌叢，不只影響著我們的腸胃道功能，更影響了我們的免疫、腦神經與代謝功能！那麼，我們現在面臨的癌症（免疫功能失序）、憂鬱症（神經系統失序）與代謝性疾病（代謝機能失序），其解決之道很可能就在藥物、免疫療法之外的——「人體微生物菌叢」，也許它會提供更有潛力的方向！

前幾章已經講到一個重點：腸道菌可以用「益生菌」來調節。望眼未來，治療人類各種「非傳染性疾病」的方要，可能就在這最古老的傳染性疾病的「病原體」上面。二戰後的世界很弔詭，但是益生菌的發展，讓我們看到未來世界的一道曙光。

〔專家建言〕

妥瑞症患者的憂鬱可望有解

——周宜卿
中國醫藥大學兒童醫院兒童神經科醫師

妥瑞症是一種兒童神經性疾病，需要兒童神經科與兒童精神科共同治療。據估計，**每兩百人就有一人患有妥瑞症**，患者多半在五、六歲時發作，男女比例是三比一，二十歲成年以前，有六成左右的患者會自然痊癒或症狀明顯減輕。

有個典型案例是這樣的：台中市一名七歲男孩，因為覺得喉嚨發癢，整天發出清痰的聲音，而且緊張時特別明顯，入睡後就會消失。這種情況持續了近三個月，周遭的人不勝其擾。家長帶他看遍過敏科、耳鼻喉科、小兒科，結果只查出來輕微過敏，雖然做了減敏治療，仍絲毫不見改善。直到有一天，男童忘了做作業，早上到校後，兩腿忽然不自主抽動，且時好時壞，接下來眨眼、張嘴等不自主動作也一一出現，家長便緊急帶小朋友就醫，確診為妥瑞症。

那些不由自主的聲音和動作稱為tic，其實都是妥瑞症引起的。最常出現的tic，有眨眼睛、吐舌、裝鬼臉、聳肩膀、搖頭晃腦等快速而短促的動作，以及清喉嚨、擤鼻子等聲音。tic不是壞習慣，也不是故意要引人注目。當患者專心於某一事物時，tic常會自動消失。壓力及緊張，有可能會顯著影響tic發生的頻率及強度，因此，熟睡時大多會完全消失。

然而，妥瑞症病患受到最大的傷害，並不在疾病本身，而是因為誤會而引起的心理創傷。病童往往被當作故意擠眉弄眼、發出怪聲，或是被誤以為是中風、抽筋、癲癇、腦部異常，甚至視為中邪而送去收驚。

益生菌的妥瑞症臨床試驗正展開

近年來，神經精神異常病理機制的研究已經證實：妥瑞症與大腦的基底核與額葉之間的聯繫出狀況有關。這個神經迴路，因爲部分和掌管運動功能的腦皮質層相連接，因此才有tic的情形；當其和管理行爲或情緒的邊緣系統（limbic system）相連接時，可能出現強迫症、專心度不足或過度活動等情形。所以，**妥瑞症病患可能具有強迫性人格、過動、焦慮、憂鬱、暴怒、自我傷害、學習障礙等情緒問題**。如前述病例，男童就診時，除了不由自主的聲音和動作，還有過動與注意力不集中的情形，另外，他也很容易激動、發怒。男童母親不知道這是神經性的問題，總以爲他是故意的，便用責罵與處罰來約束他的行爲，造成親子關係相當緊張。男童母親一再強調，孩子非常聰明，但不知何故很難管教，加上種種奇怪的聲音和動作，經常讓她在公共場所出洋相。對生病的男童來說，**眞是情何以堪啊！**

事實上，只有一○%至三○%左右的妥瑞症患者，因出現嚴重的tic才需服藥。大多數症狀溫和或輕微的患者，反而需注意共病情形和情緒管理，治療共病之症狀也有助於改善tic。

根據我們的研究，**妥瑞症患者成年後，發生憂鬱症的比例遠高於正常人**。若能早一點在tic發生時，即開始引導病童的身心靈發展，早期診斷，早期治療，成年後將與正常人無異。

妥瑞症的病童抗壓力較弱，容易因壓力引發症狀加劇及情緒障礙。欣聞陽明大學團隊開發的精神益生菌PS128在自閉症臨床研究上，對自閉症腸道症狀有幫助，並且能夠改善各種憂鬱、躁鬱等症狀。因此，我們與陽明團隊將做進一步的研究，期望PS128能在臨床試驗的過程中，幫助這些處於慢性壓力的兒童，改善憂鬱與易怒的情緒，預防憂鬱症的產生。

〔專家建言〕

健康或生病，取決於腸道菌相

張振榕
張振榕診所院長
胃腸肝膽專科醫師

看完了本書前幾章，大家應該了解，在人體的各個器官中，其實有許多微生物與我們共生著，例如：我們的口咽呼吸道中有約六百種微生物存在，而腸道裡則有上千種的微生物存活。

人體細胞的數量約六十兆個，而與我們共生的微生物細胞數量則高達五十兆到百兆左右，比人類細胞多許多！我常比喻，我們的身體就像是一台載著滿滿百兆以上的微生物和六十兆人體細胞的大公車。決定這台公車上路後表現好壞的因素，就包括了：1路況（外在環境）；2乘客素質（微生物菌相）；3車子本身的車況（宿主狀態）。因此，人體的健康狀態如何，端賴外在環境、微生物菌相跟宿主狀態的三方平衡來決定。

人體所有的共生微生物中，存在於腸胃道的微生物是最多的，數量高達十的十四次方，重量約占體重的兩公斤。西元前四百多年，「醫學之父」希波克拉底就曾提出「所有疾病皆源於腸道」的理論，當時不知道微生物與人體之間的互生關係，希氏的理論也未受到驗證。隨著現代醫學研究的發展，我們越來越了解，人體健康狀態不佳，與腸道菌相失衡有密切關係。

大腸癌、脂肪肝，跟腸道菌相失調有關係

身爲一位腸胃科醫師，十多年的臨床經驗告訴我，腸道菌相的好壞，對於人體健康的影響是長遠而巨大的。從出生那刻起，我們就開始從母親的身上及母乳中獲取腸道菌，隨著年齡增長、成長的環境及攝取食物種類的不同，我們在各自人生中，逐漸發展出屬於自己的獨有腸道菌相。腸道菌在人體中扮演許多重要的角色，包含：調控免疫系統、合成營養素（維他命、胺基酸）、促進神經系統發展、抵抗致病菌、分解食物、調節脂肪代謝、調節骨密度等生理機能。腸道菌相的好壞，決定了未來身體健康情況的走向。

腸道菌種類越豐富（菌相多樣性高）、好菌種的數量越多，表示腸道菌相越健康。然而由於生活型態的改變（壓力大、常熬夜）、飲食習慣西化（高熱量飲食）以及抗生素的濫用，現代人要維持好的腸道菌相變得越來越不容易。當上述的生活飲食情況越來越糟糕時，就會造成腸道菌相多樣性下降，好菌種減少，壞菌種增加，這時候我們稱爲「腸道菌相失調」（Dysbiosis）。

近年來，許多研究發現，腸道菌相失調可能跟某些疾病的發生或惡化有關。**在肝膽腸胃疾病方面，非酒精性脂肪肝、發炎性腸病、腸躁症甚至大腸癌，都被發現與腸道菌相失調有關**。除此之外，腸道菌相失調跟肥胖症、動脈硬化、心血管疾病、第一型糖尿病、過敏、憂鬱症、神經退化疾病、自閉症及免疫系統疾病的發生也有關聯性。舉例來說，在大腸癌病人術後的病理組織中，我們發現一種稱爲「具核梭桿菌」（*Fusobacterium nucleatum*）的細菌，在腫瘤組織內的量會顯著增加。

這種細菌被發現會侵犯腸道上皮細胞，造成慢性發炎、促進腫瘤細胞增生。同時，具核梭桿菌也會抑制T淋巴球的活性，並造成T淋巴球死亡，因此降低了人體免疫系統對腫瘤細胞的反應，造成癌細胞的生長更爲容易。研究顯示，癌症組織中，具核梭桿菌DNA濃度越高的大腸癌患者，其疾病預後及存活率也越差。另外，腸道菌相失調，也被認爲是引發非酒精性脂肪肝患者的肝臟發炎的重要原因之一。

除了分析疾病與腸道菌相失調之間的關係之外，許多學者也研究如何由改變腸道菌相，來達到改善或治療疾病的效果。最廣爲人知的例子，莫過於使用糞菌移植，來治療困難梭狀桿菌過多引起的僞膜性結腸炎。另外，也有許多使用益生菌來改善脂肪肝及脂肪肝炎的臨床試驗文獻。

從上面的例子，我們可以了解：腸道菌相的好壞，確實可以影響人體健康狀況，甚至引起疾病。因此，從腸胃科醫師的角度來說，我個人相信補充益生菌可以對人體健康產生正面效益。我認爲，未來的益生菌補充，應該要朝個人精準醫療方向發展，因爲每個人需要補充益生菌的原因及適合的益生菌種，可能都不盡相同。在不遠的將來，或許我們能夠經過事前的個人化腸道菌相分析，找出每個人需要（或缺少）的腸道菌，再對症補充，達到精準分析、正確補充、獲得療效的目標。

〔專家建言〕

益生菌也能提升運動表現

陳俊忠
陽明大學運動健康科學研究中心主任

益生菌與運動有關的研究，目前仍處於起步階段，大多數關於益生菌的研究，都集中在改善運動員的呼吸功能和減少腸道不適，較少有研究探討益生菌如何影響運動員的腸道菌相，以及如何影響肌肉能量代謝。在運動表現方面，大多數研究都是基於動物模型，較少在人體臨床試驗上證明益生菌對運動表現有幫助。

腸道菌群與延緩疲勞、改善耐力有關

益生菌對運動能力的影響，與菌株、劑量和時間有關。以運動的耐力表現來說，耐力可以定義為：保持自己的速度或動力輸出到最大的能力。耐力與疲勞有關，疲勞則是一種複雜的生理現象，可分為腦部與中樞神經反應與效率下降的「中心性疲勞」，以及骨骼肌肉收縮執行能力下降的「周圍性疲勞」。為了應對長距離比賽和高速度運動，中長跑運動員需要複雜的能量代謝系統與肌肉組織相互作用，以提供劇烈運動的大量能量需求。

長期運動是一種生理壓力，會促進發炎反應，降低運動表現。此外，運動中肌肉劇烈收縮引起的急性肌肉發炎，可能導致白血球浸潤，並增加腫瘤壞死因子-α和細胞激素IL-6等炎症細胞因子。腸道菌群及其產生的短鏈脂肪酸（SCFA）代謝產物，可調節嗜中性白血球功能，降低腸道通透性，抑制炎症細胞因子，並調控細胞的氧化還原環境，**因而有助於降低劇烈運動引起的發炎反應，增強肌肉的再生能力和適應性、延緩疲勞症狀，並改善耐力表現。**

腸道菌相越多樣，肌肉質量也越好

近年極受注目的「腸肌軸」（gut-muscle axis）指的是：**腸道菌相的豐富性和多樣性會影響肌肉質量，進而影響運動表現。**人體微生物相失調會造成短鏈脂肪酸減少，誘發炎症反應，降低粒腺體脂肪酸氧化，影響肌肉代謝，導致肌肉功能受損。這種現象將導致肌肉力量和質量下降，並進入胰島素阻抗的惡性循環，最終導致肌少症和虛弱。另外，有研究證明：**健康的腸道菌群所產生的酚類化合物，可以增加肌肉纖維中的葡萄糖攝取，誘導合成代謝反應，從而增加肌肉質量。**

訓練有素的運動員，腸道菌群更具多樣性

改善飲食或使用益生菌補充品，是增加腸道菌群豐富性和多樣性，最直接有效的方法，運動訓練也會有同樣效果。每週訓練超過十六小時的運動員，腸道菌中，能分解碳水化合物的普氏菌比例

顯著較高，這似乎與耐力型運動員需要消耗更多膳食纖維或碳水化合物，以獲取能量有關。

人體實驗證實：益生菌可提高運動表現

益生菌在學理上，已被推論可以有效促進健康與提升運動表現，近年陸續有不少益生菌對運動生理及運動表現的臨床試驗論文陸續發表，國際運動營養學會在二〇一九年，針對補充益生菌對運動員的整體健康、運動表現以及疲勞回復的效果發表專家共識[005]。論文中列舉四十餘項益生菌對運動員的臨床研究，整體而言，有約四成的臨床研究證明：特定益生菌菌株對免疫、發炎、腸道通透性、呼吸道感染等有顯著改善效果，也有少數研究能夠改善運動表現及促進疲勞回復。菌株特異性確實是最重要決定因子，第一三六頁介紹了我國近年發表的三株運動益生菌的研究，植物乳桿菌TWK10對一般青年的運動耐力、運動表現及疲勞回復有幫助；長雙歧桿菌OLP-1能提升長跑選手的跑步體能測試表現；植物乳桿菌PS128對三鐵運動員的運動表現、疲勞回復、菌相變化都有幫助。其中TWK10以及PS128在上述專家共識論文中也有介紹。

影響運動表現的因素，可以歸納爲：運動者本身、運動種類與運動環境。益生菌能夠改善腸道環境，所以可以歸納爲改善運動環境因素，由此可知，除了腸道本身的菌群豐富性和多樣性之外，也必須考量運動者本身的健康與體能狀況、從事的運動種類與特性，以及運動時的外在環境條件。

因此，益生菌雖然已被推論可以有效促進健康與提升運動表現，但對運動生理影響的相關臨床驗證仍相當有限。期待未來能藉由更多的實驗研究，驗證益生菌對於不同運動者、在不同的運動環境、從事不同運動種類時，可能提升的運動表現效益。

參考資料

作者序　成爲具備理性及知識的益生菌愛好者

001 van der Geest AM et al. (2020) European general practitioners perceptions on probiotics: results of a multinational survey. *Pharma Nutrition 11:100178*.

序章　強化韌性與免疫：後新冠疫情的新思維

001 Cathomas F et al. (2019) Neurobiology of resilience: interface between mind and body. *Biol Psychiatry 86:410-420*.

002 Dantzer R et al. (2018) Resilience and immunity. *Brain Behav Immun. 74:28-42*.

003 Krasse B (2001) The Vipeholm Dental Caries Study: recollections and reflections 50 years later. *J Dent Res. 80:1785-1788*.

004 Rosier BT (2018) Resilience of the oral microbiota in health: mechanisms that prevent dysbiosis. *J Dent Res. 97:371-380*.

005 Kim SW et al. (2020) Using psychoneuroimmunity against COVID-19. *Brain Behav Immun. 87:4-5*.

006 Kowia ski P et al. (2018) BDNF: a key factor with multipotent impact on brain signaling and synaptic plasticity. *Cell Mol Neurobiol. 38:579-593*.

007 Su CL et al. (2016) Epigenetic regulation of BDNF in the learned helplessness-induced animal model of depression. *J Psychiatr Res. 76:101-110*.

008 Ma DY et al. (2016) The correlation between perceived social support, cortisol and brain derived neurotrophic factor levels in healthy women. *Psychiatry Res. 239:149-153*.

009 Sweeten BL et al. (2020). Predicting stress resilience and vulnerability: brain-derived neurotrophic factor and rapid eye movement sleep as potential biomarkers of individual stress responses. *Sleep 43:zsz199*.

010 Tian P et al. (2020) Towards a psychobiotic therapy for depression: *Bifidobacterium breve* CCFM1025 reverses chronic stress-induced depressive symptoms and gut microbial abnormalities in mice. *Neurobiol Stress 12:100216*.

011 Liao JF et al. (2020) *Lactobacillus plantarum* PS128 alleviates neurodegenerative progression in 1-methyl-4-phenyl-1, 2, 3, 6-tetrahydropyridine-induced mouse models of Parkinson's disease. *Brain Behav Immun. S0889-1591:30592-4*.

012 Wei CL et al. (2019) Antidepressant-like activities of live and heat-killed *Lactobacillus paracasei* PS23 in chronic corticosterone-treated mice and possible mechanisms. *Brain Res. 1711:202-213*.

013 Poulton R et al. (2015) The Dunedin Multidisciplinary Health and Development Study: overview of the first 40 years, with an eye to the future. *Soc Psychiatry Psychiatr Epidemiol 50:679-693*.

014 Belsky DW et al. (2015) Quantification of biological aging in young adults. *PNAS. 112:E4104-E4110*.

015 Sierra F et al. (2017) Geroscience and the trans-NIH geroscience interest group, GSIG. *Geroscience 39:1-5*.

016 López-Otín C et al. (2013) The hallmarks of aging. *Cell 153:1194-1217*.

017 Tsai YC et al. (2021) Gerobiotics: Probiotics targeting fundamental aging processes. *Biosci Microbiota*

Food Health in press.

第2章　你的「微生物體」夠強大嗎？

001 國衛院電子報733期

002 Berg G et al. (2020) Microbiome definition re-visited: old concepts and new challenges. *Microbiome 8:130.*

003 Tierney BT et al. (2019) The landscape of genetic content in the gut and oral human microbiome. *Cell Host Microb. 26:283-295.*

004 Nakayama J et al. (2015) Diversity in gut bacterial community of school-age children in Asia. *Sci Rep. 5:8397.*

005 Tung J et al. (2015) Social networks predict gut microbiome composition in wild baboons. *Elife 4:e05224.*

006 Dominguez-Bello MG et al. (2019) Role of the microbiome in human development. *Gut 68:1108-1114.*

007 Koren O et al. (2012) Host remodeling of the gut microbiome and metabolic changes during pregnancy. *Cell 150:470-480.*

008 Fettweis J M et al. (2019) The vaginal microbiome and preterm birth. *Nat Med. 25:1012-1021.*

009 Dominguez-Bello MG et al. (2016) Partial restoration of the microbiota of cesarean-born infants via vaginal microbial transfer. *Nat Med. 22:250.*

010 Mueller NT et al. (2019) Bacterial baptism: scientific, medical, and regulatory issues raised by vaginal seeding of C-section-born babies. *J Law Med Ethics 47:568-578.*

011 Li, SW et al. (2017) Bacterial composition and diversity in breast milk samples from mothers living in Taiwan and mainland China. *Front Microbiol 8: 965.*

012 Rodríguez JM (2014) The origin of human milk bacteria: is there a bacterial entero-mammary pathway during late pregnancy and lactation? *Adv Nutr 5:779-784.*

013 Sender R et al. (2016) Revised estimates for the number of human and bacteria cells in the body. *PLoS Biol. 14:e1002533.*

014 Rawls M et al. (2019) The microbiome of the nose. *Ann Allergy Asthma Immunol. 122:17-24.*

015 Kraemer JG et al. (2018) Influence of pig farming on the human nasal microbiota: key role of airborne microbial communities. *Appl Environ Microbiol. 84:e02470-17.*

016 Wypych TP et al. (2019) The influence of the microbiome on respiratory health. *Nat Immuno. 20:1279-1290.*

017 Shin H et al. (2016) Changes in the eye microbiota associated with contact lens wearing. *mBio. 7:e00198-16.*

018 Lamont RJ et al. (2018) The oral microbiota: dynamic communities and host interactions. *Nat Rev Microbiol. 16:745-759.*

019 Kato T et al. (2018) Oral administration of *Porphyromonas gingivalis* alters the gut microbiome and serum metabolome. *mSphere 3:e00460-18.*

020 Yang CY et al. (2018). Oral microbiota community dynamics associated with oral squamous cell carcinoma staging. *Front Microbiol. 9*:862.

021 Rosier BT et al. (2018) Resilience of the oral microbiota in health: mechanisms that prevent dysbiosis. *J Dent Res. 97:371-380.*

022 Krasse B (2001) The Vipeholm Dental Caries Study: recollections and reflections 50 years later. *J Dent Res. 80:1785-1788.*

023 Byrd AL et al. (2018) The human skin microbiome. *Nat Rev Microbiol. 16:143-155.*

024 Lax S et al. (2017) Bacterial colonization and succession in a newly opened hospital. *Sci Transl Med 9:eaah6500.*

025 Shibagaki N et al. (2017) Aging-related changes in the diversity of women's skin microbiomes associated with oral bacteria. *Sci Rep.7:10567.*

026 Byrd A L et al. (2017) Staphylococcus aureus and Staphylococcus epidermidis strain diversity underlying pediatric atopic dermatitis. *Sci Transl Med. 9:eaal4651.*

027 Nakatsuji T et al. (2017) Antimicrobials from human skin commensal bacteria protect against *Staphylococcus aureus* and are deficient in atopic dermatitis. *Sci Transl Med. 9:eaah4680.*

028 O'Neill AM et al. (2020) Identification of a human skin commensal bacterium that selectively kills *Cutibacterium acnes. J Invest Dermatol. S0022-202X:30041-5.*

029 Rowe M et al. (2020) The reproductive microbiome: an emerging driver of sexual selection, sexual conflict, mating systems, and reproductive isolation. *Trends Ecol Evol. 35:220-234.*

030 Ravel J et al. (2011) Vaginal microbiome of reproductive-age women. *PNAS. 108:4680-4687.*

031 Chen C et al. (2017) The microbiota continuum along the female reproductive tract and its relation to uterine-related diseases. *Nat Commun 8:875.*

032 Tai FW et al. (2018) Association of pelvic inflammatory disease with risk of endometriosis: a nationwide cohort study involving 141, 460 individuals. *J Clin Med. 7:379.*

033 Chen HM et al. (2018) Vaginal microbiome variances in sample groups categorized by clinical criteria of bacterial vaginosis. *BMC Genomics 19:876.*

034 Alfano M et al. (2018) Testicular microbiome in azoospermic men—first evidence of the impact of an altered microenvironment. *Hum Reprod. 33:1212-1217.*

035 Weng S L et al. (2014) Bacterial communities in semen from men of infertile couples: metagenomic sequencing reveals relationships of seminal microbiota to semen quality. *PloS One 9:e110152.*

036 Tomaiuolo R et al. (2020) Microbiota and human reproduction: the case of male infertility. *High Throughput, 9:E10.*

037 Whiteside S A et al. (2015) The microbiome of the urinary tract—a role beyond infection. *Nat Rev Urol. 12:81-90.*

038 Chen YH et al. (2019) Prevalence and risk factors for Barrett's esophagus in Taiwan. *World J Gastroenterol. 25:3231-3241.*

039 Coker OO et al. (2018) Mucosal microbiome dysbiosis in gastric carcinogenesis. *Gut 67:1024-1032.*

040 Choi CHR et al. (2017). Clonal evolution of colorectal cancer in IBD. *Nat Rev Gastroenterol Hepatol. 14:692-693.*

041 Kastl Jr AJ et al. (2020) The structure and function of the human small intestinal microbiota: current understanding and future directions. *Cell Mol Gastroenterol Hepatol. 9:33-45.*

042 Chung CS et al. (2016) Differences of microbiota in small bowel and faeces between irritable bowel

syndrome patients and healthy subjects. *Scand J Gastroenterol. 51:410-419.*

043 Saffouri GB et al. (2019) Small intestinal microbial dysbiosis underlies symptoms associated with functional gastrointestinal disorders. *Nat Commun. 10:2012.*

044 Bollinger RR et al. (2007) Biofilms in the large bowel suggest an apparent function of the human vermiform appendix. *J Theor Biol 249:826-31.*

045 Killinger BA et al. (2018). The vermiform appendix impacts the risk of developing Parkinson's disease. *Sci Transl Med. 10:eaar5280.*

046 Goncalves AR et al. (2020) Past appendectomy may be related to early cognitive dysfunction in Parkinson's disease. *Neurol Sci. 2020 Jun 11.*

047 Girard-Madoux MJ et al. (2018) The immunological functions of the Appendix: an example of redundancy? *Semin Immuno. 36:31-44.*

048 Rubin R (2019) Uncovering a link between the appendix and Parkinson disease risk. *JAMA 2019 Jul 3.*

049 Sánchez-Alcoholado L et al. (2020) Incidental prophylactic appendectomy is associated with a profound microbial dysbiosis in the long-term. *Microorganisms. 8:609.*

050 Cani PD (2017) Gut microbiota—at the intersection of everything? *Nat Rev Gastroenterol Hepatol. 14:321-322.*

051 Fragiadakis GK et al. (2019) Links between environment, diet, and the hunter-gatherer microbiome. *Gut Microbes. 10:216-227.*

052 Vangay P et al. (2018). US immigration westernizes the human gut microbiome. *Cell 175:962-972.*

053 Rothschild D et al. (2018) Environment dominates over host genetics in shaping human gut microbiota. *Nature 555:210-215.*

054 Havstad S et al. (2011). Effect of prenatal indoor pet exposure on the trajectory of total IgE levels in early childhood. *J Allergy Clin Immunol. 128:880-885.*

055 Bello MGD et al. (2018). Preserving microbial diversity. *Science 362:33-34.*

第3章　崛起的益生菌2.0

001 Lilly DM et al. (1965). Probiotics: growth-promoting factors produced by microorganisms. *Science 147:747-748.*

002 Parker RB (1974) Probiotics, the other half of the antibiotic story. *Animal Nutri Health 29:4-8.*

003 Fuller. R (1989) Probiotics in man and animals. *J Appl Bacteriol 66:365-378.*

004 Hill C et al. (2014) Expert consensus document: the international scientific association for probiotics and prebiotics consensus statement on the scope and appropriate use of the term probiotic. *Nat Rev Gastroenterol Hepatol. 11: 506-14.*

005 Akter S et al. (2020) Potential health-promoting benefits of paraprobiotics, inactivated probiotic cells. *J Microbiol Biotechnol. 30:477-481.*

006 Binda S et al. (2020) Criteria to qualify microorganisms as "probiotic" in foods and dietary supplements. *Front Microbiol. 11:1662.*

007 Zhang J et al (2020) A taxonomic note on the genus *Lactobacillus*: Description of 23 novel genera, emended description of the genus *Lactobacillus* Beijerinck 1901, and union of *Lactobacillaceae* and *Leuconostocaceae*. *Int J Syst Evol Microbiol 70:2782-2858.*

008 Chao SH et al. (2010) *Lactobacillus odoratitofui* sp. nov., isolated from stinky tofu brine. *Int J Syst Evol Microbiol. 60:2903-2907.*

009 Chao SH et al. (2012) *Lactobacillus futsaii* sp. nov., isolated from fu-tsai and suan-tsai, traditional Taiwanese fermented mustard products. *Int J Syst Evol Microbiol. 62:489-494.*

010 Maldonado-Gómez MX et al. (2016) Stable engraftment of *Bifidobacterium longum* AH1206 in the human gut depends on individualized features of the resident microbiome. *Cell Host Microbe 20:515-526.*

011 Zmora N et al. (2018) Personalized gut mucosal colonization resistance to empiric probiotics is associated with unique host and microbiome features. *Cell 174:1388-1405.*

012 Hajfarajollah H et al. (2018) Biosurfactants from probiotic bacteria: a review. *Biotechnol Appl Biochem. 65:768-783.*

013 Lahtinen SJ et al. (2007) Specific Bifidobacterium strains isolated from elderly subjects inhibit growth of *Staphylococcus aureus*. *Int J Food Microbiol 117:125-128.*

014 Reid G et al. (2002) Rapid identification of probiotic Lactobacillus biosurfactant proteins by ProteinChip tandem mass spectrometry tryptic peptide sequencing. *Appl Environ Microbiol. 68:977-980.*

015 van Baarlen P et al. (2011) Human mucosal in vivo transcriptome responses to three lactobacilli indicate how probiotics may modulate human cellular pathways. *PNAS. 108:4562-4569.*

016 Schroeder BO (2019) Fight them or feed them: how the intestinal mucus layer manages the gut microbiota. *Gastroenterology Report 7:3-12.*

017 Sorini C et al. (2019) Loss of gut barrier integrity triggers activation of islet-reactive T cells and autoimmune diabetes. *PNAS. 116:15140-15149.*

018 Castanet M et al. (2020) Early effect of supplemented infant formulae on intestinal biomarkers and microbiota: a randomized clinical trial. *Nutrients 12:1481.*

019 Liu H et al. (2018) Butyrate: a double-edged sword for health? *Adv Nutr 9:21-29.*

020 Foley MH et al. (2019) Bile salt hydrolases: gatekeepers of bile acid metabolism and host-microbiome crosstalk in the gastrointestinal tract. *PLoS Pathog. 15:e1007581.*

021 Kelly D et al. (2012) Microbiome and immunological interactions. *Nutr Rev. 70:S18-S30.*

022 Yeh CM et al. (2008) Functional secretion of a type 1 antifreeze protein analogue by optimization of promoter, signal peptide, prosequence, and terminator in *Lactococcus lactis*. *J Agric Food Chem. 56:8442-8450.*

023 Yeh CM et al. (2008) Extracellular expression of a functional recombinant *Ganoderma lucidium* immunomodulatory protein by *Bacillus subtilis* and *Lactococcus lactis*. *Appl Environ Microbiol. 74:1039-1049.*

024 Lee MF et al. (2020) Recombinant *Lactococcus lactis* expressing Ling Zhi 8 protein ameliorates non-alcoholic fatty liver and early atherogenesis in cholesterol-fed rabbits. *Biomed Res Int. 2020:3495682.*

025 Limaye SA et al. (2013) Phase 1b, multicenter, single blinded, placebo-controlled, sequential dose escalation study to assess the safety and tolerability of topically applied AG013 in subjects with locally advanced head and neck cancer receiving induction chemotherapy. *Cancer 119:4268-4276.*

026 O'toole PW et al. (2017) Next-generation probiotics: the spectrum from probiotics to live biotherapeutics. *Nat Microbiol. 2:17057.*

027 Derrien M et al. (2004) *Akkermansia muciniphila* gen. nov., sp. nov., a human intestinal mucin-degrading bacterium. *Int J Syst Evol Microbiol. 54:1469-1476.*

028 Everard A et al. (2013) Cross-talk between *Akkermansia muciniphila* and intestinal epithelium controls diet-induced obesity. *PNAS. 110:9066-9071.*

029 Depommier C et al. (2019) Supplementation with *Akkermansia muciniphila* in overweight and obese human volunteers: a proof-of-concept exploratory study. *Nat Med. 25:1096-1103.*

030 Routy B et al. (2018) Gut microbiome influences efficacy of PD-1–based immunotherapy against epithelial tumors. *Science 359:91-97.*

031 Ansaldo E et al. (2019) *Akkermansia muciniphila* induces intestinal adaptive immune responses during homeostasis. *Science 364:1179-1184.*

032 Bárcena C et al. (2019) Healthspan and lifespan extension by fecal microbiota transplantation into progeroid mice. *Nat Med. 25:1234-1242.*

033 Blacher E et al. (2019) Potential roles of gut microbiome and metabolites in modulating ALS in mice. *Nature 572:474-480.*

034 Martín R et al. (2015) *Faecalibacterium prausnitzii* prevents physiological damages in a chronic low-grade inflammation murine model. *BMC Microbiol 15:67.*

035 Zuo T et al. (2020) Alterations in gut microbiota of patients with COVID-19 during time of hospitalization. *Gastroenterology S0016-5085:34701-6.*

036 Gopalakrishnan V et al. (2018) Gut microbiome modulates response to anti–PD-1 immunotherapy in melanoma patients. *Science 359:97-103.*

037 Yang YJ et al. (2020) Probiotics-containing yogurt ingestion and *H. pylori* eradication can restore fecal *Faecalibacterium prausnitzii* dysbiosis in *H. pylori*-infected children. *Biomedicines 8:146.*

038 Hsiao EY et al. (2013) Microbiota modulate behavioral and physiological abnormalities associated with neurodevelopmental disorders. *Cell 155:1451-1463.*

039 Erturk-Hasdemir D et al. (2019) Symbionts exploit complex signaling to educate the immune system. *PNAS. 116:26157-26166.*

040 Wang Y et al. (2017) Safety evaluation of a novel strain of *Bacteroides fragilis*. *Front Microbiol. 8*:435.

041 Wu TR et al. (2019) Gut commensal *Parabacteroides goldsteinii* plays a predominant role in the anti-obesity effects of polysaccharides isolated from *Hirsutella sinensis*. *Gut 68:248-262.*

042 Chang CJ et al. (2015) *Ganoderma lucidum* reduces obesity in mice by modulating the composition of the gut microbiota. *Nat Commun. 6:7489.*

043 Raza T et al. (2018) Vancomycin resistant Enterococci: a brief review. *J Pak Med Assoc. 68:768-772.*

044 Kawashima T et al. (2018) The molecular mechanism for activating IgA production by *Pediococcus acidilactici* K15 and the clinical impact in a randomized trial. *Sci Rep. 8:5065.*

045 Higashikawa F et al. (2016) Antiobesity effect of *Pediococcus pentosaceus* LP28 on overweight subjects: a randomized, double-blind, placebo-controlled clinical trial. *Eur J Clin Nutr. 70:582-587.*

046 Anaya-Loyola MA et al. (2019) *Bacillus coagulans* GBI-30, 6068 decreases upper respiratory and gastrointestinal tract symptoms in healthy Mexican scholar-aged children by modulating immune-related proteins. *Food Res Int. 125:108567.*

047 Goya ME et al. (2020) Probiotic *Bacillus subtilis* protects against α-Synuclein aggregation in *C.*

elegans. Cell Rep. 30:367-380.

048 Lefevre M et al. (2015) Probiotic strain *Bacillus subtilis* CU1 stimulates immune system of elderly during common infectious disease period: a randomized, double-blind placebo-controlled study. *Immun Ageing 12:24.*

049 Miyaoka T et al. (2018) *Clostridium butyricum* MIYAIRI 588 as adjunctive therapy for treatment-resistant major depressive disorder: a prospective open-label trial. *Clin Neuropharmacol. 41:151-155.*

050 Sonnenborn U (2016) *Escherichia coli* strain Nissle 1917-from bench to bedside and back: history of a special *Escherichia coli* strain with probiotic properties. *FEMS Microbiol Lett. 363: fnw212.*

051 Terciolo C et al. (2019) Beneficial effects of *Saccharomyces boulardii* CNCM I-745 on clinical disorders associated with intestinal barrier disruption. *Clin Exp Gastroenterol. 12:67-82.*

052 Andresen V et al. (2020) Heat-inactivated *Bifidobacterium bifidum* MIMBb75 (SYN–HI–001) in the treatment of irritable bowel syndrome: a multicentre, randomised, double-blind, placebo-controlled clinical trial. *Lancet Gastroenterol Hepatol. 5:658–666.*

053 Chichlowski M et al. (2020) *Bifidobacterium longum* subspecies *infantis* (*B. infantis*) in pediatric nutrition: current state of knowledge. *Nutrients 12:1581.*

054 Duar RM et al. (2020) Integrating the ecosystem services framework to define dysbiosis of the breastfed infant gut: The role of *B. infantis* and human milk oligosaccharides. *Front Nutr.* 7:33.

055 Manzano S et al. (2017) Safety and tolerance of three probiotic strains in healthy infants: a multi-centre randomized, double-blind, placebo-controlled trial. *Benef Microbes 8:569-578.*

056 Bozzi Cionci N et al. (2018) Therapeutic microbiology: the role of *Bifidobacterium breve* as food supplement for the prevention/treatment of paediatric diseases. *Nutrients 10:1723.*

057 Okazaki T et al. (2016) Intestinal microbiota in pediatric surgical cases administered *Bifidobacterium breve*: a randomized controlled trial. *J Pediatr Gastroenterol Nutr. 63:46-50.*

058 Wong CB et al. (2019) Exploring the science behind *Bifidobacterium breve* M-16V in infant health. *Nutrients 11:1724.*

059 Kobayashi Y et al. (2019) Effects of *Bifidobacterium breve* A1 on the cognitive function of older adults with memory complaints: a randomised, double-blind, placebo-controlled trial. *Benef Microbes 10:511-520.*

060 de Barros Tenore S et al. (2020) Immune effects of *Lactobacillus casei* Shirota in treated HIV-infected patients with poor CD4+ T-cell recovery. *AIDS, 34:381-389.*

061 Macnaughtan J et al. (2020) A double-blind, randomized placebo-controlled trial of probiotic *Lactobacillus casei* Shirota in stable cirrhotic patients. *Nutrients 12:1651.*

062 Mutoh M et al. (2020) Very long-term treatment with a *Lactobacillus* probiotic preparation, *Lactobacillus casei* strain Shirota, suppresses weight loss in the elderly. *Nutrients 12:1599.*

063 Slykerman RF et al. (2017) Effect of *Lactobacillus rhamnosus* HN001 in pregnancy on postpartum symptoms of depression and anxiety: a randomised double-blind placebo-controlled trial. *EBioMedicine, 24:159-165.*

064 Liu YW et al. (2018) New perspectives of *Lactobacillus plantarum* as a probiotic: the gut-heart-brain axis. *J Microbiol. 56:601-613.*

065 Vonderheid SC et al. (2019) A systematic review and meta-analysis on the effects of probiotic species on iron absorption and iron status. *Nutrients 11:2938.*

066 Kubota M et al. (2020) *Lactobacillus reuteri* DSM 17938 and magnesium oxide in children with functional chronic constipation: a double-blind and randomized clinical trial. *Nutrients 12:225.*

067 Turco R et al. (2020) Efficacy of a partially hydrolysed formula, with reduced lactose content and with *Lactobacillus reuteri* DSM 17938 in infant colic: a double blind, randomised clinical trial. *Clin Nutr. 12:S0261-5614:30285-5*

068 Laleman I et al. (2020) The usage of a lactobacilli probiotic in the non-surgical therapy of peri implantitis: a randomized pilot study. *Clin Oral Implants Res. 31:84-92.*

069 Wejryd E et al. (2019) Probiotics promoted head growth in extremely low birthweight infants in a double-blind placebo-controlled trial. *Acta Paediatr. 108:62-69.*

070 Chiu CH et al. (2006) The effects of Lactobacillus-fermented milk on lipid metabolism in hamsters fed on high-cholesterol diet. *Appl Microbiol Biotechnol. 71:238-245.*

071 Chen CL et al. (2020) *Lactobacillus paracasei* subsp. *paracasei* NTU 101 lyophilized powder improves loperamide-induced constipation in rats. *Heliyon 6:e03804.*

072 Kao L et al. (2020) Beneficial effects of the commercial lactic acid bacteria product, Vigiis 101, on gastric mucosa and intestinal bacterial flora in rats. *J Microbiol Immun Infect. 53:266-273.*

073 Wang MF et al. (2004) Treatment of perennial allergic rhinitis with lactic acid bacteria. *Pediatr Allergy Immunol. 15:152-158.*

074 Peng GC et al. (2005) The efficacy and safety of heat-killed *Lactobacillus paracasei* for treatment of perennial allergic rhinitis induced by house-dust mite. *Pediatr Allergy Immunol. 16:433-438.*

075 Costa DJ et al. (2014) Efficacy and safety of the probiotic *Lactobacillus paracasei* LP-33 in allergic rhinitis: a double-blind, randomized, placebo-controlled trial (GA2LEN Study). *Eur J Clin Nutr. 68:602-607.*

076 Ahmed M et al. (2019) Efficacy of probiotic in perennial allergic rhinitis under five year children: a randomized controlled trial. *Pak J Med Sci. 35:1538-1543.*

077 Chen YS et al. (2010) Randomized placebo-controlled trial of *Lactobacillus* on asthmatic children with allergic rhinitis. *Pediatr Pulmonol. 45:1111-1120.*

078 Jan RL et al. (2012) *Lactobacillus gasseri* suppresses Th17 pro-inflammatory response and attenuates allergen-induced airway inflammation in a mouse model of allergic asthma. *Br J of Nutr. 108:130-139.*

079 Hsieh MH et al. (2018) *Lactobacillus gasseri* attenuates allergic airway inflammation through PPARγ activation in dendritic cells. *J Mol Med. 96:39-51.*

080 Lu YC et al. (2010) Effect of *Lactobacillus reuteri* GMNL-263 treatment on renal fibrosis in diabetic rats. J *Biosci Bioeng. 110:709-715.*

081 Hsieh FC et al. (2013) Oral administration of *Lactobacillus reuteri* GMNL-263 improves insulin resistance and ameliorates hepatic steatosis in high fructose-fed rats. *Nutr Metab. 10:35.*

082 Hsieh FC et al. (2016) Heat-killed and live *Lactobacillus reuteri* GMNL-263 exhibit similar effects on improving metabolic functions in high-fat diet-induced obese rats. *Food Funct. 7:2374-2388.*

083 Ting WJ et al. (2015) Supplementary heat-killed *Lactobacillus reuteri* GMNL-263 ameliorates hyperlipidaemic and cardiac apoptosis in high-fat diet-fed hamsters to maintain cardiovascular function. *Br J Nutr. 114:706-712.*

084 Ting WJ et al. (2015) Heat killed *Lactobacillus reuteri* GMNL-263 reduces fibrosis effects on the liver and heart in high fat diet-hamsters via TGF-β suppression. *Int J Mol Sci. 16:25881-25896.*

085 Hsu TC et al. (2017) *Lactobacillus paracasei* GMNL-32, *Lactobacillus reuteri* GMNL-89 and *L. reuteri* GMNL-263 ameliorate hepatic injuries in lupus-prone mice. *Br J Nutr. 117:1066-1074.*

086 Yeh YL et al. (2020) Heat-killed *Lactobacillus reuteri* GMNL-263 inhibits systemic lupus erythematosus–induced cardiomyopathy in NZB/W F1 Mice. *Probiotics Antimicrob Proteins.*

087 Chuang YC et al. (2019) Effect of ethanol extract from *Lactobacillus plantarum* TWK10-fermented soymilk on wound healing in streptozotocin-induced diabetic rat. *AMB Express 9:163.*

088 Liu TH et al. (2020) *Lactobacillus plantarum* TWK10-fermented soymilk improves cognitive function in type 2 diabetic rats. *J Sci Food Agric.*

089 Chen YM et al. (2016) *Lactobacillus plantarum* TWK10 supplementation improves exercise performance and increases muscle mass in mice. *Nutrients 8:205.*

090 Huang WC et al. (2018) Effect of *Lactobacillus plantarum* TWK10 on improving endurance performance in humans. *Chin J Physiol. 61:163-170.*

091 Huang WC et al. (2019) Effect of *Lactobacillus plantarum* TWK10 on exercise physiological adaptation, performance, and body composition in healthy humans. *Nutrients 11:2836.*

092 Lee MC et al. (2019) In vivo ergogenic properties of the *Bifidobacterium longum* OLP-01 isolated from a weightlifting gold medalist. *Nutrients 11:2003.*

093 Huang WC et al. (2020) Exercise training combined with *Bifidobacterium Longum* OLP-01 supplementation improves exercise physiological adaption and performance. *Nutrients 12:1145.*

094 Lin CL et al. (2020) *Bifidobacterium longum* subsp. *longum* OLP-01 supplementation during endurance running training improves exercise performance in middle- and long-distance runners: a double-blind controlled trial. *Nutrients 12:1972.*

095 Huang WC et al. (2019) The beneficial effects of *Lactobacillus plantarum* PS128 on high-intensity, exercise-induced oxidative stress, inflammation, and performance in triathletes. *Nutrients 11:353.*

096 Huang WC et al. (2020) *Lactobacillus plantarum* PS128 improves physiological adaptation and performance in triathletes through gut microbiota modulation. *Nutrients 12:2315.*

097 Oliver L et al. (2014) Health care provider's knowledge, perceptions, and use of probiotics and prebiotics. *Top Clin Nutr. 29:139-149.*

098 Fijan S et al. (2019) Health professionals' knowledge of probiotics: an international survey. *Int J Environ Res Public Health 16:3128.*

099 van der Geest AM et al. (2020) European general practitioners perceptions on probiotics: results of a multinational survey. *Pharma Nutrition 11*:100178.

100 Gibson GR et al. (2017) Expert consensus document: The International Scientific Association for Probiotics and Prebiotics (ISAPP) consensus statement on the definition and scope of prebiotics. *Nat Rev Gastroenterol Hepatol. 14:491-502.*

101 Huang WC et al. (2016) Inulin and fibersol-2 combined have hypolipidemic effects on high cholesterol diet-induced hyperlipidemia in hamsters. *Molecules 21:313.*

102 Panigrahi P et al. (2017) A randomized synbiotic trial to prevent sepsis among infants in rural India. *Nature 548:407-412.*

103 Vulevic J et al. (2008) Modulation of the fecal microflora profile and immune function by a novel trans-galactooligosaccharide mixture (B-GOS) in healthy elderly volunteers. *Am J Clin Nutr. 88:1438-1446.*

104 Grimaldi R et al. (2018) A prebiotic intervention study in children with autism spectrum disorders (ASDs). *Microbiome 6:133.*

105 Hong KB et al. (2020). Changes in the diversity of human skin microbiota to cosmetic serum containing prebiotics: results from a randomized controlled trial. *J Pers Med. 10:91.*

106 Cheng L et al. (2020) More than sugar in the milk: human milk oligosaccharides as essential bioactive molecules in breast milk and current insight in beneficial effects. *Crit Rev Food Sci Nutr. 24:1-17.*

107 Gibson GR et al. (1995) Dietary modulation of the human colonic microbiota: introducing the concept of prebiotics. *J Nutr. 125:1401-1412.*

108 Swanson KS et al. (2020) The International Scientific Association for Probiotics and Prebiotics (ISAPP) consensus statement on the definition and scope of synbiotics. *Nat Rev Gastroenterol Hepatol.*

109 Tsilingiri K et al. (2012) Probiotic and postbiotic activity in health and disease: comparison on a novel polarised ex-vivo organ culture model. *Gut 61:1007-1015.*

110 Żółkiewicz J et al. (2020) Postbiotics—a step beyond pre-and probiotics. *Nutrients 12:E2189.*

111 Malagón-Rojas JN et al. (2020) Postbiotics for preventing and treating common infectious diseases in children: a systematic review. *Nutrients 12:389.*

112 Cuevas-González PF et al. (2020) Postbiotics and paraprobiotics: From concepts to applications. *Food Res Int. 136:109502.*

113 Taverniti V et al. (2011) The immunomodulatory properties of probiotic microorganisms beyond their viability (ghost probiotics: proposal of paraprobiotic concept). *Genes Nutr 6:261-274.*

114 Bajpai VK et al. (2018) Ghost probiotics with a combined regimen: a novel therapeutic approach against the Zika virus, an emerging world threat. *Crit Rev Biotechnol. 38:438-454.*

115 Sugawara T et al. (2016) Regulatory effect of paraprobiotic *Lactobacillus gasseri* CP2305 on gut environment and function. *Microb Ecol Health Dis. 27:30259.*

116 Nishida K et al. (2019) Health benefits of *Lactobacillus gasseri* CP2305 tablets in young adults exposed to chronic stress: A randomized, double-blind, placebo-controlled study. *Nutrients. 11:1859.*

117 Varian BJ et al. (2017) Microbial lysate upregulates host oxytocin. *Brain Behav Immun. 61:36-49.*

第4章 用益生菌爲健康神助攻

001 Mjösberg J et al. (2018) Lung inflammation originating in the gut. *Science 359:36-37.*

002 Baud D et al. (2020) Using probiotics to flatten the curve of coronavirus disease COVID-2019 pandemic. *Front Public Health 8:186*

003 Renzo D et al. (2020) Are probiotics effective adjuvant therapeutic choice in patients with COVID-19? *Eur Rev Med Pharmacol Sci. 24:4062-4063.*

004 Ziegler CG et al. (2020) SARS-CoV-2 receptor ACE2 is an interferon-stimulated gene in human airway epithelial cells and is detected in specific cell subsets across tissues. *Cell 181:1016-1035.*

005 Zuo T et al. (2020) Alterations in gut microbiota of patients with COVID-19 during time of hospitalization. *Gastroenterology. 19:S0016-5085:34701-6.*

006 Moore JB et al. (2020) Cytokine release syndrome in severe COVID-19. *Science 368:473-474.*

007 Villena J et al. (2020) The modulation of mucosal antiviral immunity by immunobiotics: Could they offer any benefit in the SARS-CoV-2 pandemic? *Front Physiol 11:699.*

008 Villena JC et al. (2012) Probiotics for everyone! The novel immunobiotic *Lactobacillus rhamnosus* CRL1505 and the beginning of Social Probiotic Programs in Argentina. *Int. J. Biotechnol. Wellness Ind. 1:189-198.*

009 Clua P et al. (2020) The role of alveolar macrophages in the improved protection against respiratory syncytial virus and pneumococcal superinfection induced by the peptidoglycan of *Lactobacillus rhamnosus* CRL1505. *Cells 9:1653.*

010 Zhang H et al. (2018) Prospective study of probiotic supplementation results in immune stimulation and improvement of upper respiratory infection rate. *Synth Syst Biotechnol. 3:113-120.*

011 Fonollá J et al. (2019) Effects of *Lactobacillus coryniformis* K8 CECT5711 on the immune response to influenza vaccination and the assessment of common respiratory symptoms in elderly subjects: a randomized controlled trial. *Eur J Nutr. 58:83-90.*

012 Lei WT et al. (2017) Effect of probiotics and prebiotics on immune response to influenza vaccination in adults: a systematic review and meta-analysis of randomized controlled trials. *Nutrients 9:1175.*

013 Yeh TL et al. (2018) The influence of prebiotic or probiotic supplementation on antibody titers after influenza vaccination: a systematic review and meta-analysis of randomized controlled trials. *Drug Des Devel Ther. 12:217-230.*

014 Zimmermann P et al. (2018) The influence of probiotics on vaccine responses–a systematic review. *Vaccine 36:207-213.*

015 Chen CL et al. (2020) *Lactobacillus paracasei* subsp. *paracasei* NTU 101 lyophilized powder improves loperamide-induced constipation in rats. *Heliyon 6:e03804.*

016 Harris RG et al. (2019) When poorly conducted systematic reviews and meta-analyses can mislead: a critical appraisal and update of systematic reviews and meta-analyses examining the effects of probiotics in the treatment of functional constipation in children. *Am J Clin Nutr. 110:177-195.*

017 Southwell BR (2020) Treatment of childhood constipation: a synthesis of systematic reviews and meta-analyses. *Expert Rev Gastroenterol Hepatol. 14:163-174.*

018 van Wietmarschen HA et al. (2020) Probiotics use for antibiotic-associated diarrhea: a pragmatic participatory evaluation in nursing homes. *BMC Gastroenterol. 20:151.*

019 Mekonnen SA et al. (2020) Molecular mechanisms of probiotic prevention of antibiotic-associated diarrhea. *Curr Opin Biotechnol. 61:226-234.*

020 McFarland LV et al. (2019) Are probiotics and prebiotics effective in the prevention of travellers' diarrhea: a systematic review and meta-analysis. *Travel Med Infect Dis. 27:11-19.*

021 Bae JM (2018) Prophylactic efficacy of probiotics on travelers' diarrhea: an adaptive meta-analysis of randomized controlled trials. *Epidemiol Health 40:e2018043.*

022 Goldenberg JZ et al. (2017) Probiotics for the prevention of *Clostridium difficile*-associated diarrhea in adults and children. *Cochrane Database Syst Rev. 12:CD006095.*

023 Suez J et al. (2019) The pros, cons, and many unknowns of probiotics. *Nat Med. 25:716-729.*

024 Liou JM et al. (2019) Long-term changes of gut microbiota, antibiotic resistance, and metabolic parameters after *Helicobacter pylori* eradication: a multicentre, open-label, randomised trial. *Lancet Infect Dis. 19:1109-1120.*

025 Liou JM et al. (2019) Efficacy and long-term safety of *H. pylori* eradication for gastric cancer prevention. *Cancers 11:593.*

026 Shi X et al. (2019) Efficacy and safety of probiotics in eradicating *Helicobacter pylori*: A network meta-analysis. *Medicine 98:e15180*.

027 Pourmasoumi M et al. (2019) The effect of synbiotics in improving *Helicobacter pylori* eradication: A systematic review and meta-analysis. *Complement Ther Med. 43:36-43*.

028 Schnadower D et al. (2018) *Lactobacillus rhamnosus* GG versus placebo for acute gastroenteritis in children. *N Engl J Med. 379:2002-2014*.

029 Freedman SB et al. (2018) Multicenter trial of a combination probiotic for children with gastroenteritis. *N Engl J Med. 379:2015-2026*.

030 LaMont JT . (2018) Probiotics for Children with Gastroenteritis. *N Engl J Med. 379:2076-2077*.

031 Quigley EM (2019) Editorial: *Lactobacillus* GG for diarrhoea in children —reports of its demise have been premature! *Aliment Pharmacol Ther 49:1533-1534*.

032 Panigrahi P et al. (2017) A randomized synbiotic trial to prevent sepsis among infants in rural India. *Nature 548:407-412*.

033 Herndon CC et al. (2020) Targeting the gut microbiota for the treatment of irritable bowel syndrome. *Kaohsiung J Med Sci. 36:160-170*.

034 Liu YW et al. (2019) *Lactobacillus plantarum* PS128 ameliorated visceral hypersensitivity in rats through the gut–brain axis. *Probiotics Antimicrob Proteins 12:980-993*.

035 Andresen V et al. (2020) Heat-inactivated *Bifidobacterium bifidum* MIMBb75 (SYN-HI-001) in the treatment of irritable bowel syndrome: a multicentre, randomised, double-blind, placebo-controlled clinical trial. *Lancet Gastroenterol Hepatol. 5:658-666*.

036 Guglielmetti S et al. (2011) Randomised clinical trial: *Bifidobacterium bifidum* MIMBb75 significantly alleviates irritable bowel syndrome and improves quality of life—a double-blind, placebo-controlled study. *Aliment Pharmacol Ther. 33:1123-32*.

037 O'Mahony L et al. (2005) *Lactobacillus* and *Bifidobacterium* in irritable bowel syndrome: symptom responses and relationship to cytokine profiles. *Gastroenterology 128:541-51*.

038 Whorwell PJ et al. (2006). Efficacy of an encapsulated probiotic *Bifidobacterium infantis* 35624 in women with irritable bowel syndrome. *Am J Gastroenterol. 101:1581-1590*.

039 Ringel-Kulka T et al. (2017) Multi-center, double-blind, randomized, placebo-controlled, parallel-group study to evaluate the benefit of the probiotic *Bifidobacterium infantis* 35624 in non-patients with symptoms of abdominal discomfort and bloating. *Am J Gastroenterol. 112:145-151*.

040 Colombo APV et al. (2019) The role of bacterial biofilms in dental caries and periodontal and peri-implant diseases: a historical perspective. *J Dent Res. 98:373-385*.

041 Chen YT et al. (2020) Antibacterial activity of viable and heat-killed probiotic strains against oral pathogens. *Lett Appl Microbiol. 70:310-317*.

042 Wu CY et al. (2019) Inhibition of *Streptococcus mutans* by a commercial yogurt drink. *J Dent Sci. 14:198-205*.

043 Wu CY et al. (2018) Inhibitory effects of tea catechin epigallocatechin-3-gallate against biofilms formed from *Streptococcus mutans* and a probiotic lactobacillus strain. *Arch Oral Biol. 94:69-77*.

044 Twetman S (2012) Are we ready for caries prevention through bacteriotherapy? *Braz Oral Res. 26 Suppl 1:64-70*.

045 Zaura E et al. (2019) Critical appraisal of oral pre-and probiotics for caries prevention and care. *Caries Res. 53:514-526.*

046 Gruner D et al. (2016) Probiotics for managing caries and periodontitis: systematic review and meta-analysis. *J Dent. 48:16-25.*

047 Stensson M et al. (2014) Oral administration of *Lactobacillus reuteri* during the first year of life reduces caries prevalence in the primary dentition at 9 years of age. *Caries Res 48:111-117.*

048 Miyazaki K et al. (2014). *Bifidobacterium* fermented milk and galacto-oligosaccharides lead to improved skin health by decreasing phenols production by gut microbiota. *Beneficial Microbes 5:121-128.*

049 Lee DE et al. (2015) Clinical evidence of effects of *Lactobacillus plantarum* HY7714 on skin aging: a randomized, double blind, placebo-controlled study. *J Microbiol Biotechnol. 25:2160-2168.*

050 Kalliomäki M et al. (2003) Probiotics and prevention of atopic disease: 4-year follow-up of a randomised placebo-controlled trial. *Lancet 361:1869-71.*

051 Kalliomäki M et al. (2008) Early differences in fecal microbiota composition in children may predict overweight. *Am J Clin Nutr 87:534-8.*

052 Wu YJ et al. (2017) Evaluation of efficacy and safety of *Lactobacillus rhamnosus* in children aged 4-48 months with atopic dermatitis: an 8-week, double-blind, randomized, placebo-controlled study. *J Microbiol Immunol Infect. 50:684-692.*

053 Matsumoto M et al. (2014) Antipruritic effects of the probiotic strain LKM512 in adults with atopic dermatitis. *Ann. Allergy Asthma Immunol. 113:209–216.*

054 Nakatsuji T et al. (2017) Antimicrobials from human skin commensal bacteria protect against *Staphylococcus aureus* and are deficient in atopic dermatitis. *Sci Transl Med. 9:eaah4680.*

055 Nakatsuji T et al. (2018) A commensal strain of *Staphylococcus epidermidis* protects against skin neoplasia. *Sci Adv 4:eaao4502.*

056 Nodake Y et al. (2015) Pilot study on novel skin care method by augmentation with *Staphylococcus epidermidis*, an autologous skin microbe–a blinded randomized clinical trial. J *Dermatol Sci. 79:119-26.*

057 Park SB et al. (2014) Effect of emollients containing vegetable-derived *Lactobacillus* in the treatment of atopic dermatitis symptoms: split-body clinical trial. *Ann Dermatol. 26:150-155.*

058 Rather IA et al. (2018) Probiotic *Lactobacillus* sakei proBio-65 extract ameliorates the severity of imiquimod induced psoriasis-like skin inflammation in a mouse model. *Front Microbiol. 9:1021.*

059 Rather IA et al. (2020) Oral Administration of Live and Dead Cells of *Lactobacillus* sakei proBio65 Alleviated Atopic Dermatitis in Children and Adolescents: a Randomized, Double-Blind, and Placebo-Controlled Study, *Probiotics Antimicrob Proteins. 2020 Sep 18.*

060 Rizzoli R et al. (2020). Are probiotics the new calcium and vitamin D for bone health? *Curr Osteoporos Rep. 18:273-284.*

061 Nilsson AG et al. (2018) *Lactobacillus reuteri* reduces bone loss in older women with low bone mineral density: a randomized, placebo-controlled, double-blind, clinical trial. *J Intern Med. 284:307-317.*

062 Ohlsson C et al. (2018) Probiotic treatment using a mix of three *Lactobacillus* strains protects against lumbar spine bone loss in healthy early postmenopausal women. *J Bone Miner Res 33:S24.*

063 Lei M et al. (2016) The effect of probiotic treatment on elderly patients with distal radius fracture: a prospective double-blind, placebo-controlled randomised clinical trial. *Benef Microbes. 7:631-637.*

064 Lei M et al. (2017) The effect of probiotic *Lactobacillus casei* Shirota on knee osteoarthritis: a randomised double-blind, placebo-controlled clinical trial. *Benef Microbes 13;8:697-703.*

065 Lei M et al. (2018) Oral administration of probiotic *Lactobacillus casei* Shirota relieves pain after single rib fracture: a randomized double-blind, placebo-controlled clinical trial. *Asia Pac J Clin Nutr. 27:1252-1257.*

066 Poore GD et al. (2020) Microbiome analyses of blood and tissues suggest cancer diagnostic approach. *Nature 579:567-574.*

067 Riquelme E et al. (2019) Tumor microbiome diversity and composition influence pancreatic cancer outcomes. *Cell 178, 795-806.*

068 Murciano-Goroff YR et al. (2020) The future of cancer immunotherapy: microenvironment-targeting combinations. *Cell Res. 30:507-519.*

069 Lamichhane P et al. (2020). Colorectal cancer and probiotics: are bugs really drugs? *Cancers 12:1162.*

070 Ishikawa H et al. (2005) Randomized trial of dietary fiber and *Lactobacillus casei* administration for prevention of colorectal tumors. *Int. J Cancer 116:762-767.*

071 Liu Z et al. (2011) Randomised clinical trial: the effects of perioperative probiotic treatment on barrier function and post-operative infectious complications in colorectal cancer surgery — a double-blind study. *Aliment Pharmacol Ther. 33:50-63.*

072 Tan CK et al. (2016) Pre-surgical administration of microbial cell preparation in colorectal cancer patients: a randomized controlled trial. *World J Surg. 40:1985–1992.*

073 Kotzampassi K et al. (2015) A four-probiotics regimen reduces postoperative complications after colorectal surgery: a randomized, double-blind, placebo-controlled study. *World J Surg. 39:2776-83.*

074 van't Veer P et al. (1989) Consumption of fermented milk products and breast cancer: a case-control study in The Netherlands. *Cancer Res, 49:4020-4023.*

075 Le MG et al. (1986) Consumption of dairy produce and alcohol in a case-control study of breast cancer. *J Natl Cancer Inst. 77:633-6.*

076 Toi M et al. (2013) Probiotic beverage with soy isoflavone consumption for breast cancer prevention: a case-control study. *Curr Nutr Food Sci. 9:194-200.*

077 Verhoeven V et al. (2013) Probiotics enhance the clearance of human papillomavirus-related cervical lesions: a prospective controlled pilot study. *Eur J Cancer Prev. 22:46-51.*

078 Wei D et al. (2018) Probiotics for the prevention or treatment of chemotherapy-or radiotherapy-related diarrhoea in people with cancer. *Cochrane Database Syst Rev. 8:CD008831.*

079 Devaraj NK S et al. (2019) The effects of probiotic supplementation on the incidence of diarrhea in cancer patients receiving radiation therapy: a systematic review with meta-analysis and trial sequential analysis of randomized controlled trials. *Nutrients 11:2886.*

080 Ohashi Y et al. (2002) Habitual intake of lactic acid bacteria and risk reduction of bladder cancer. *Urol Int 68:273-80.*

081 Larsson SC et al. (2008) Cultured milk, yogurt, and dairy intake in relation to bladder cancer risk in a prospective study of Swedish women and men. *Am J Clin Nutr. 88:1083-1087.*

082 Huang CH et al. (2020) Evaluation of anti-obesity activity of soybean meal products fermented by *Lactobacillus plantarum* FPS 2520 and *Bacillus subtilis* N1 in rats fed with high-fat diet. *J Med Food 23:667-675.*

083 Lin CH et al. (2017) Effects of deep sea water and *Lactobacillus paracasei* subsp. *paracasei* NTU 101 on hypercholesterolemia hamsters gut microbiota. *Appl Microbiol Biotechnol 101:321-329.*

084 Huang HY et al. (2013) Supplementation of *Lactobacillus plantarum* K68 and fruit-vegetable ferment along with high fat-fructose diet attenuates metabolic syndrome in rats with insulin resistance. *Evid Based Complement Alternat Med. 2013:943020.*

085 Wu CC et al. (2015) Effect of *Lactobacillus plantarum* strain K21 on high-fat diet-fed obese mice. *Evid Based Complement Alternat Med. 2015:391767.*

086 Chen YT et al. (2018) A combination of *Lactobacillus mali* APS1 and dieting improved the efficacy of obesity treatment via manipulating gut microbiome in mice. *Sci Rep 8:6153.*

087 Hsu CL et al. (2019) Anti-obesity and uric acid-lowering effect of *Lactobacillus plantarum* GKM3 in high-fat-diet-induced obese rats. *J Am Coll Nutr. 38:623-632.*

088 Yang YJ et al. (2019) Gut microbiota and pediatric obesity/non-alcoholic fatty liver disease. *J Formos Med Assoc .118:S55-S61.*

089 Koutnikova H et al. (2019) Impact of bacterial probiotics on obesity, diabetes and non-alcoholic fatty liver disease related variables: a systematic review and meta-analysis of randomised controlled trials. *BMJ open 9:e017995.*

090 Berry EM (2020) The obesity pandemic—whose responsibility? No blame, no shame, not more of the same. *Front Nutr. 7:2.*

091 Tilg H et al. (2019) The intestinal microbiota fueling metabolic inflammation. *Nat Rev Immunol. 20:40-54.*

092 Jamshidi P et al. (2019) Is there any association between gut microbiota and type 1 diabetes? a systematic review. *Gut Pathog. 11:49.*

093 Hsieh MC et al. (2018) The beneficial effects of *Lactobacillus reuteri* ADR-1 or ADR-3 consumption on type 2 diabetes mellitus: a randomized, double-blinded, placebo-controlled trial. *Sci Rep. 8:16791.*

094 Nikbakht E et al. (2018) Effect of probiotics and synbiotics on blood glucose: a systematic review and meta-analysis of controlled trials. *Eur J Nutr. 57:95-106.*

095 Koutnikova H et al. (2019) Impact of bacterial probiotics on obesity, diabetes and non-alcoholic fatty liver disease related variables: a systematic review and meta-analysis of randomised controlled trials. *BMJ Open 9:e017995.*

096 Peng TR et al. (2018) Effect of probiotics on the glucose levels of pregnant women: a meta-analysis of randomized controlled trials. *Medicina 54:77.*

097 Zhang J et al. (2019) Effects of probiotic supplement in pregnant women with gestational diabetes mellitus: a systematic review and meta-analysis of randomized controlled trials. *J Diabetes Res. 2019:5364730.*

098 Qi D et al. (2020) The effect of probiotics supplementation on blood pressure: a systemic review and meta-analysis. *Lipids Health Dis 19:79.*

099 Shimizu M et al. (2015) Meta-analysis: effects of probiotic supplementation on lipid profiles in normal to mildly hypercholesterolemic individuals. *PLoS One 10:e0139795.*

100 Yan S et al. (2019) Effects of probiotic supplementation on the regulation of blood lipid levels in overweight or obese subjects: a meta-analysis. *Food Funct. 10:1747-1759.*

101 Pourrajab B et al. (2020) The impact of probiotic yogurt consumption on lipid profiles in subjects with

mild to moderate hypercholesterolemia: a systematic review and meta-analysis of randomized controlled trials. *Nutr Metab Cardiovasc Dis. 30:11-22.*

102 Cicero AFG et al. (2020) Impact of a short-term synbiotic supplementation on metabolic syndrome and systemic inflammation in elderly patients: a randomized placebo-controlled clinical trial. *Eur J Nutr. 2020 May 16.*

103 Tenorio-Jiménez C et al. (2019) *Lactobacillus reuteri* V3401 reduces inflammatory biomarkers and modifies the gastrointestinal microbiome in adults with metabolic syndrome: the PROSIR study. *Nutrients 11:1761.*

104 Anukam KC et al. (2006) Clinical study comparing probiotic *Lactobacillus* GR-1 and RC-14 with metronidazole vaginal gel to treat symptomatic bacterial vaginosis. *Microbes Infect. 8:2772-2776.*

105 Ho M et al. (2016) Oral *Lactobacillus rhamnosus* GR-1 and *Lactobacillus reuteri* RC-14 to reduce group B *Streptococcus* colonization in pregnant women: a randomized controlled trial. *Taiwan J Obstet Gynecol. 55:515-8.*

106 van de Wijgert JH et al. (2020) Lactobacilli-containing vaginal probiotics to cure or prevent bacterial or fungal vaginal dysbiosis: a systematic review and recommendations for future trial designs. *BJOG: 127:287-299.*

第5章　精神益生菌帶給身心正能量

001 Norman HJ (1909) Lactic acid bacilli in the treatment of melancholia. *Br. Med. J. 1:1234-1235.*

002 Logan AC et al. (2005) Major depressive disorder: probiotics may be an adjuvant therapy. *Medical Hypotheses 64:533-538.*

003 Bercik P (2011) The microbiota–gut–brain axis: learning from intestinal bacteria? *Gut 60:288-9.*

004 Dinan TG et al. (2013) Psychobiotics: a novel class of psychotropic. *Biol Psychiatry. 74:720-6.*

005 Sarkar, A., Lehto, S. M., Harty, S., Dinan, T. G., Cryan, J. F., & Burnet, P. W. (2016) Psychobiotics and the manipulation of bacteria–gut–brain signals. *Trends Neurosci. 39:763-781.*

006 Fu TS et al. (2013) Changing trends in the prevalence of common mental disorders in Taiwan: a 20-year repeated cross-sectional survey. *Lancet 381:235-41.*

007 Peng HH et al. (2019) Probiotic treatment restores normal developmental trajectories of fear memory retention in maternally separated infant rats. *Neuropharmacology.153:53-62.*

008 Diop L et al. (2008) Probiotic food supplement reduces stress-induced gastrointestinal symptoms in volunteers: a double-blind, placebo-controlled, randomized trial. *Nutr Res. 28:1-5.*

009 Messaoudi M et al. (2011) Beneficial psychological effects of a probiotic formulation (*Lactobacillus helveticus* R0052 and *Bifidobacterium longum* R0175) in healthy human volunteers. *Gut Microbes 2:256-261.*

010 Romijn, AR et al. (2017) A double-blind, randomized, placebo-controlled trial of *Lactobacillus helveticus* and *Bifidobacterium longum* for the symptoms of depression. *Aust NZJ Psychiatry 51:810-821.*

011 Dunne C et al. (1999) Probiotics: from myth to reality. Demonstration of functionality in animal models of disease and in human clinical trials. *Antonie Van Leeuwenhoek 76:279-292.*

012 O'Mahony L et al. (2005) *Lactobacillus* and *Bifidobacterium i*n irritable bowel syndrome: symptom responses and relationship to cytokine profiles. *Gastroenterology 128:541-551.*

013 Whorwell PJ et al. (2006) Efficacy of an encapsulated probiotic *Bifidobacterium infantis* 35624 in women with irritable bowel syndrome. *Am J Gastroenterol. 101:1581-1590.*

014 Ringel-Kulka T et al. (2017) Multi-center, double-blind, randomized, placebo-controlled, parallel-group study to evaluate the benefit of the probiotic *Bifidobacterium infantis* 35624 in non-patients with symptoms of abdominal discomfort and bloating. *Am J Gastroenterol. 112:145-151.*

015 Bravo JA et al. (2011) Ingestion of *Lactobacillus* strain regulates emotional behavior and central GABA receptor expression in a mouse via the vagus nerve. *PNAS 108:16050-16055.*

016 Kelly JR et al. (2017) Lost in translation? The potential psychobiotic *Lactobacillus rhamnosus* (JB-1) fails to modulate stress or cognitive performance in healthy male subjects. *Brain Behav Immun. 61:50-59.*

017 Allen AP et al. (2016) *Bifidobacterium longum* 1714 as a translational psychobiotic: modulation of stress, electrophysiology and neurocognition in healthy volunteers. *Transl Psychiatry 6:e939.*

018 Wang H et al. (2019) *Bifidobacterium longum* 1714™ strain modulates brain activity of healthy volunteers during social stress. *Am J Gastroenterol. 114:1152–1162.*

019 Steenbergen L et al. (2015) A randomized controlled trial to test the effect of multispecies probiotics on cognitive reactivity to sad mood. *Brain Behav Immun. 48:258-264.*

020 De Roos NM et al. (2015) The effects of the multispecies probiotic mixture Ecologic® Barrier on migraine: results of an open-label pilot study. *Benef Microbes 6:641-646.*

021 Papalini S et al. (2019) Stress matters: randomized controlled trial on the effect of probiotics on neurocognition. *Neurobiol Stress 10:100141.*

022 Liu YW et al. (2016) Psychotropic effects of *Lactobacillus plantarum* PS128 in early life-stressed and naïve adult mice. *Brain Res. 1631:1-12.*

023 Liu YW et al. (2019) *Lactobacillus plantarum* PS128 ameliorated visceral hypersensitivity in rats through the gut–brain axis. *Probiotics and Antimicrobial Proteins.*

024 Liao JF et al. (2019) *Lactobacillus plantarum* PS128 ameliorates 2, 5-Dimethoxy-4-iodoamphetamine-induced tic-like behaviors via its influences on the microbiota–gut-brain-axis. *Brain Res Bull. 153:59-73.*

025 Liao JF et al. (2020) *Lactobacillus plantarum* PS128 alleviates neurodegenerative progression in 1-methyl-4-phenyl-1, 2, 3, 6-tetrahydropyridine-induced mouse models of Parkinson's disease. *Brain Behav Immun. S0889-1591:30592-4.*

026 Liu YW et al. (2019) Effects of *Lactobacillus plantarum* PS128 on children with autism spectrum disorder in Taiwan: a randomized, double-blind, placebo-controlled trial. *Nutrients 11:820.*

027 Huang WC et al. (2019) The beneficial effects of *Lactobacillus plantarum* PS128 on high-intensity, exercise-induced oxidative stress, inflammation, and performance in triathletes. *Nutrients 11:353.*

028 Huang WC et al. (2020)*Lactobacillus plantarum* PS128 Improves physiological adaptation and performance in triathletes through gut microbiota modulation. *Nutrients. 12:2315.*

029 Wei CL et al. (2019) Antidepressant-like activities of live and heat-killed *Lactobacillus paracasei* PS23 in chronic corticosterone-treated mice and possible mechanisms. *Brain Res. 1711:202-213.*

030 Liao JF et al. (2019) *Lactobacillus paracasei* PS23 reduced early-life stress abnormalities in maternal separation mouse model. *Benef Microbes 10:425-436.*

031 Huang SY et al. (2018) *Lactobacillus paracasei* PS23 delays progression of age-related cognitive

decline in senescence accelerated mouse prone 8 (SAMP8) mice. *Nutrients 10:894.*

032 Chen LH et al. (2019) *Lactobacillus paracasei* PS23 decelerated age-related muscle loss by ensuring mitochondrial function in SAMP8 mice. *Aging 11:756-770.*

033 Tsai YC et al. (2021) Gerobiotics: Probiotics targeting fundamental aging processes. *Biosci Microbiota Food Health in press.*

034 Slykerman RF et al. (2017) Effect of *Lactobacillus rhamnosus* HN001 in pregnancy on postpartum symptoms of depression and anxiety: a randomised double-blind placebo-controlled trial. *EBioMedicine, 24:159-165.*

035 Rudzki L et al. (2019) Probiotic *Lactobacillus plantarum* 299v decreases kynurenine concentration and improves cognitive functions in patients with major depression: a double-blind, randomized, placebo controlled study. *Psychoneuroendocrinology 100:213-222.*

036 Kato-Kataoka A et al. (2016). Fermented milk containing *Lactobacillus casei s*train Shirota preserves the diversity of the gut microbiota and relieves abdominal dysfunction in healthy medical students exposed to academic stress. *Appl Environ Microbiol. 82:3649-3658.*

037 Takada M et al. (2017) Beneficial effects of *Lactobacillus casei* strain Shirota on academic stress-induced sleep disturbance in healthy adults: a double-blind, randomised, placebo-controlled trial. *Benef Microbes 8:153-162.*

038 Okubo R et al. (2019) Effect of *Bifidobacterium breve* A-1 on anxiety and depressive symptoms in schizophrenia: a proof-of-concept study. *J Affect Disord. 245:377-385.*

039 Maehata H et al. (2019) Heat-killed *Lactobacillus helveticus* strain MCC1848 confers resilience to anxiety or depression-like symptoms caused by subchronic social defeat stress in mice. *Biosci Biotechnol Biochem 83:1239-1247.*

040 Sugawara T et al. (2016) Regulatory effect of paraprobiotic *Lactobacillus gasseri* CP2305 on gut environment and function. *Microb Ecol Health Dis. 27:30259.*

041 Nishida K et al. (2017) Para psychobiotic *Lactobacillus gasseri* CP 2305 ameliorates stress-related symptoms and sleep quality. *J Appl Microbiol. 123:1561-1570.*

042 Nishida K et al. (2019) Health benefits of *Lactobacillus gasseri* CP2305 tablets in young adults exposed to chronic stress: a randomized, double-blind, placebo-controlled study. *Nutrients 11:1859.*

043 Cheng LH et al. (2019) Psychobiotics in mental health, neurodegenerative and neurodevelopmental disorders. *J Food Drug Anal. 27:632-648.*

044 de Araújo Boleti AP et al. (2020) Neuroinflammation: an overview of neurodegenerative and metabolic diseases and of biotechnological studies. *Neurochem Int. 136:104714.*

045 Fung TC et al. (2017) Interactions between the microbiota, immune and nervous systems in health and disease. *Nat Neurosci. 20:145-155.*

046 Goh KK et al. (2019) Effect of probiotics on depressive symptoms: a meta-analysis of human studies. *Psychiatry Res. 282:112568.*

047 Liu RT et al. (2019) Prebiotics and probiotics for depression and anxiety: a systematic review and meta-analysis of controlled clinical trials. *Neurosci Biobehav Rev. 102:13-23.*

048 Kuo PH et al. (2019) Moody microbiome: challenges and chances. *J Formos Med Assoc. 118:S42-S54.*

049 Liu B et al. (2018) Efficacy of probiotics on anxiety—a meta-analysis of randomized controlled trials. *Depress Anxiety 35:935-945.*

050 Reis DJ et al. (2018) The anxiolytic effect of probiotics: a systematic review and meta-analysis of the clinical and preclinical literature. *PLoS One 13:e0199041.*

051 Chao L et al. (2020) Effects of probiotics on depressive or anxiety variables in healthy participants under stress conditions or with a depressive or anxiety diagnosis: a meta-analysis of randomized controlled trials. *Front Neurol. 11:421.*

052 Yu L et al. (2020). Beneficial effect of GABA-rich fermented milk on insomnia involving regulation of gut microbiota. *Microbiol Res. 233:126409.*

053 Lin A et al. (2019) Hypnotic effects of *Lactobacillus fermentum* PS150 on pentobarbital-induced sleep in mice. *Nutrients 11:2409.*

054 Rao AV et al. (2009) A randomized, double-blind, placebo-controlled pilot study of a probiotic in emotional symptoms of chronic fatigue syndrome. *Gut Pathog. 1:6.*

055 Wallis A et al. (2018) Open-label pilot for treatment targeting gut dysbiosis in myalgic encephalomyelitis/chronic fatigue syndrome: neuropsychological symptoms and sex comparisons. *J Transl Med. 16:24.*

056 Morita C et al. (2015) Gut dysbiosis in patients with anorexia nervosa. *PLoS One 10:e0145274.*

057 Roubalová, R., Procházková, P., Papežová, H., Smitka, K., Bilej, M., & Tlaskalová-Hogenová, H. (2020) Anorexia nervosa: Gut microbiota-immune-brain interactions. *Clin Nutr. 39:676-684.*

058 Kobayashi Y et al. (2017) Therapeutic potential of *Bifidobacterium breve* strain A1 for preventing cognitive impairment in Alzheimer's disease. *Sci Rep. 7:13510.*

059 Kobayashi Y et al. (2019) *Bifidobacterium breve* A1 supplementation improved cognitive decline in older adults with mild cognitive impairment: an open-label, single-arm study. *J Prev Alzheimers Dis. 6:70-75.*

060 Kobayashi Y et al. (2019) Effects of *Bifidobacterium breve* A1 on the cognitive function of older adults with memory complaints: a randomised, double-blind, placebo-controlled trial. *Beneficial Microbes,10:511-520.*

061 Leblhuber F. et al. (2018) Probiotic supplementation in patients with Alzheimer's dementia-an explorative intervention study. *Curr Alzheimer Res. 15:1106-1113.*

062 Akbari E et al. (2016) Effect of probiotic supplementation on cognitive function and metabolic status in Alzheimer's disease: a randomized, double-blind and controlled trial. *Front Aging Neurosci. 8:256.*

063 Kim S et al. (2019) Transneuronal propagation of pathologic α-synuclein from the gut to the brain models Parkinson's disease. *Neuron 103:627-641.*

064 Sampson TR et al. (2016) Gut microbiota regulate motor deficits and neuroinflammation in a model of Parkinson's disease. *Cell 167:1469-1480.*

065 Hsieh TH et al. (2020) Probiotics alleviate the progressive deterioration of motor functions in a mouse model of Parkinson's disease. *Brain Sci. 10:206.*

066 Tamtaji OR et al. (2019) Clinical and metabolic response to probiotic administration in people with Parkinson's disease: a randomized, double-blind, placebo-controlled trial. *Clin Nutr. 38:1031-1035.*

067 Hsiao EY et al. (2013) Microbiota modulate behavioral and physiological abnormalities associated with neurodevelopmental disorders. *Cell 155:1451-1463.*

068 Parracho HM et al. (2010) A double-blind, placebo-controlled, crossover-designed probiotic feeding study in children diagnosed with autistic spectrum disorders. *Intern J Probiotics Prebiotics 5:69-74.*

069 Shaaban SY et al. (2018) The role of probiotics in children with autism spectrum disorder: a prospective, open-label study. *Nutr Neurosci. 21:676-681.*

070 Sanctuary MR et al. (2019) Pilot study of probiotic/colostrum supplementation on gut function in children with autism and gastrointestinal symptoms. *PLoS One 14:e0210064.*

071 Arnold LE et al. (2019) Probiotics for gastrointestinal symptoms and quality of life in autism: a placebo-controlled pilot trial. *J Child Adolesc Psychopharmacol. 29:659-669.*

072 Buffington SA et al. (2016) Microbial reconstitution reverses maternal diet-induced social and synaptic deficits in offspring. *Cell 165:1762-1775.*

073 Sgritta M et al. (2019) Mechanisms underlying microbial-mediated changes in social behavior in mouse models of autism spectrum disorder. *Neuron. 101:246-259.*

074 Li SW et al. (2017) Bacterial composition and diversity in breast milk samples from mothers living in Taiwan and mainland China. *Front Microbiol. 8:965.*

075 Skott E et al. (2020) Effects of a synbiotic on symptoms, and daily functioning in Attention deficit hyperactivity disorder–a double-blind randomized controlled trial. *Brain Behav Immun. S0889-1591:30057-X.*

076 Bambury A et al. (2018) Finding the needle in the haystack: systematic identification of psychobiotics. *Br J Pharmacol. 175:4430-4438.*

077 Dinan TG et al. (2019) Gut microbes and depression: still waiting for Godot. *Brain Behav Immun. 79:1-2.*

078 Bercik P (2011) The microbiota–gut–brain axis: learning from intestinal bacteria? *Gut 60:288-9.*

079 Valles-Colomer M et al. (2019) The neuroactive potential of the human gut microbiota in quality of life and depression. *Nat Microbiol. 4:623-632.*

080 Ohlsson L et al. (2019) Leaky gut biomarkers in depression and suicidal behavior. *Acta Psychiatr Scand. 139:185-193.*

專家建言

001 Delcour, JA et al. (2016). Prebiotics, fermentable dietary fiber, and health claims. *Adv Nutr, 7:1-4.*

002 Belorkar, SA et al. (2016). Oligosaccharides: A boon from nature's desk. *AMB Express, 6:82.*

003 Martel, J et al. (2020). Phytochemicals as prebiotics and biological stress inducers. *Trends Biochem Sci 45:462-471.*

004 Raimondi, S et al. (2016). Conjugated linoleic acid production by bifidobacteria: Screening, kinetic, and composition. *Biomed Res Int,2016:8654317.*

005 Jager et al. (2019) International Society of Sports Nutrition Position Stand: Probiotics. *J Int Soc Sports Nutr 16:62.*

醫藥新知 OAMS0021

益生菌2.0大未來
人體微生物逆轉疾病的全球新趨勢

作者 蔡英傑
封面設計 mollychang.cagw
內頁設計 Atelier Design Ours
插畫繪製 陳彥伊
文字主編 唐芩
主　編 錢滿姿
行銷經理 王思婕
行銷協力 張惠卿
總編輯 林淑雯

讀書共和國出版集團
社長 郭重興
發行人兼出版總監 曾大福
業務平臺總經理 李雪麗
業務平臺副總經理 李復民
實體通路經理 林詩富
網路暨海外通路協理 張鑫峰
特販通路協理 陳綺瑩
印務 黃禮賢、李孟儒

出版者 方舟文化／遠足文化事業股份有限公司
發行 遠足文化事業股份有限公司
231 新北市新店區民權路108-2號9樓
電話：(02) 2218-1417　傳真：(02) 8667-1851
劃撥帳號：19504465　戶名：遠足文化事業股份有限公司
客服專線 0800-221-029
E-MAIL service@bookrep.com.tw
網站 www.bookrep.com.tw
印製 通南彩印股份有限公司 電話：(02) 2221-3532
法律顧問 華洋法律事務所 蘇文生律師
定價 450元
初版一刷 2020年11月
初版六刷 2022年 1月

特別聲明：有關本書中的言論內容，不代表本公司／出版集團之立場與意見，文責由作者自行承擔。
缺頁或裝訂錯誤請寄回本社更換。
歡迎團體訂購，另有優惠，請洽業務部 (02) 22181417#1124

方舟文化官方網站　方舟文化讀者回函

有著作權・侵害必究

國家圖書館出版品預行編目資料

益生菌 2.0 大未來：人體微生物逆轉疾病的全球新趨勢／蔡英傑著 . -- 初版 . -- 新北市 : 方舟文化出版 : 遠足文化發行 , 2020.11
面； 公分 . -- (醫藥新知 ; 21)
ISBN 978-986-99313-8-0(平裝)

1. 乳酸菌 2. 健康法
369.417　109015206

阿原
YUAN

無盡療癒

每30秒賣出一塊的台灣驕傲

即日起至2021/3/31

消費滿$1,000折抵$300

活動優惠

查詢據點

購物商城

憑優惠截圖畫面至阿原門市

掃優惠QR CODE ▶ 出現優惠畫面 ▶ 截圖畫面▶ 至門店享優惠

憑手機畫面截圖，正價商品即享優惠
活動限阿原直營百貨櫃點與店櫃
每人每筆交易限折乙次，不得與其他優惠活動併用

◎請輸入折扣碼：YUAN300

每筆交易限折乙次，優惠不得與其他優惠活動併用

阿原保有活動最終之解釋權利

阿原
YUAN

以漢方全人養生思維與東方青草和諧概念，打造利益眾生良方
阿原工作室草創於2005年，以台灣青草為主題
融合東方養生思維、愛惜人身與善待環境理念
從製作手工肥皂為起點，將青草精華，配合高級精油
開發成身體、臉部、口腔、寵物、家事…等清潔與保養用品

阿原藥草師—明宗叔

從「關懷人心與實證科學」出發
為社會盡一份心力

《InSeed 益喜氏》以亞洲益生菌權威 — 蔡英傑教授為研發領導顧問。

根基於蔡教授豐富的專業知識與經驗，帶領陽明大學研發團隊，嚴格開發出PS128™、PS23™、K21™ 等多支專業分工的新菌株。

在益生菌進入專業化機能時代，我們相信「益生菌功效大不同，菌株是關鍵。」有別於菌種放越多越好的做法與迷思，我們將不同功能的菌株，搭配不同的配方，嚴格調配出可以使人情緒放鬆、思緒清晰、促進代謝等機能益生菌產品，為您生活中的各種不適提供新解方。

此外，作為關心大眾全面健康的保健品牌，我們想做的是持續鼓勵大家正視自身與他人的身心狀態，將由內而外的健康作為一輩子的學習。我們也開始了支持公益團體的計畫，不僅協助減輕其負擔，更提供益生菌照顧他們的健康、提升生活品質。

未來，InSeed益喜氏會繼續堅持我們的初衷與信念，陪伴你，使每個明天更加健康自信。

LINE@好友募集

立即加入
獨享好康

最新消息　獨家好禮　專屬優惠　線上諮詢　健康新知

InSeed® 益喜氏　益生菌新革命

帶來喜悅的菌株

PS128公益大使一 樂樂

PS128™ 小檔案

由亞洲益生菌權威 — 蔡英傑教授獨家開發之專利菌株，擁有特殊的機能性：可以提升體內快樂因子，幫助紓壓好眠。

19國 21項專利	銷售世界 27國	美國 GRAS認證	安全性 測試	多項大獎

樂樂的誕生

《InSeed 益喜氏》以「關懷人心及實證科學」出發，近年來致力於支持公益團體的計畫。

2020年PS128™ 快樂菌株化身公益大使 — 樂樂，攜手公益團體，舉辦繪畫比賽，藉此希望能讓一般民眾更認識這些特殊的群體，並一同開創關懷與友善之路。

樂樂簡介

喜歡的季節 冬天

身高 10公分

喜好 旅行、唱歌

擅長 散播快樂能量 演唱安眠曲

語言 母語為中文 另外精通18國語言

樂樂數據庫

受歡迎程度 **99%**

開心程度 **95%**

好眠程度 **97%**